U0789803

全国高职高专建筑类专业规划教材

建筑工程制图

（第2版）

主　编　樊培利　胡娅春
副主编　陈　彬　程文星
　　　　王晓庆
主　审　刘　娟

黄河水利出版社
·郑州·

内 容 提 要

本书是全国高职高专建筑类专业规划教材，是根据教育部对高职高专教育的教学基本要求及中国水利教育协会职业技术教育分会高等职业教育教学研究会组织制定的建筑工程制图课程标准编写完成的。本书共分十章。第一章是制图的基本知识，主要介绍绘图工具和仪器的使用方法、基本制图标准和制图的基本技能；第二章～第七章是投影制图，主要介绍正投影的基本原理和图示方法，通过学习要求掌握物体正投影图的绘制和识读方法；第八章～第十章是专业制图，主要介绍建筑施工图的图示特点、图示内容和图示方法，通过学习要求具备绘制和识读建筑平面图、立面图、剖面图和钢筋混凝土结构（如梁、板、柱）图样的能力。全书采用我国最新的技术制图标准、建筑制图标准、给排水制图标准。本书与《建筑工程制图习题集（2 版）》（黄河水利出版社出版，樊培利、胡娅春主编）配套使用。

本书适用于高职高专建筑工程技术、工程监理、市政工程、道桥、水利等土建类专业工程制图课程教学，亦可供土木工程相关专业技术人员学习参考。

图书在版编目（CIP）数据

建筑工程制图/樊培利，胡娅春主编. —2 版. —郑州：黄河水利出版社，2023. 2

全国高职高专建筑类专业规划教材

ISBN 978-7-5509-3422-1

Ⅰ. ①建… Ⅱ. ①樊… ②胡… Ⅲ. ①建筑制图-高等职业教育-教材 Ⅳ. ①TU204

中国版本图书馆 CIP 数据核字（2022）第 210920 号

组稿编辑：王路平　电话：0371-66022212　E-mail：hhslwlp@ 163. com

韩莹莹　66025553　hhslhyy@ 163. com

出 版 社：黄河水利出版社　网址：www. yrcp. com

地址：河南省郑州市顺河路黄委会综合楼 14 层　邮政编码：450003

发行单位：黄河水利出版社

发行部电话：0371-66026940、66020550、66028024、66022620（传真）

E-mail：hhslcbs@ 126. com

承印单位：河南育翼鑫印务有限公司

开本：787 mm×1 092 mm　1/16

印张：10. 75

字数：250 千字　印数：1—3 100

版次：2013 年 8 月第 1 版　印次：2023 年 2 月第 1 次印刷

2023 年 2 月第 2 版

定价：35. 00 元

（版权所有　盗版、抄袭必究　举报电话：0371-66025553）

第 2 版前言

本书是贯彻落实中共中央办公厅、国务院办公厅《关于推动现代职业教育高质量发展的意见》(2021 年 10 月)、《国家职业教育改革实施方案》(国发〔2019〕4 号)等文件精神，在中国水利教育协会指导下，由中国水利教育协会职业技术教育分会高等职业教育教学研究会组织编写的第三轮建筑类专业规划教材。教材突出现代职业教育理念，以学生能力培养为主线，体现出实用性、实践性、创新性的教材特色，是理论联系实际、教学面向职业和工程的高职教育精品规划教材。

本书第 1 版由山西水利职业技术学院王瑞红主持编写，在此对王瑞红老师及其他参编人员在教材编写中所付出的劳动和贡献表示感谢！第 1 版教材自 2013 年 8 月出版以来，因其通俗易懂，全面系统，应用性知识突出，可操作性强等特点，受到全国高职高专院校土建类专业师生及广大建筑从业人员的喜爱。随着我国土木建筑事业的不断发展以及行业制图标准的不断更新，为进一步满足教学需要，应广大读者的要求，编者在第 1 版的基础上对原教材内容进行了全面修订、补充和完善。

本次再版是在认真总结长期的工程制图课程教学实践经验，并广泛吸取兄弟院校同类教材优点的基础上编写而成的。在编写过程中突出了以下特点：

(1)科学缜密、严谨规范。采用最新国家制图标准，力求概念清楚、图样精确、文字流畅、叙述清晰、前后贯通。

(2)精选内容、避繁就简。严格控制教学难度，以必需、够用为原则，教学内容由浅入深，循序渐进，使之符合高职学生的知识基础和认知能力。

(3)结合实际、培养技能。配有学习目标、工程案例、特别提示、课后习题等，融“教、学、练、做”于一体，体现了知识、技能、素质的协调发展。

本书参编单位及编写人员如下：山西水利职业技术学院樊培利、王晓庆，郑州城市职业学院胡娅春，江苏城市职业学院陈彬，云南水利水电职业学院程文星。本书由樊培利、胡娅春担任主编，樊培利负责全书统稿；由陈彬、程文星、王晓庆担任副主编；由湖南水利水电职业技术学院刘娟担任主审。

本书在编写过程中，得到各参编院校老师的大力支持和无私帮助，在此深表感谢！

由于编者水平有限，经验不足，加之编写时间仓促，书中疏漏之处在所难免，恳请广大读者不吝指正。

编 者

2022 年 12 月

目 录

绪　论

建筑工程图样是建筑行业最基础的资料，是工程界通用的“语言”，正确阅读工程图样也是进入建筑行业工作必备的基本素质之一。在学习建筑行业各类专业课程之前，首先必须学习建筑工程制图课程。

《建筑工程制图》着重研究绘制和阅读建筑工程图样的理论和方法，培养学生具有绘制和阅读建筑工程图样的基本技能，使学生养成认真负责的工作态度和严谨细致的工作作风，为学生继续学习及以后的工作打好必要的基础。

一、本课程的研究对象

工程制图是研究工程图样的正确绘制和阅读以及用正投影法解决空间几何问题的一门学科。

本课程的研究对象是工程图样。工程图样是根据画法几何原理，按照制图标准和制图方法绘制而成的，它能准确表达工程建筑物的形状、大小、材料、构造及相关技术要求，是工程技术人员用以表达设计意图、组织生产施工、进行技术交流的重要技术文件，也是工程造价预算和竣工验收时最重要的依据。

因此，工程图样被喻为“工程技术语言”。

二、本课程的目的和任务

（一）本课程的目的

本课程的目的是培养学生绘制和阅读工程图样的基本技能以及几何形体的设计能力，同时培养和发展学生的空间想象能力和分析能力。

（二）本课程的任务

（1）培养正确使用绘图工具和仪器的方法。

（2）掌握正投影的基本理论及应用。

（3）培养正确绘制工程图样的能力。

（4）培养正确阅读工程图样的能力。

（5）贯彻制图国家标准，培养查阅标准件、标准结构的能力。

（6）培养认真负责的工作态度和严谨细致的工作作风。

三、本课程的主要内容

本课程主要包括制图的基本知识和技能、投影基本知识、投影制图、建筑工程图 4 部分内容。

（1）制图的基本知识和技能。包括基本制图标准、绘图工具和仪器的使用方法、几何作图方法等内容。

(2)投影基本知识。包括投影的概念、正投影的特征、物体三视图的形成等内容。

(3)投影制图。是制图的基本理论基础和掌握用正投影表达空间几何形体的方法。

(4)建筑工程图。了解建筑施工图的形成及表达内容,掌握建筑平面图、立面图、剖面图的绘制和识读方法。

四、本课程的学习方法

(1)理论联系实际。在认识点、线、面、体的投影规律上不断地由物画图,由图想物,分析和想象空间形体与图纸上图形之间的对应关系,逐步提高空间想象能力和空间分析能力。

(2)主动学习。本课程前后知识的关联度较大,在每个学习情境中对相同的过程均有重复,因此在课堂上应专心听讲,在小组活动中应积极发言和思考,配合教师循序渐进,捕捉要点,记下重点。

(3)及时复习,独立完成作业。本课程作业量较大,且前后联系紧密,环环相扣,须做到每一次学习之后,及时完成相应的练习和作业,否则将直接影响下次的学习效果。要勤于练习,多看、多画、多想,才能收到良好效果。

(4)遵守国家制图标准的有关规定。国家制图标准的基本规定是制图的准绳,必须遵照。只有严格按制图标准作图,才能使工程图样真正成为可交流的技术文件。

总之,只要刻苦、认真、努力,注意与工程实际相结合,一定能学好本课程。

第一章　制图的基本知识

【学习目标】

- 了解常用绘图工具和仪器的使用方法。
- 掌握基本制图标准。
- 熟悉几何作图方法。
- 掌握正确的作图步骤。

第一节　绘图工具和仪器的使用方法

正确使用制图工具和仪器是保证图面质量和提高绘图速度的基础。

一、图板

图板的作用是用来固定图纸。图板的规格有 0 号、1 号、2 号，其尺寸分别为 900 mm×1 200 mm、600 mm×900 mm、400 mm×600 mm。图板要求木质较好，板面光滑，四周为硬木边框，边框必须保持平直光滑，不得破损。

图板的左侧边为工作边，绘图时图纸必须固定在图板上，如图 1-1 所示。

二、丁字尺

丁字尺由相互垂直的尺头和尺身构成，尺头内侧和尺身上边为工作边，工作边应保持平直光滑。

丁字尺与图板配合使用画水平线。画水平线时尺头内侧紧靠图板左侧工作边，上下移动到画线处，自左向右水平画出，如图 1-2 所示。

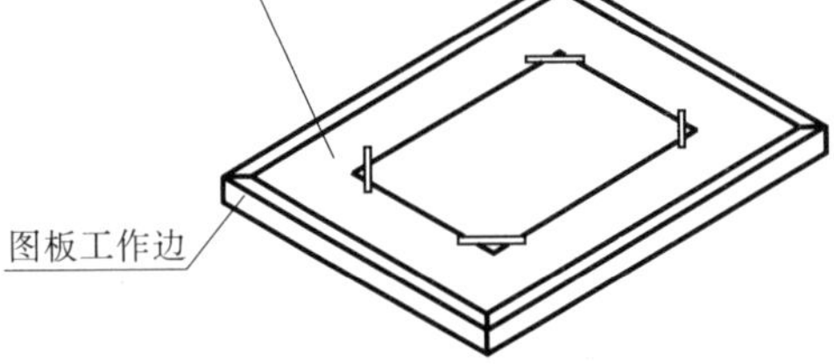

图 1-1　图板

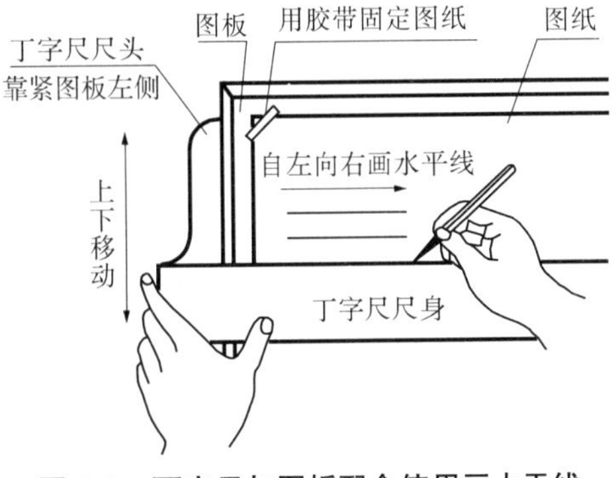

图 1-2　丁字尺与图板配合使用画水平线

三、三角板

一副三角板有两块,其中一块的三个角分别为30°、60°、90°,另一块的三个角分别为45°、45°、90°。

三角板的作用有:

(1)与丁字尺配合使用画铅垂线,如图1-3所示。

(2)与丁字尺配合使用画与水平线成15°整倍数角的斜线,如图1-4所示。

(3)两块三角板配合使用画已知直线的平行线或垂直线,如图1-5所示。

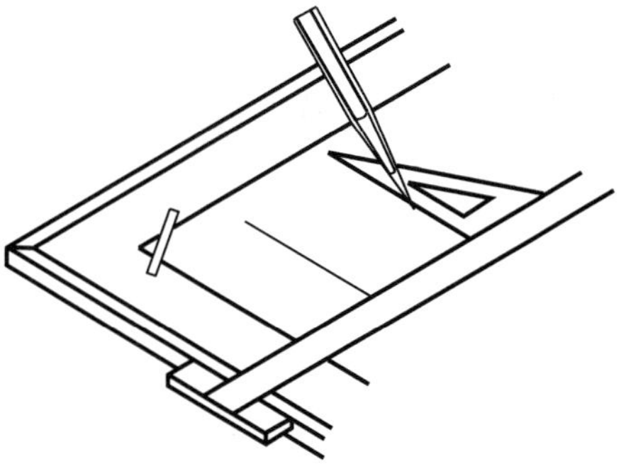

图1-3 三角板与丁字尺配合使用画铅垂线

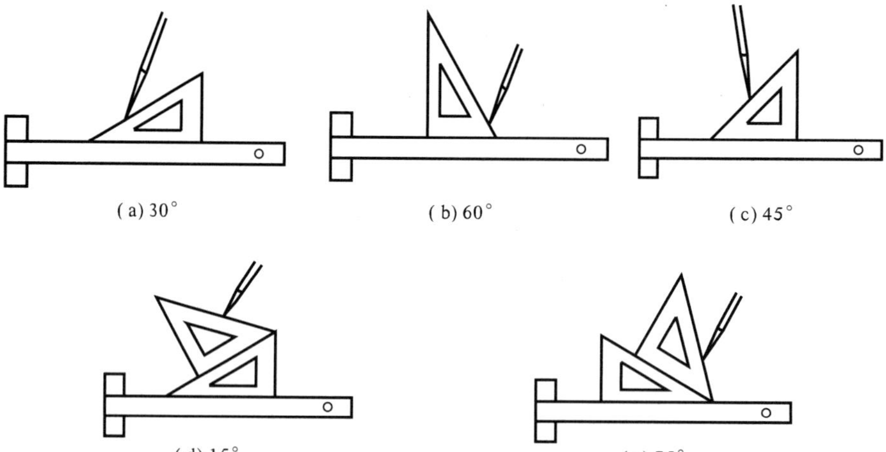

(a) 30°　(b) 60°　(c) 45°　(d) 15°　(e) 75°

图1-4 三角板与丁字尺配合画与水平线成15°整倍数角斜线

(a) 画已知直线的平行线　(b) 画已知直线的垂直线

图1-5 两块三角板配合使用画已知直线的平行线或垂直线

四、圆规与分规

(一) 圆规

圆规用来画圆和圆弧。其无肘关节的腿装有钢针,有肘关节的腿可按需要换装铅芯插脚、墨线笔插脚或钢针。画圆时,应使两脚与纸面垂直,如图 1-6 所示。

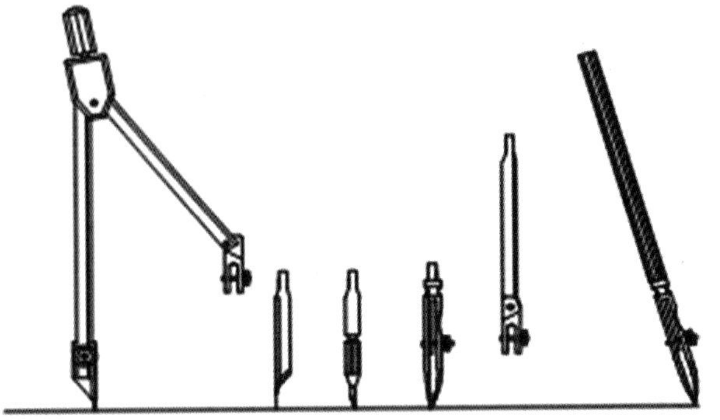

图 1-6　圆规

(二)分规

分规用来等分线段或量测距离。当等分线段时,先估计一等份的长度 L,进行试分。若盈余(或不足)为 b,再用 $L+b/n$(或 $L-b/n$)进行试分,一般试分 2~3 次即可完成,如图 1-7(b)所示。量测距离时,先用分规在图纸上截取线段长度,再在尺子上量取具体尺寸,如图 1-7(c)所示。

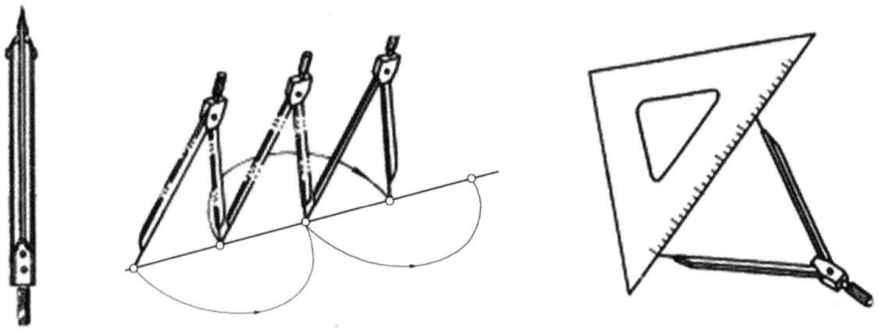

(a)　(b)　(c)

图 1-7　分规的用法

五、铅笔

绘图用铅笔的铅芯有软硬之分,分别用 B 和 H 表示软、硬。B、2B、…、4B 数字越大表示铅芯越软且颜色越浓黑;H、2H、…、4H 数字越大表示铅芯越硬且颜色越浅淡;HB 介于软、硬之间。绘图时常用标号为 B 的铅笔加深图线,用标号为 HB 的铅笔写字,用标号为 H 的铅笔绘制底稿。

削铅笔时应保留标号,以便识别铅芯的软硬度。被削去的笔杆长度为 20~25 mm,露出的铅芯长度为 6~8 mm,一般削成圆锥形,加深粗实线的铅笔芯应磨成扁平形。

使用铅笔画线时,应保持笔杆前后方向与纸面垂直,并向画线方向倾斜约 30°,如图 1-8(a)所示,铅笔的磨削方法如图 1-8(b)所示。

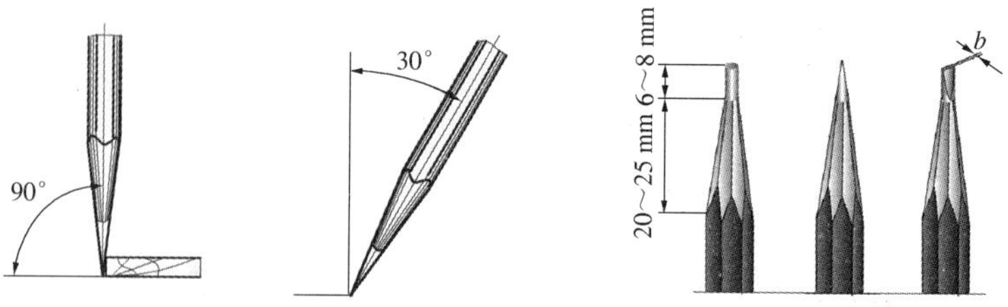

(a) 画线　　　　(b) 磨削

图 1-8　铅笔

六、其他

(一)比例尺

建筑物形体庞大,必须按一定比例缩小才能画到图纸上,用比例尺可直接量出图上线段的实际长度。

常见比例尺有两种:三棱柱状的三棱尺和直尺状的比例直尺,如图 1-9 所示。

三棱尺　　　　比例直尺

图 1-9　比例尺

【特别提示】　比例尺只能用于量取尺寸,不能用于画图。

(二)曲线板

曲线板用于绘制非圆曲线。

作图时,先徒手将曲线上的一系列点轻轻连成一条光滑曲线。然后从一端开始,找出曲线板上与该曲线吻合的一段,沿曲线板画出这段线。用同样方法逐段绘制,直至最后一段。需注意的是:前后衔接的线段应有一小段重合,这样才能保证所绘曲线光滑。曲线绘制的方法和步骤如图 1-10 所示。

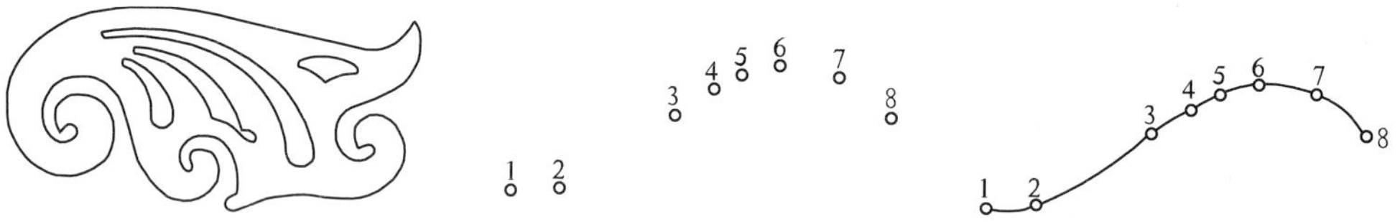

(a) 曲线板　　(b) 曲线上的点　　(c) 徒手连接曲线

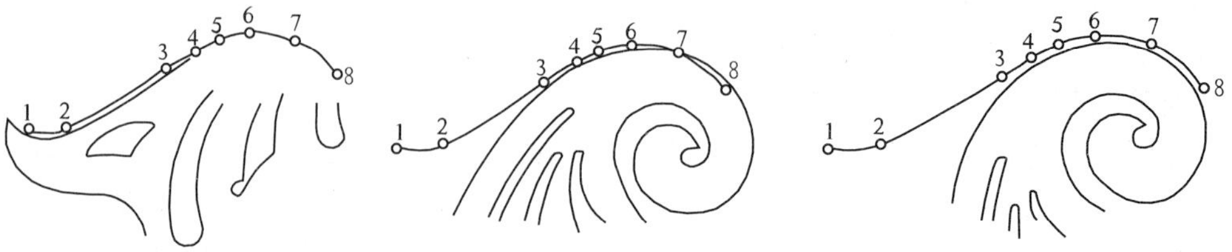

(d) 描1~4点　　(e) 描4~8点　　(f) 完成连接

图 1-10　曲线板

(三)擦线板

擦线板又称擦图片,是擦去铅笔制图过程不需要的作图线或错误图线,并保护邻近图线完整的一种制图辅助工具。擦线板多采用塑料或不锈钢制成,如同名片大小,厚度大约 0.3 mm,如图 1-11 所示。

使用擦线板时应注意:

(1)用擦线板上适宜的缺口对准需擦除的部分,并将不需擦除的部分盖住,用橡皮擦去位于缺口中的线条。

(2)用擦线板擦去作图线时,应尽量用最少的次数将其擦净,以免将图纸表面擦毛,影响制图质量。

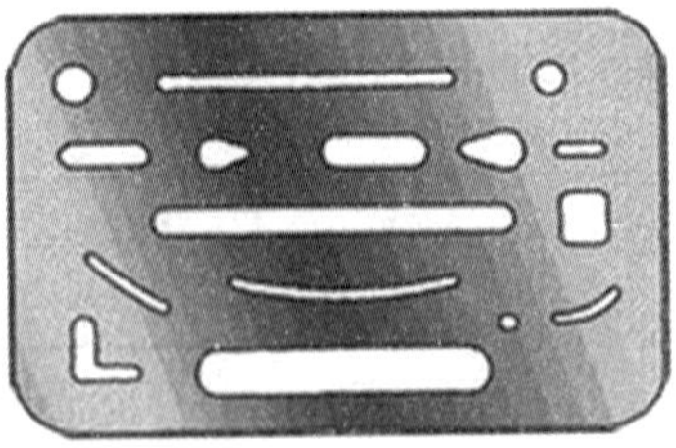

图 1-11　擦线板

(四)建筑模板

建筑模板主要用来画各种建筑标准图例和常用符号,如柱、墙、门的开启线、坐便器、污水盆、详图索引符号、标高符号等。模板上刻有各种不同图例或符号的孔,如图 1-12 所示,其大小符合一定的比例,只要用铅笔在孔内画一周,图例就画出来了。使用建筑模板可提高绘图的速度和图样的质量。

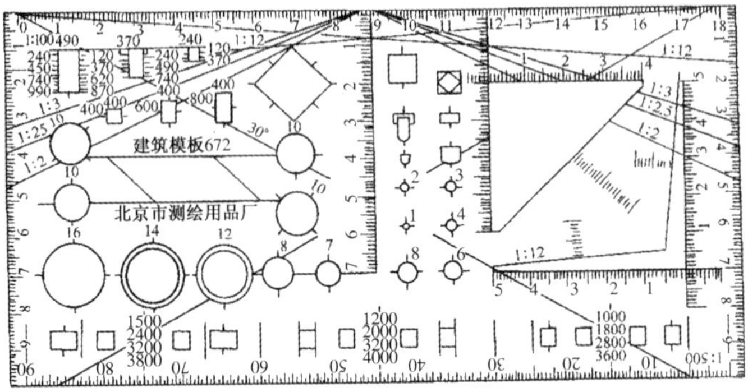

图 1-12　建筑模板

第二节　基本制图标准

一、图纸幅面、图框及标题栏

(一)图纸幅面

图纸幅面简称图幅,是指图纸宽度与长度组成的图画。为了便于使用和管理,制图标准对图纸的基本幅面作了规定,基本幅面有 5 种,其代号分别为 A0、A1、A2、A3、A4,具体尺寸见表 1-1。

由表 1-1 中图纸幅面的尺寸可以看出,沿上一号幅面图纸的长边对折,即为下一号幅面图纸的大小,如图 1-13 所示。图幅在应用时若面积不够,根据要求允许在基本幅面的长边成整数倍加长,如表 1-2 所示,但短边一般不可加长,具体尺寸可参照《房屋建筑制图统一标准》(GB/T 50001—2017)的规定。但需注意同一项工程的图纸不宜多于两种幅面。

表 1-1　基本幅面及图框尺寸

单位:mm

尺寸代号	幅面代号				
	A0	A1	A2	A3	A4
$b \times l$	841×1189	594×841	420×594	297×420	210×297
a	25				
c	10			5	

注:表中 b 为幅面短边尺寸,l 为幅面长边尺寸,a 为图框线与装订边间宽度,c 为图框线与幅面线间宽度。

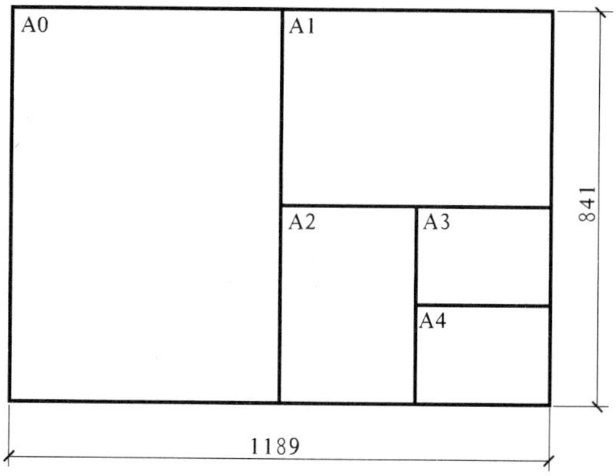

图 1-13　各种图幅的关系

表 1-2　图纸长边加长尺寸

单位:mm

幅面代号	长边尺寸	长边加长后尺寸
A0	1189	1486(A0+1/4l)　1783(A0+1/2l)　2080(A0+3/4l)　2378(A0+l)
A1	841	1051(A1+1/4l)　1261(A1+1/2l)　1471(A1+3/4l)　1682(A1+l)　1892(A1+5/4l)　2102(A1+3/2l)
A2	594	743(A2+1/4l)　891(A2+1/2l)　1041(A2+3/4l)　1189(A2+l)　1338(A2+5/4l)　1486(A2+3/2l)　1635(A2+7/4l)　1783(A2+2l)　1932(A2+9/4l)　2080(A2+5/2l)
A3	420	630(A3+1/2l)　841(A3+l)　1051(A3+3/2l)　1261(A3+2l)　1471(A3+5/2l)　1682(A3+3l)　1892(A3+7/2l)

注:有特殊需要的图纸,可采用 $b \times l$ 为 841 mm×891 mm 与 1189 mm×1261 mm 的幅面。

(二)图框

图框是指图纸上限定绘图区域的线框,图形只能绘制在图框内。图框格式分为非装订式和装订式两种。图框周边尺寸参数如表 1-1 所示。

图纸以短边作为垂直边的称为横式幅面(见图 1-14),以短边作为水平边的称为立式幅面(见图 1-15)。一般 A0~A3 图纸宜使用横式幅面,A4 图纸宜使用立式幅面。

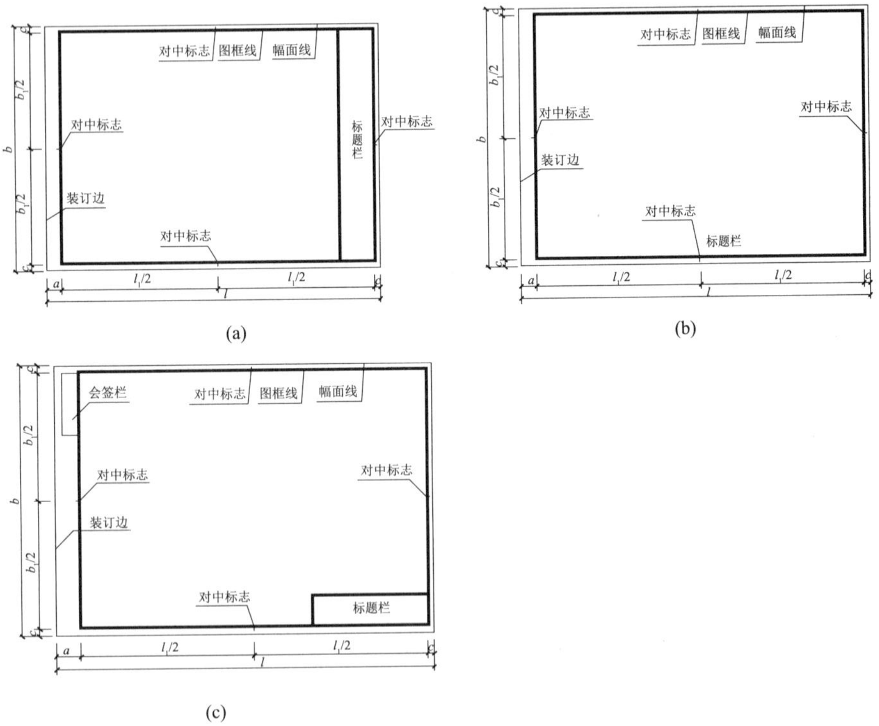

图 1-14　横式幅面

（三）标题栏

将工程名称、图名、图号、设计人员签名、日期等内容以集中列表的形式放在图纸的右下角，称为图纸标题栏。

标题栏是图样的重要内容之一，应根据工程需要选择确定其尺寸、格式及分区，如图 1-16(a)所示。绘制标题栏时其外框为粗实线，分栏为细实线，标题栏中的字体，应按国标规定书写。校内作业建议采用图 1-16(b)所示的标题栏，图名用 10 号字，校名用 7 号字，其余均用 5 号字。

（四）会签栏

供各工种设计负责人签署单位、姓名和日期的表格称为会签栏，如图 1-17 所示。会签栏一般放置在图纸的左上角，一个会签栏不够用时，可另加一个，两个会签栏应并列布置。不需要会签的图纸可不设会签栏。

二、图线

图线是指起点和终点以任何方式连接的一种几何图形，形状可以是直线或曲线，连续或不连续线。在工程图样中，表达的内容不同所使用的线型和图线宽度也不相同。

（一）线型

建筑工程图样中的线型主要有：实线、虚线、点画线、双点画线、折断线和波浪线等，各种线型的画法及其用途详见表 1-3。

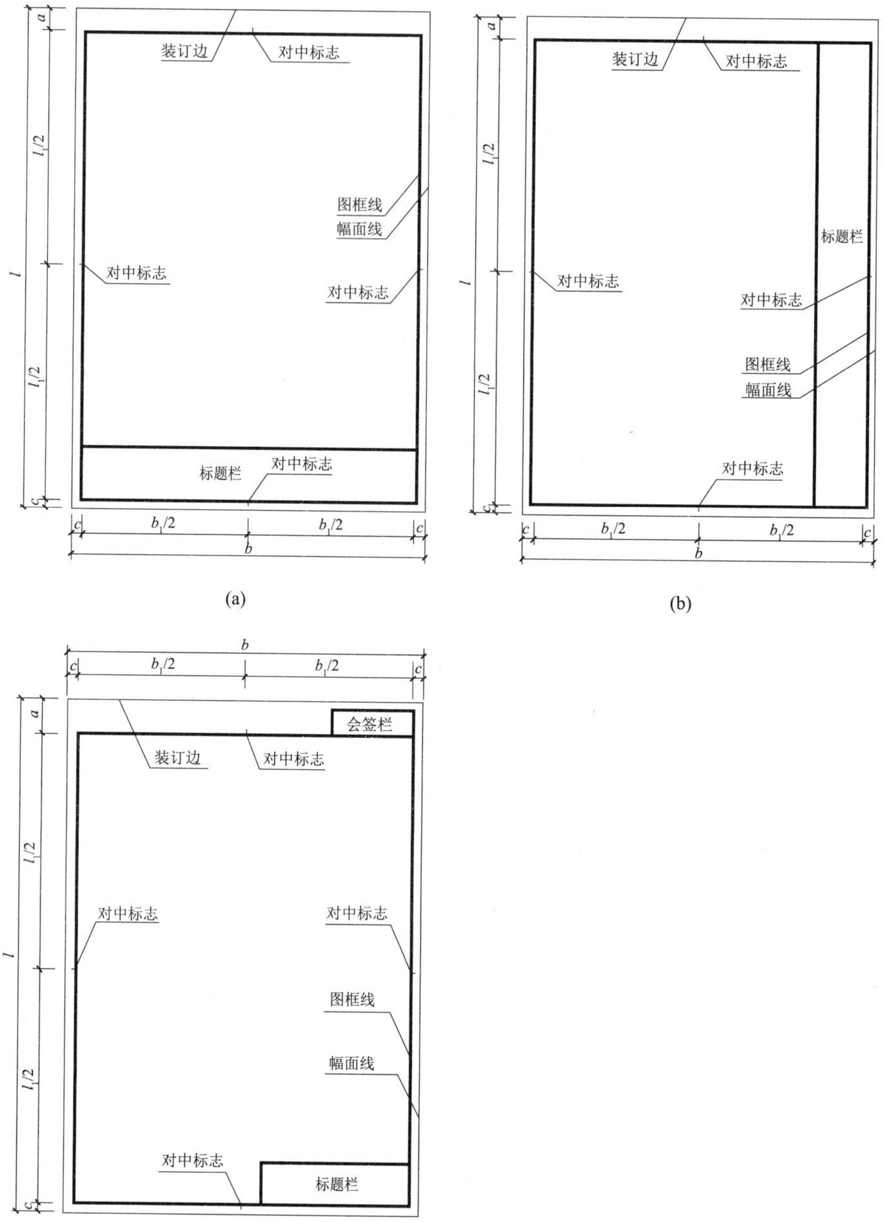

(a) (b) (c)

图 1-15　立式幅面

(二)线宽

《房屋建筑制图统一标准》(GB/T 50001—2017)中规定,图线的基本线宽 b,宜按照图纸比例及图纸性质从 1.4 mm、1.0 mm、0.7 mm、0.5 mm 线宽系列中选取。每个图样,应根据复杂程度与比例大小,先选定基本线宽 b,再选用表 1-4 中相应的线宽组。同一张图纸内,相同比例的各图样应选用相同的线宽组。

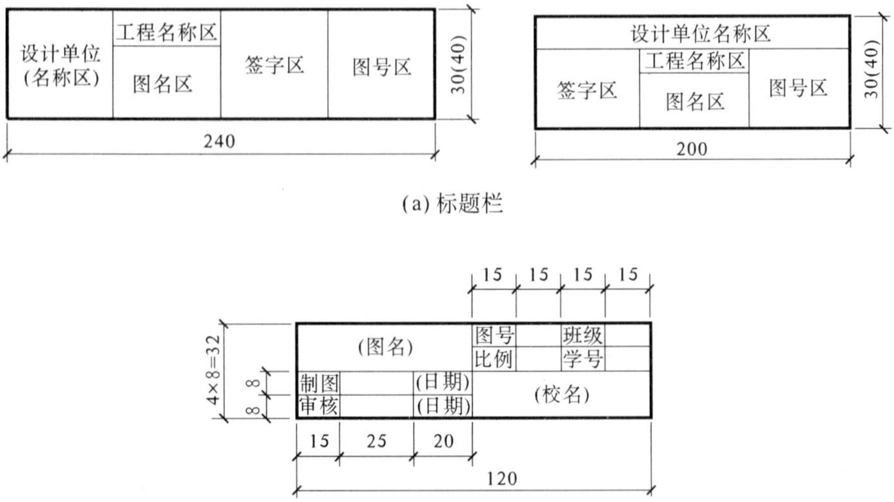

(a) 标题栏

(b) 作业用标题栏

图 1-16　常用标题栏

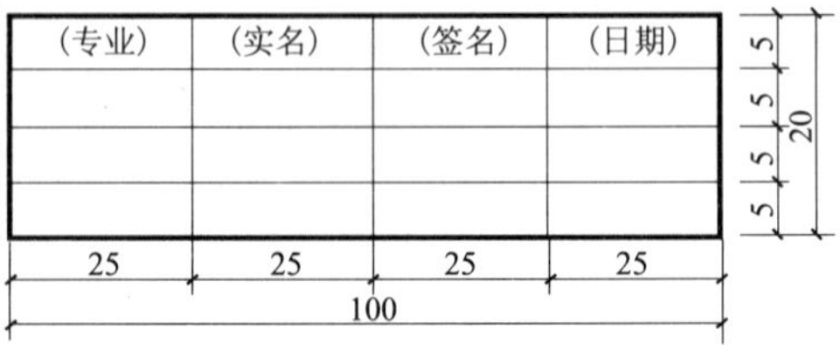

图 1-17　会签栏

表 1-3　线型

名称		线型	线宽	用途
实线	粗	————	b	主要可见轮廓线
	中粗	————	$0.7b$	可见轮廓线、变更云线
	中	————	$0.5b$	可见轮廓线、尺寸线
	细	————	$0.25b$	图例填充线、家具线
虚线	粗	– – – –	b	见各有关专业制图标准
	中粗	– – – –	$0.7b$	不可见轮廓线
	中	– – – –	$0.5b$	不可见轮廓线、图例线
	细	– – – –	$0.25b$	图例填充线、家具线
单点长画线	粗	—·—	b	见各有关专业制图标准
	中	—·—	$0.5b$	见各有关专业制图标准
	细	—·—	$0.25b$	中心线、对称线、轴线等

续表 1-3

名称		线型	线宽	用途
双点长画线	粗		b	见各有关专业制图标准
	中		0.5b	见各有关专业制图标准
	细		0.25b	假想轮廓线、成型前原始轮廓线
折断线	细		0.25b	断开界线
波浪线	细		0.25b	断开界线

表 1-4　线宽组　　单位:mm

线宽比	线宽组			
b	1.4	1.0	0.7	0.5
0.7b	1.0	0.7	0.5	0.35
0.5b	0.7	0.5	0.35	0.25
0.25b	0.35	0.25	0.18	0.13

注:1. 需要缩微的图纸,不宜采用 0.18 mm 及更细的线宽。

2. 同一张图纸内,各不同线宽中的细线,可统一采用较细的线宽组的细线。

图纸的图框和标题栏线可采用表 1-5 的线宽。

表 1-5　图框和标题栏线的宽度　　单位:mm

幅面代号	图框线	标题栏外框线 对中标志	标题栏分格线幅面线
A0、A1	b	0.5b	0.25b
A2、A3、A4	b	0.7b	0.35b

对中标志的线段,应于图框长边尺寸和图框短边尺寸范围取中,其长度为 5 mm,且由内框指向外框。

(三)图线画法

(1)同一张图纸上同一种线型的线宽应相等;虚线、点画线或双点画线的线段长度和间隔也大致相等,如图 1-18(a)所示。

(2)相互平行的图线,其间隙不宜小于其中的粗线宽度,且不宜小于 0.7 mm,如图 1-18(a)所示。

(3)虚线为实线的延长线时,中间应断开;虚线与其他线相交时,应在线段处相交,如图 1-18(b)所示。

(4)点画线、双点画线的两端,不应是点;点画线、双点画线与其他线相交时,应在线段处相交;在较小图形中可用细实线代替点画线或双点画线。点画线画法如图 1-18(c)所示。

(5)图线不得与文字、数字或符号交叉;不可避免时,应首先保证文字、数字等的清晰完整。

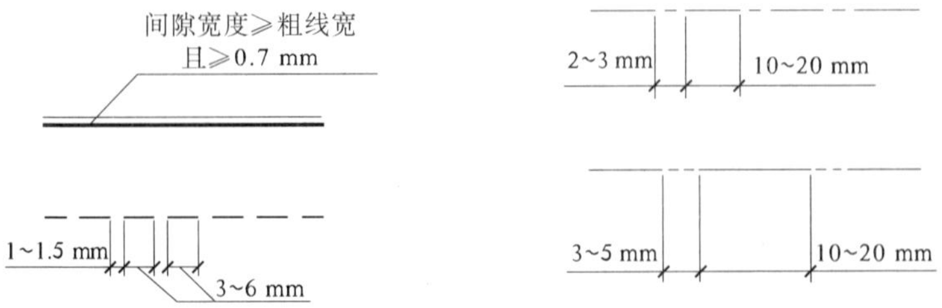

(a) 图线画法

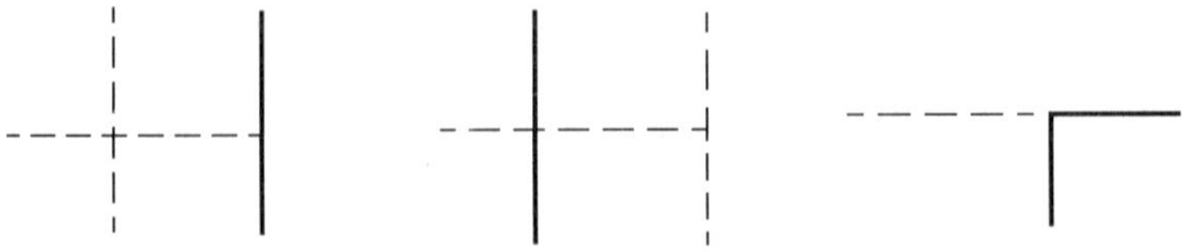

(b) 虚线画法

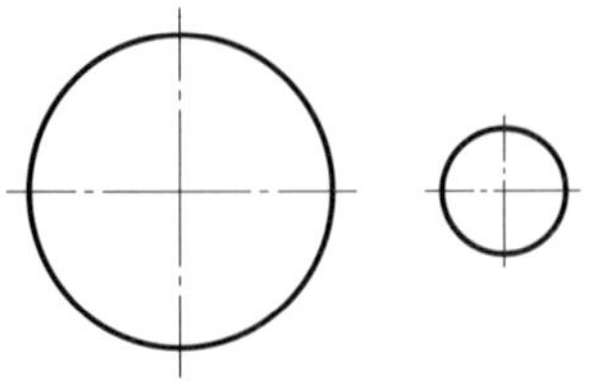

(c) 点画线画法

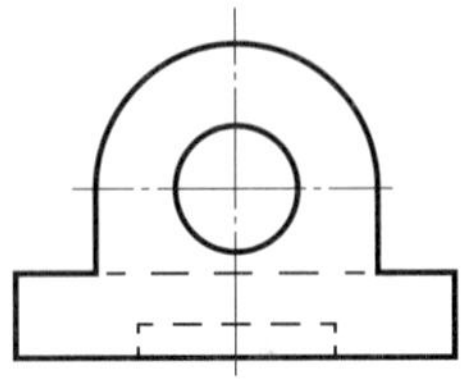

(d) 应用举例

图 1-18　图线的画法

三、字体

字体是指文字的风格式样，又称书体。工程图样上的文字有汉字、拉丁字母、阿拉伯数字与罗马数字等。文字的书写应做到笔画清晰、字体端正、排列整齐。

文字的大小用字号表示，字号指字体的高度，用 h 表示，分别为 20 mm、14 mm、10 mm、7 mm、5 mm、3.5 mm。

(一) 汉字

汉字宜采用长仿宋体，并符合国务院公布的《汉字简化方案》和有关规定。

长仿宋体的字高与字宽的比例应符合表 1-6 的规定，在实际应用中，汉字的字高一般不应小于 3.5 mm。

表 1-6　长仿宋体字高与字宽的关系　　单位：mm

字高	20	14	10	7	5	3.5
字宽	14	10	7	5	3.5	2.5

书写长仿宋体时应注意掌握以下要领：横平竖直、起落有锋、填满方格、结构匀称。长

仿宋体基本笔画的书写要求如图 1-19 所示,长仿宋体字的示例如图 1-20 所示。

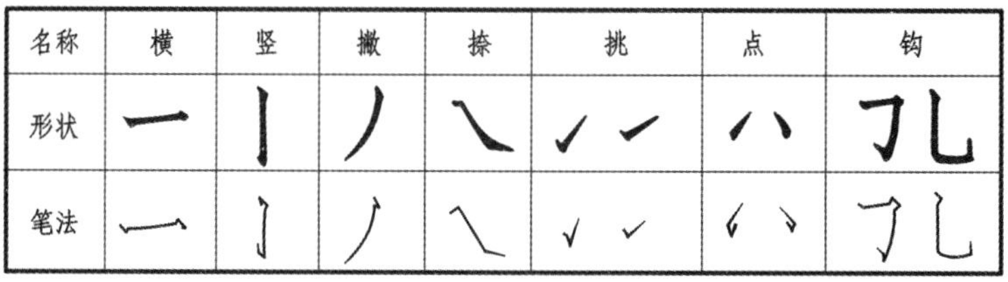

图 1-19　长仿宋体基本笔画的书写要求

工	业	民	用	建	筑	厂	房	屋	平	立	剖	面	详	图
结	构	施	说	明	比	例	尺	寸	长	宽	高	厚	砖	瓦
木	石	土	砂	浆	水	泥	钢	筋	混	凝	截	校	核	梯
门	窗	基	础	地	层	楼	板	梁	柱	墙	厕	浴	标	号
制	审	定	日	期	一	二	三	四	五	六	七	八	九	十

图 1-20　长仿宋体字的示例

(二)数字和字母

数字和字母的书写分直体和斜体两种,但同一张图纸上必须统一。如写成斜体字,其斜度应从字的底线逆时针向上倾斜 75°,如图 1-21 所示。

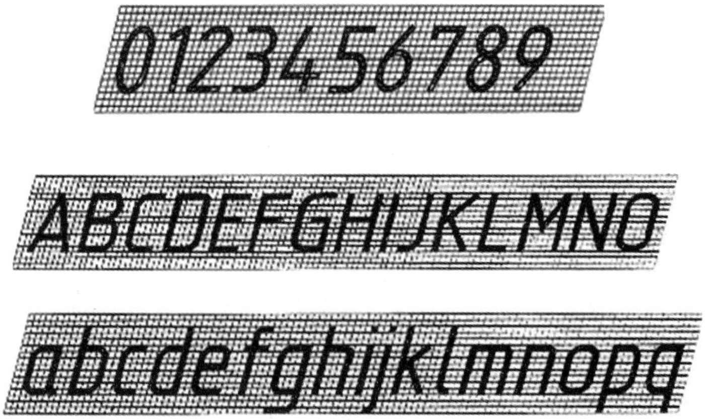

图 1-21　数字及字母的斜体字示例

夹在汉字中的阿拉伯数字、罗马数字或拉丁字母,其字高宜比汉字字高小一号。阿拉伯数字、罗马数字或拉丁字母的字高应不小于 2. 5 mm。字母及数字的书写规则见表 1-7。

表 1-7 字母及数字的书写规则

书写格式	字体	窄字体
大写字母高度	h	h
小写字母高度(上下均无延伸)	$7/10h$	$10/14h$
小写字母伸出的头部或尾部	$3/10h$	$4/14h$
笔画宽度	$1/10h$	$1/14h$
字母间距	$2/10h$	$2/14h$
上下行基准线的最小间距	$15/10h$	$21/14h$
词间距	$6/10h$	$6/14h$

四、比例

比例指图形与其实物相应要素的线性尺寸之比，比例的符号为“:”。比值为 1 称原值比例；比值大于 1 称放大比例；比值小于 1 称缩小比例。

比例宜注写在图名的右侧或下方，比例的字高宜比图名的字高小一号或二号。

工程图样都应按一定的比例绘制，比例大小可根据图样的用途、绘制对象的复杂程度优先从表 1-8 中选用。

表 1-8 绘图所用的比例

常用比例	1 : 1、1 : 2、1 : 5、1 : 10、1 : 20、1 : 30、1 : 50、1 : 100、1 : 150、1 : 200、1 : 500、1 : 1000、1 : 2000
可用比例	1 : 3、1 : 4、1 : 6、1 : 15、1 : 25、1 : 40、1 : 60、1 : 80、1 : 250、1 : 300、1 : 400、1 : 600、1 : 5000、1 : 10000、1 : 20000、1 : 50000、1 : 100000、1 : 200000

【特别提示】 图样上的比例只反映图形与实物大小的缩放关系，图中标注的尺寸数值应为实物的真实大小，与图样的比例无关。

五、尺寸标注

图样除反映物体的形状外，还需标注尺寸。尺寸标注必须认真细致，准确无误，严格按照制图标准中的有关规定，如有遗漏或是错误，将给施工带来困难和损失。

【特别提示】 构件的真实大小应以图样上所注尺寸数值为依据，与图形的大小及绘图的准确度无关；图样中标注的尺寸单位，除标高、桩号及总布置图的尺寸以米(m)为单位，规划图以千米(km)为单位外，其余尺寸在没有特殊说明情况下均以毫米(mm)为单位。

(一)尺寸组成

完整的尺寸包括尺寸界线、尺寸线、尺寸起止符号和尺寸数字，如图 1-22 所示。

1. 尺寸界线

尺寸界线用于表示所标注尺寸的范围，用细实线绘制。一般自图形的轮廓线、轴线或中心线处引出，轮廓线、轴线或中心线也可作为尺寸界线。尺寸界线一般与所注长度垂直,其一端与轮廓线之间留有不小于 2 mm 的间隙,另一端超出尺寸线 2~3 mm,如图 1-23 所示。

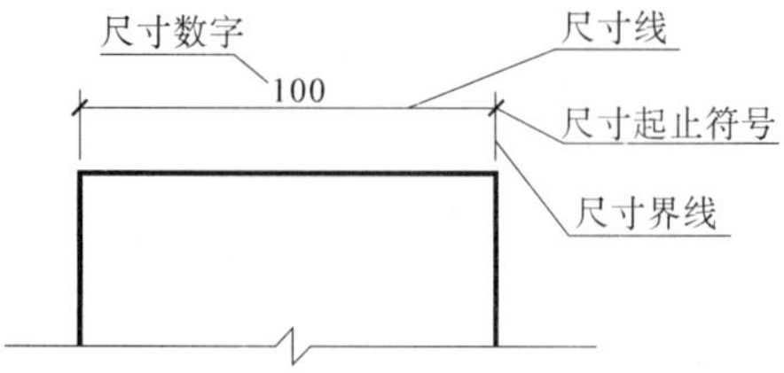

图 1-22 尺寸组成

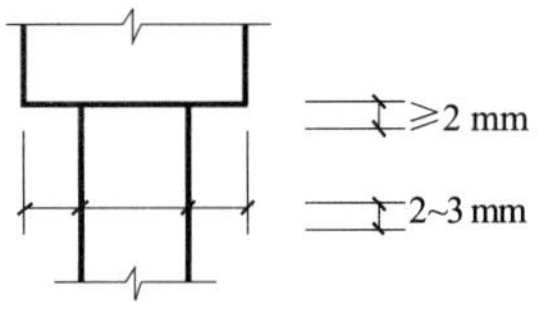

图 1-23 尺寸界线画法

2. 尺寸线

尺寸线用来表示被标注尺寸的方向,用细实线绘制。一般应与被标注长度平行,两端不宜以尺寸界线为边界,也可超出尺寸界线 2~3 mm。尺寸线需单独绘制,图样本身的任何图线均不能作为尺寸线。

3. 尺寸起止符号

尺寸起止符号用于表示被标注尺寸的起止点,一般用中粗斜短线绘制,其倾斜方向应与尺寸界线成顺时针 45°角,长度宜为 2~3 mm;半径、直径、角度与弧长的尺寸起止符号,宜用箭头表示,箭头宽度 b 不宜小于 1 mm,如图 1-24 所示。轴测图中用小圆点表示起止符,小圆点直径 1 mm。

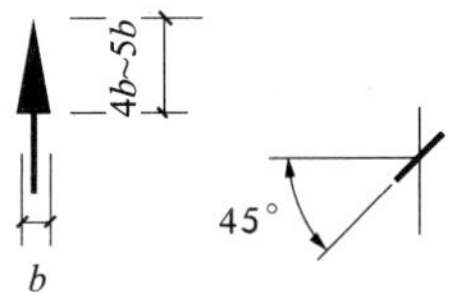

(a) 箭头尺寸起止符号 (b) 斜短线

图 1-24 尺寸起止符号

4. 尺寸数字

尺寸数字一般用阿拉伯数字注写在尺寸线的中部。水平方向的尺寸,尺寸数字注写在尺寸线的上方,字头朝上;竖直方向的尺寸,尺寸数字注写在尺寸线的左侧,字头朝左,如图 1-25(a)所示;倾斜方向的尺寸,尺寸数字注写在尺寸线的斜上方。尽可能避免在图 1-25(b)所示 30°范围内标注尺寸,当无法避免时可按图 1-25(c)所示形式标注。

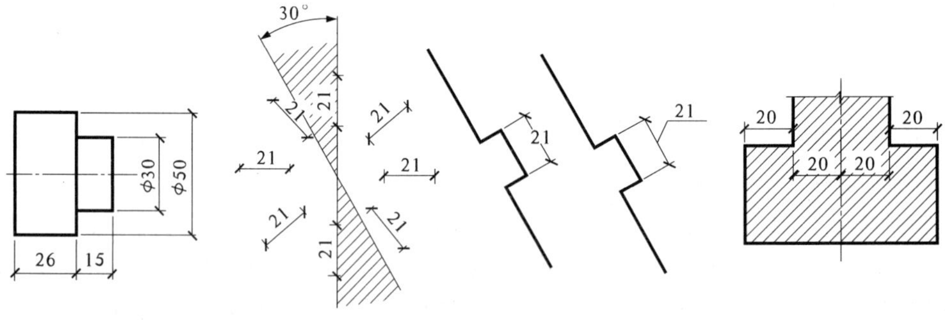

(a) 水平和竖直方向尺寸 (b) 倾斜方向尺寸 (c) 30°范围内尺寸 (d) 断开图线注写尺寸

图 1-25 尺寸数字的注写方法

尺寸数字不可被任何图线或符号所通过,当无法避免时,必须将图线或符号断开,如图 1-25(d)所示。

(二)尺寸的排列与布置

(1)尺寸宜标注在轮廓线以外,不宜与图线、文字及符号等相交。

(2)相邻的线性尺寸,应排列在同一尺寸线上。

(3)互相平行的尺寸线,应由近向远整齐排列,小尺寸在里大尺寸在外,尺寸线间距宜为7~10 mm,一般不超过四层,如图1-26所示。

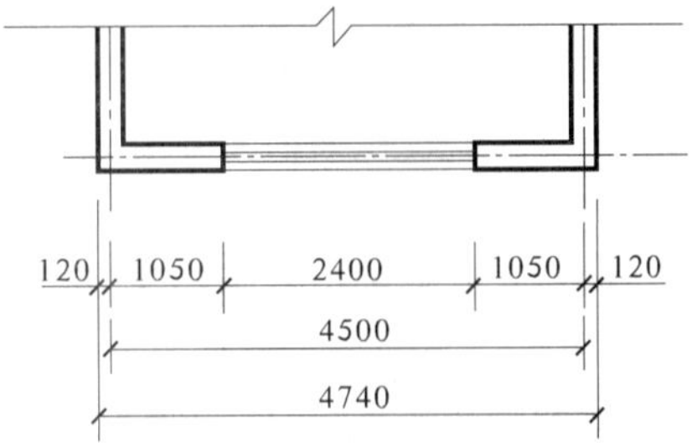

图1-26　尺寸的排列与布置

(三)常见的尺寸标注方法

1. 圆和圆弧的尺寸标注

小于或等于半圆的圆弧,标注半径尺寸。半径的尺寸线一端从圆心开始,另一端画箭头指向圆弧。半径数字前应加注半径符号“*R*”,如图1-27(a)所示。较小圆弧的半径,可按图1-27(b)形式标注;较大圆弧的半径,可按图1-28形式标注。

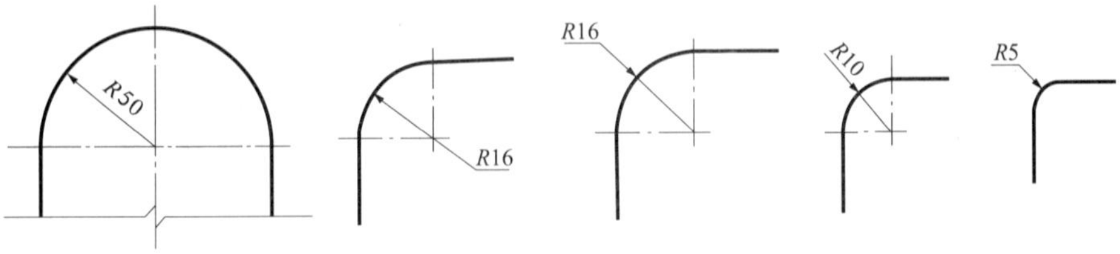

(a)半径标注方法　　(b)小圆弧半径标注方法

图1-27　半径的标注方法

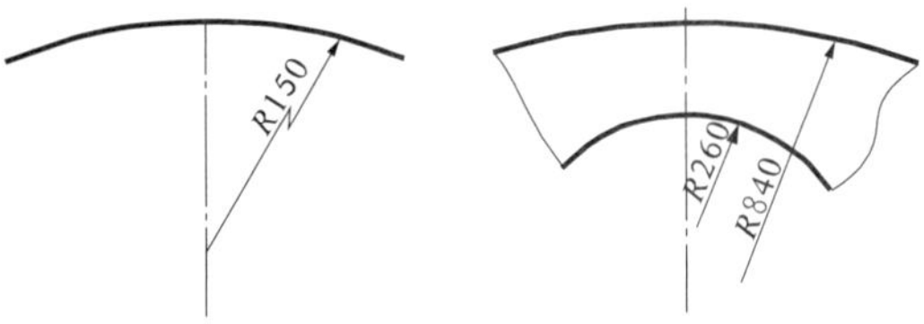

图1-28　大圆弧半径的标注方法

圆或大于半圆的圆弧标注直径尺寸,尺寸线通过圆心,两端画箭头指向圆弧。直径数字前应加直径符号“ϕ”,如图1-29所示。直径较小的圆或圆弧,可按图1-30形式标注。

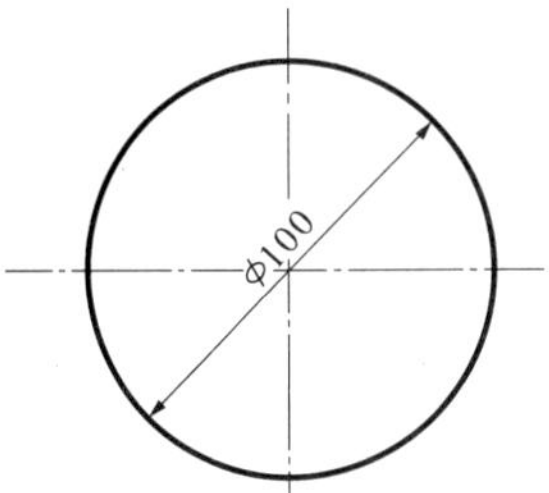

图1-29　直径的标注方法

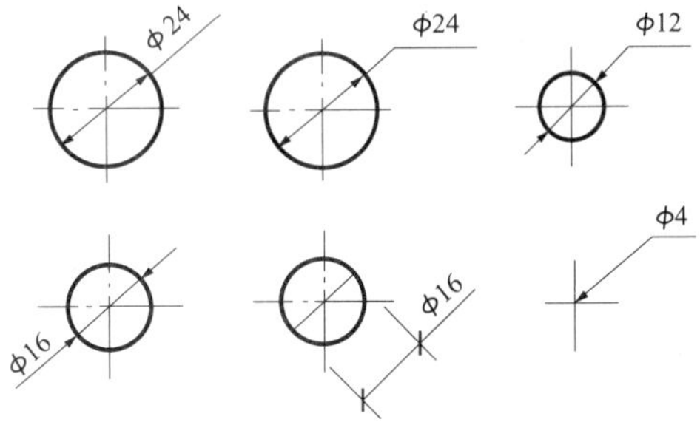

图1-30　小直径的标注方法

标注球的半径尺寸,应在尺寸前加注符号“*SR*”;标注球的直径尺寸,应在尺寸数字前加注符号“*S* ϕ”。球的尺寸标注方法与圆弧半径和圆弧直径的尺寸标注方法相同。

2. 角度、弧长、弦长的尺寸标注

角度的尺寸线是以该角的顶点为圆心的圆弧,角的两边为尺寸界线,尺寸起止符号为箭头。如没有足够的位置画箭头,可用圆点代替,角度数字必须水平方向注写,如图1-31所示。

标注圆弧的弧长时,尺寸线为与该圆弧同心的圆弧线,尺寸界线与该圆弧的弦垂直,尺寸起止符号用箭头表示,弧长数字上方应加注圆弧符号“⌒”,如图1-32所示。

标注圆弧的弦长时,尺寸线为平行于该弦的直线,尺寸界线垂直于该弦,尺寸起止符号用中粗斜短线表示,如图1-33所示。

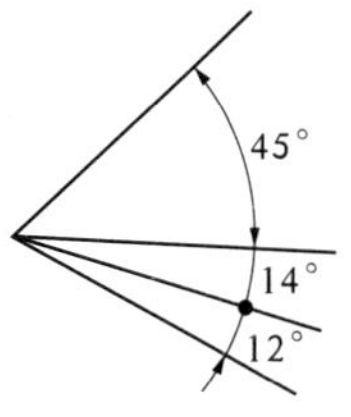

图1-31 角度标注方法

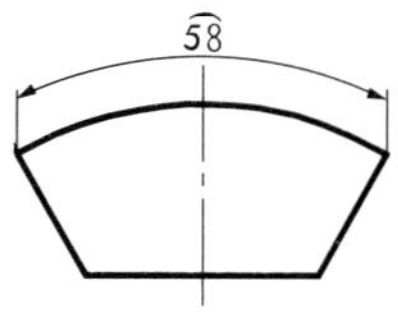

图1-32 弧长标注方法

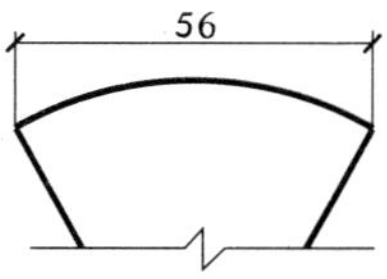

图1-33 弦长标注方法

3. 薄板厚度、正方形、坡度的尺寸标注

在薄板板面上标注板厚尺寸时,应在厚度尺寸数字前加注厚度符号“*t*”,如图1-34所示。

标注正方形尺寸,可用“边长×边长”的形式,也可在边长数字前加注正方形符号“□”,如图1-35所示。

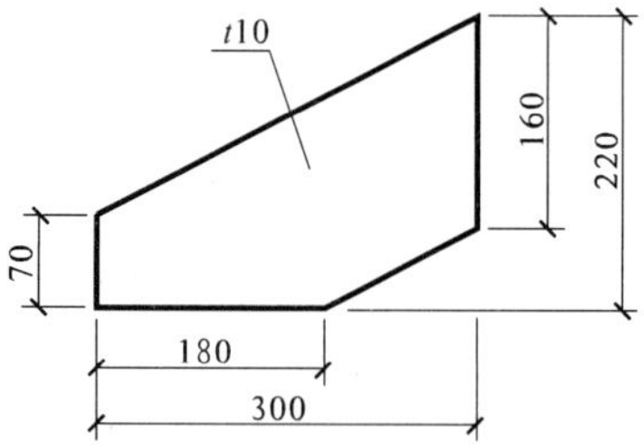

图1-34 薄板厚度标注方法

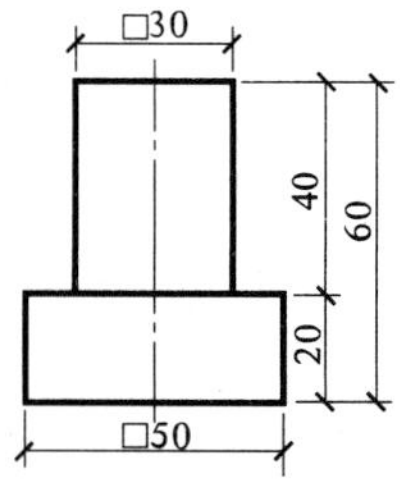

图1-35 标注正方形尺寸

标注坡度时,应加注坡度符号“←”或“↼”,该符号为单面箭头,箭头应指向下坡方向。坡度也可用直角三角形形式标注,如图1-36所示。

4. 尺寸的简化标注

杆件或管线的长度,在单线图(桁架简图、钢筋简图、管线简图)上,可直接将尺寸数字沿杆件或管线的一侧注写,如图1-37所示。

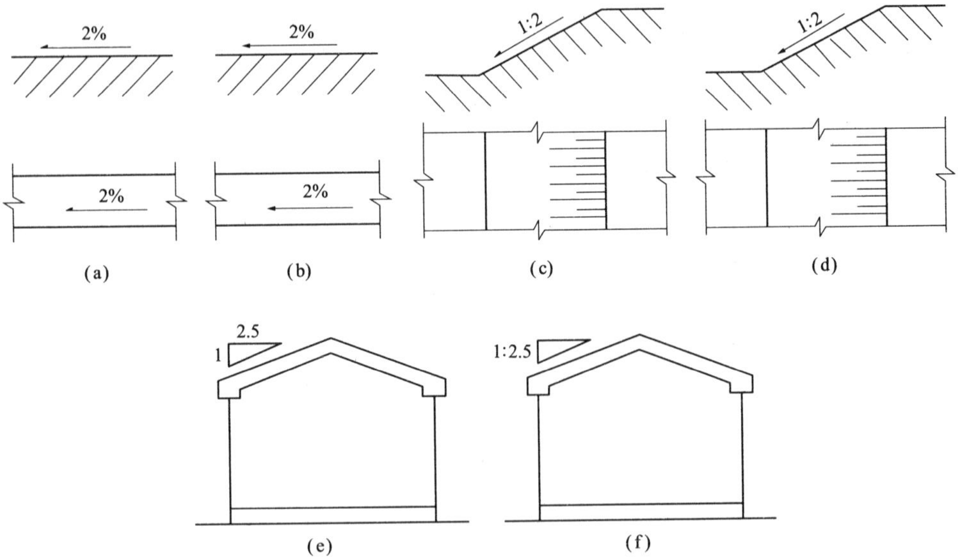

图 1-36 坡度标注方法

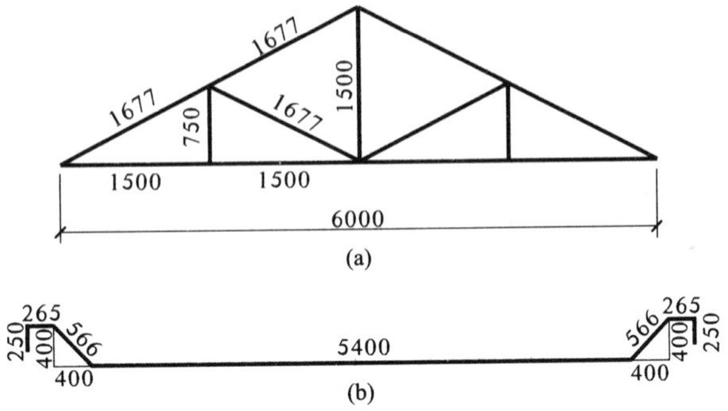

图 1-37 单线图尺寸标注方法

六、常用建筑材料图例

当建筑物或建筑配件被剖切时，通常在图样的断面轮廓线内画出建筑材料图例，表 1-9 列出了《房屋建筑制图统一标准》(GB/T 50001—2017) 中所规定的部分常用建筑材料图例，其余可查阅该标准。在《房屋建筑制图统一标准》(GB/T 50001—2017) 中只规定了常用建筑材料图例的画法，对其尺寸比例不作具体规定，绘图时可根据图样大小而定。

表 1-9 常用建筑材料图例

序号	名称	图例	说明
1	自然土壤		包括各种自然土壤
2	夯实土壤		斜线为 45°细实线

续表 1-9

序号	名称	图例	说明
3	砂、灰土	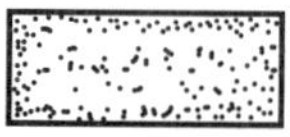	靠近轮廓线点较密
4	普通砖	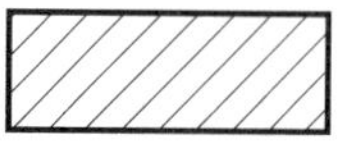	1. 包括砌体、砌块 2. 断面较窄,不易画图例线时可涂红
5	混凝土	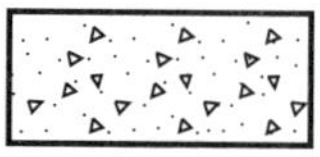	1. 本图例仅适用于能承重的混凝土及钢筋混凝土 2. 包括各种强度等级、骨料、添加剂的混凝土 3. 在断面图上画出钢筋时,不画图例线 4. 断面较窄,不易画图例线时,可涂黑
6	钢筋混凝土	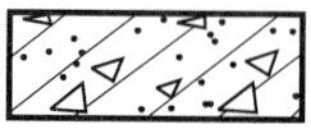	
7	金属	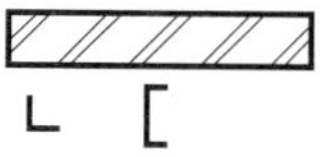	1. 包括各种金属 2. 图形小时,可涂黑
8	木材		上图为横断面,下图为纵断面
9	毛石	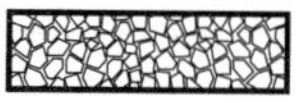	
10	饰面砖	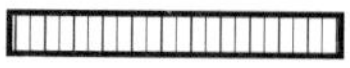	包括铺地砖、玻璃、马赛克、陶瓷锦砖、人造大理石等
11	防水材料		构造层次多或比例较大时,采用上面图例

第三节 几何作图方法

根据已知条件按几何原理用仪器和工具作图称为几何作图。掌握正确的几何作图方法和技巧,可以提高绘图的速度和图样的质量。

一、等分线段

(一)等分线段

三等分已知线段 AB 的作图方法如图 1-38 所示。

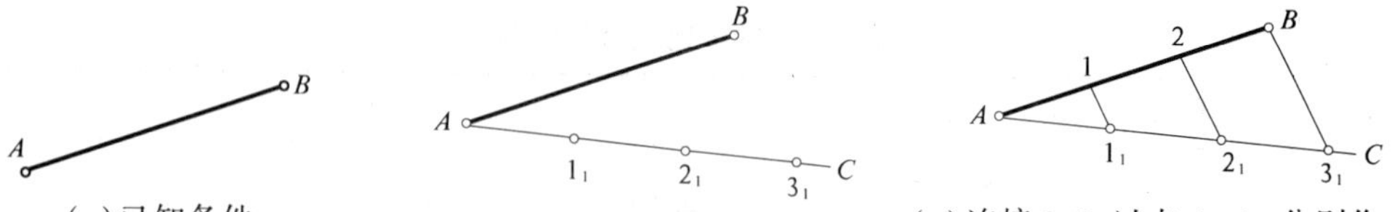

(a)已知条件

(b)过 A 点作任一直线 AC,取 $A1_1=1_12_1=2_13_1$

(c)连接 3_1B,过点 1_1、2_1 分别作 3_1B 的平行线,与 AB 交于 1、2 两点

图 1-38 直线的三等分

(二)等分平行线间的距离

三等分平行线 AB、CD 之间距离的作图方法如图 1-39 所示。

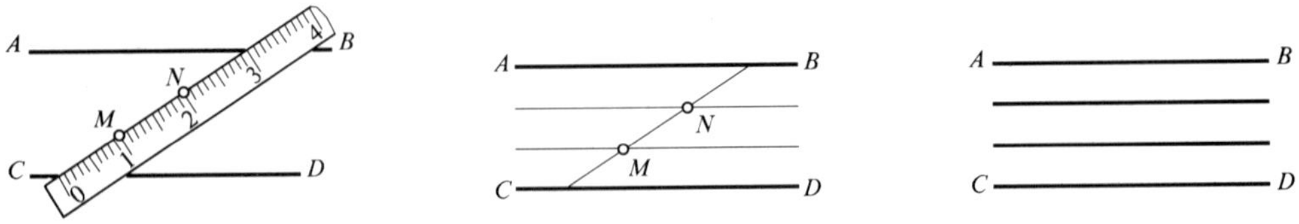

(a)使直尺的刻度 0 落在 CD 线上，转动直尺，使直尺上的刻度 3 落在 AB 线上，取等分点 M、N

(b)过点 M、N 分别作直线 AB、CD 的平行线

(c)清理图面，加深图线，完成作图

图 1-39　平行线间距离的三等分

二、圆周的等分及圆内接正多边形的画法

(一)四等分圆周及圆内接正四边形画法

四等分圆周及圆内接正四边形画法如图 1-40 所示。

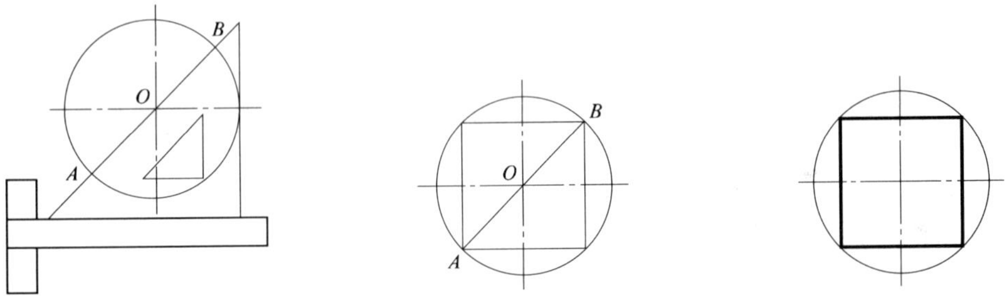

(a)过圆心作 45°线，交圆周于点 A、B

(b)过点 A、B 分别作水平线、竖直线，与圆周相交

(c)清理图面，加深图线，完成作图

图 1-40　四等分圆周

(二)六等分圆周及圆内接正六边形画法

六等分圆周及圆内接正六边形画法如图 1-41 所示。

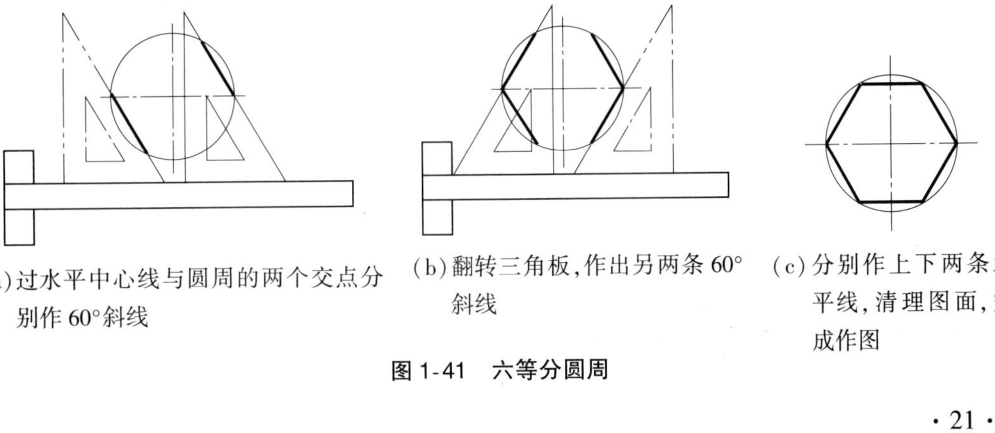

(a)过水平中心线与圆周的两个交点分别作 60°斜线

(b)翻转三角板，作出另两条 60°斜线

(c)分别作上下两条水平线，清理图面，完成作图

图 1-41　六等分圆周

(三)任意等分圆周及圆内接任意正多边形画法(以五等分为例)

任意等分圆周及圆内接任意正多边形画法(以五等分为例)如图 1-42 所示。

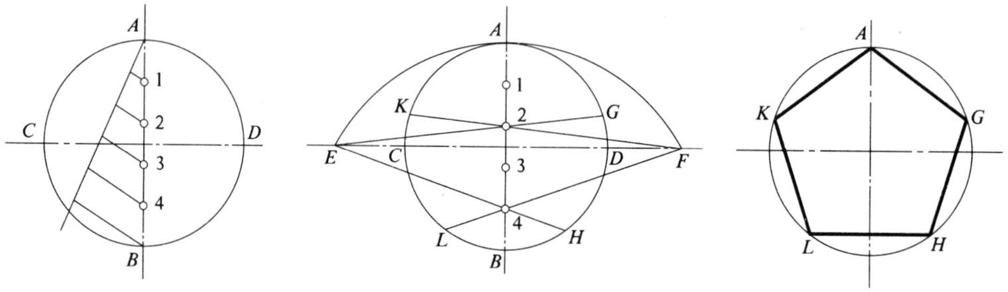

(a)将直径 *AB* 五等分,得等分点 1、2、3、4

(b)以 *B*(或 *A*)为圆心、*AB* 为半径画弧,与 *CD* 延长线交于 *E*、*F* 两点,*E*、*F* 两点分别与偶数(或奇数)等分点 2、4 连接,延长线分别与圆周相交于 *G*、*K*、*H*、*L*

(c)连接 *AK*、*KL*、*LH*、*HG*、*GA*,清理图面,完成作图

图 1-42　任意等分圆周

三、圆弧连接

用给定半径的圆弧,将直线与直线、直线与圆弧、圆弧与圆弧光滑地连接(也称相切),称为圆弧连接。

(一)过已知点作圆的切线

过已知点作圆的切线的方法如图 1-43 所示。

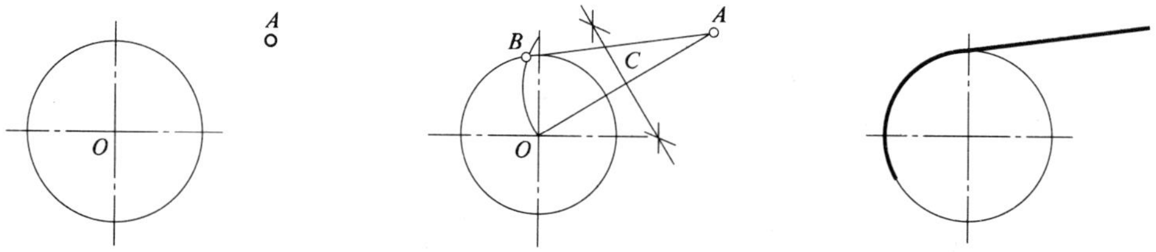

(a)过已知点 *A* 作圆 *O* 的切线

(b)连接 *OA*,取 *OA* 中点 *C*;以 *C* 为圆心,*OC* 为半径画弧,交圆周于点 *B*;连接 *AB*,*AB* 即为圆 *O* 的切线

(c)清理图面,加深图线,完成作图

图 1-43　作圆的切线

(二)用圆弧连接两斜交直线

用圆弧连接两斜交直线的方法如图 1-44 所示。

(三)用圆弧连接两正交直线

用圆弧连接两正交直线的方法如图 1-45 所示。

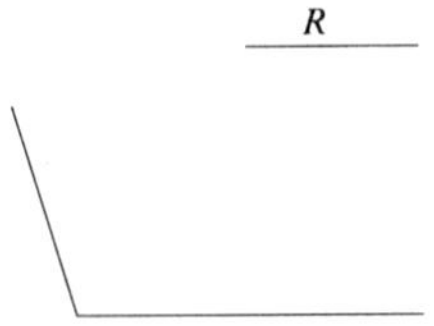

(a)用半径为 R 的圆弧连接两斜交直线

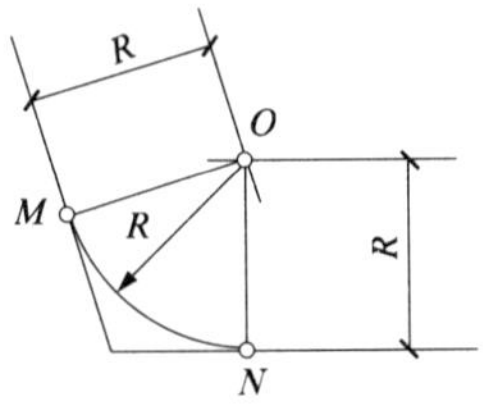

(b)作距两已知直线距离为 R 的两条平行线,交点 O 为连接圆弧的圆心;过圆心 O 作两已知直线的垂线,垂足 M、N 即为切点;以 O 为圆心,R 为半径,画弧 MN

(c)清理图面,加深图线,完成作图

图 1-44　圆弧连接两斜交直线

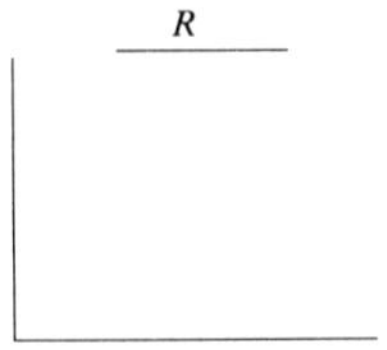

(a)用半径为 R 的圆弧连接两垂直相交的直线

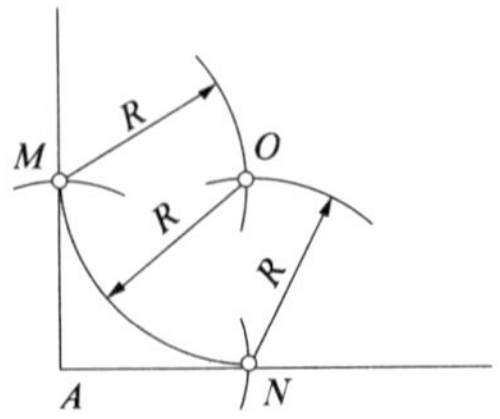

(b)以两直线的交点 A 为圆心,R 为半径画弧,交两直线于 M、N,即为切点;分别以 M、N 为圆心,R 为半径画弧,交点 O 为连接圆弧的圆心;以 O 为圆心,R 为半径,画弧 MN

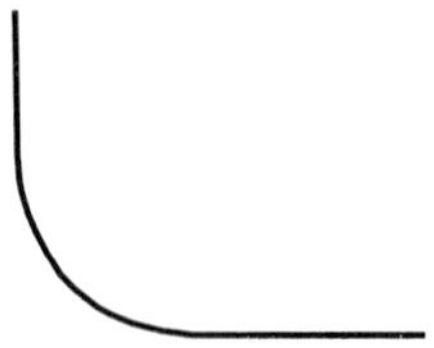

(c)清理图面,加深图线,完成作图

图 1-45　圆弧连接两正交直线

(四)圆弧与两圆弧外切

圆弧与两圆弧外切的画法如图 1-46 所示。

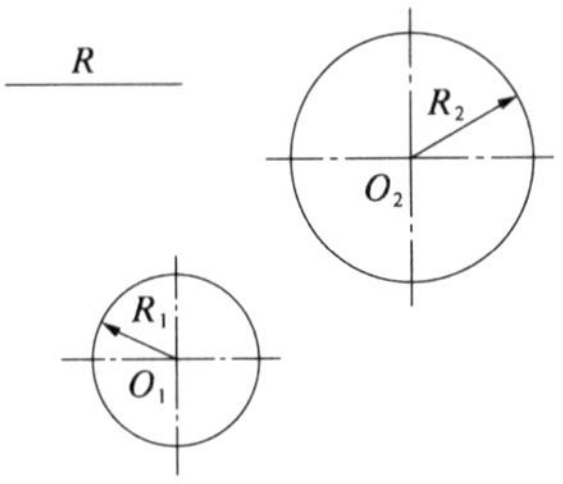

(a)用半径为 R 的圆弧连接两已知圆弧,使它们外切

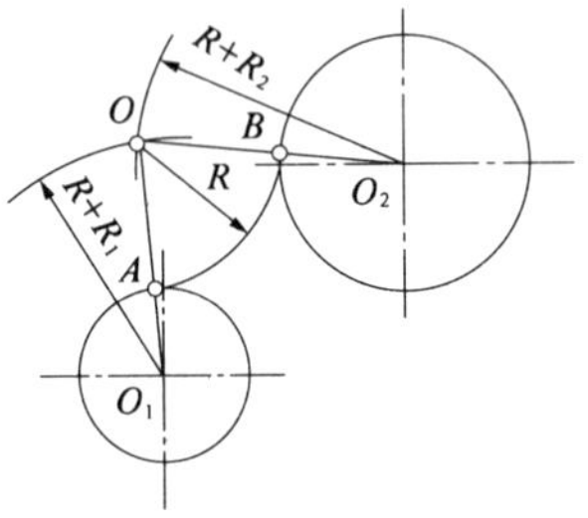

(b)分别以 O_1、O_2 为圆心,R_1+R、R_2+R 为半径画弧,两弧相交,交点即为连接圆弧的圆心 O;连接 O 与 O_1、O 与 O_2,分别与两圆周相交得切点 A、B;以 O 为圆心,R 为半径,画弧 AB

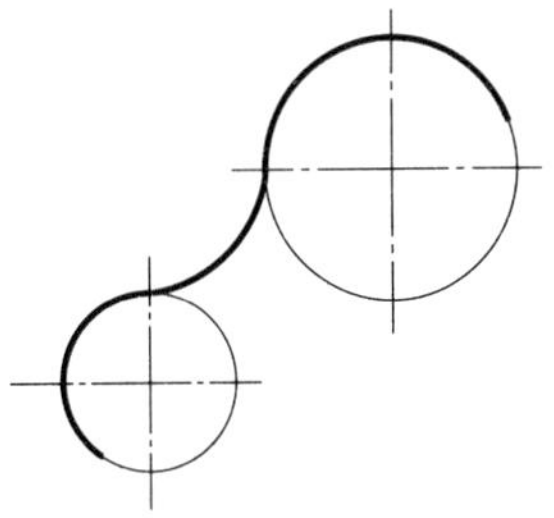

(c)清理图面,加深图线,完成作图

图 1-46　圆弧外切

(五)圆弧与两圆弧内切

圆弧与两圆弧内切的画法如图 1-47 所示。

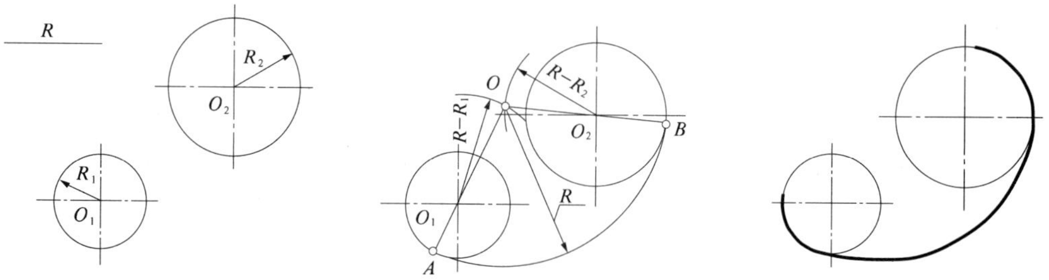

(a)用半径为 R 的圆弧连接两已知圆弧,使它们内切

(b)分别以 O_1、O_2 为圆心,$|R-R_1|$、$|R-R_2|$为半径画弧,两弧相交,交点即连接圆弧的圆心 O;连接 OO_1、OO_2,延长线分别与两圆周相交得切点 A、B;以 O 为圆心,R 为半径,画弧 BA

(c)清理图面,加深图线,完成作图

图 1-47　圆弧内切

四、椭圆画法

椭圆是非圆闭合曲线,椭圆的画法见表 1-10。

表 1-10　椭圆画法

画法	作图结果	作图步骤
同心圆法	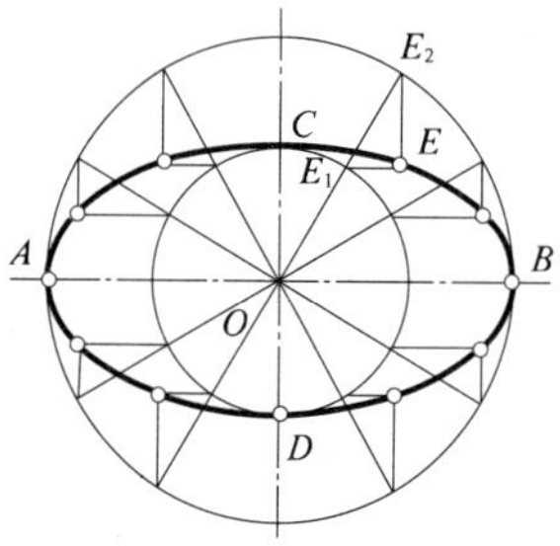	1. 以 O 为圆心,分别以长轴 AB、短轴 CD 为直径,作两个同心圆。 2. 过点 O 作若干条射线,交两圆周于 E_1 与 E_2 点。 3. 过点 E_1 作水平线,过点 E_2 作竖直线,两线相交,交点 E 即椭圆上的点。其他点的作法与 E 点相同。 4. 用曲线板光滑连接各点,即为所求的椭圆
四圆心法	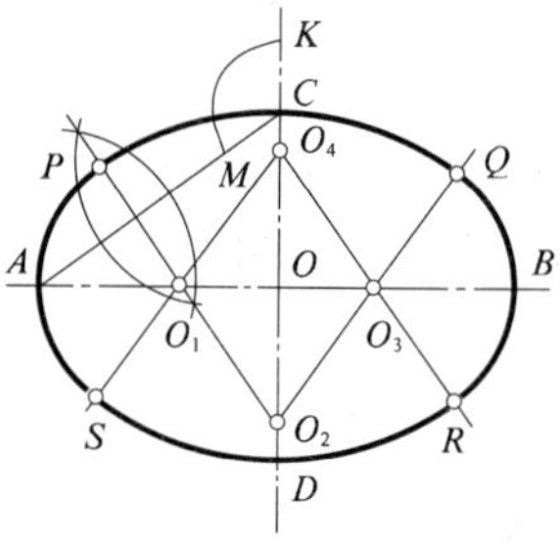	1. 延长 DC,在延长线上量取 K 点,使 $OK=OA$。 2. 连接 AC,并在 AC 上取 $CM=CK$,作 AM 的中垂线,交长轴于 O_1,交短轴于 O_2。 3. 分别取 O_1、O_2 的对称点 O_3、O_4,即得四段圆弧的圆心,将四个圆心两两相连,并适当延长,得四段圆弧的分界线。 4. 分别以 O_1、O_3 为圆心,O_1A、O_3B 为半径画弧与延长线分别交于 P、S、R、Q。 5. 分别以 O_2、O_4 为圆心,O_2C、O_4D 为半径画弧,即得所求近似椭圆

续表 1-10

画法	作图结果	作图步骤
八点法	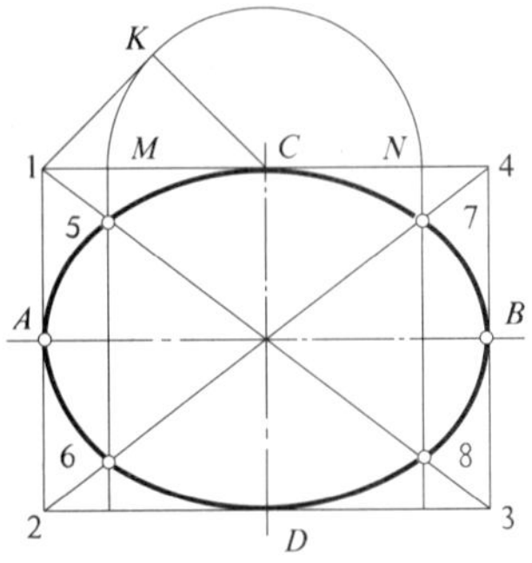	1. 分别过长轴、短轴的端点 A、B、C、D 作椭圆外切矩形 1234，连接对角线 13 和 24。 2. 以 1C 为斜边，作 45°等腰直角三角形 1KC。 3. 以 C 为圆心，CK 为半径作弧，交 14 于 M、N；自 M、N 引短轴的平行线，分别与对角线相交得 5、6、7、8 四点。 4. 用曲线板顺序连接点 A、5、C、7、B、8、D、6、A，即得所求的椭圆

第四节　平面图形分析

平面图形是由许多线段连接而成的，画图前，要对图形进行尺寸分析和线段分析，以便明确平面图形的画图步骤，准确快速地画出图形并标注尺寸。

一、平面图形的尺寸分析

平面图形中的尺寸，按其作用可分为两类：

(1) 定形尺寸。是指用于确定线段的长度、圆弧的直径（或半径）和角度大小等的尺寸。如图 1-48 中的 50、ϕ10、R10、60°等。

(2) 定位尺寸。是指用于确定线段在平面图形中所处位置的尺寸，如图 1-48 中的 30、21 等。

定位尺寸通常以图形的对称线、中心线或某一轮廓线作为标注尺寸的起点，这些起点被称为尺寸基准。如图 1-48 中两圆的水平方向定位尺寸 30 是以对称线作为基准的，高度方向的定位尺寸 21 则是以底边作为基准的。

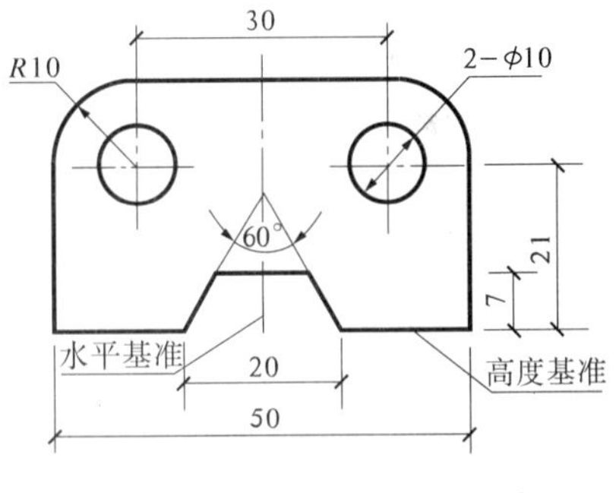

图 1-48　平面图形的尺寸分析

二、平面图形的线段分析

平面图形中的线段（直线或圆弧），根据其定位尺寸的完整与否，可分为三类：

(1) 已知线段。既确定了定形尺寸，又确定了定位尺寸的线段称已知线段。如图 1-49(a) 中的 R8 圆弧，其圆心位置已经确定，为已知线段，如图 1-49(b) 所示。

(2) 中间线段。尺寸不齐全，其中一个定形尺寸或定位尺寸是由连接条件来确定的线段。如图 1-49(a) 中的 R50 圆弧，它只有一个竖直方向的定位尺寸，水平方向定位尺寸要借助于已知圆弧 R8 的连接来确定，为中间线段，如图 1-49(c) 所示。

(3) 连接线段。缺少定位尺寸，需要由两个连接条件确定的线段。如图 1-49(a) 中的 R30 圆弧，是由过线段（长 8）的右端与 R50 圆弧相连接的两个条件来确定它的圆心位置的,如图 1-49(d)所示。

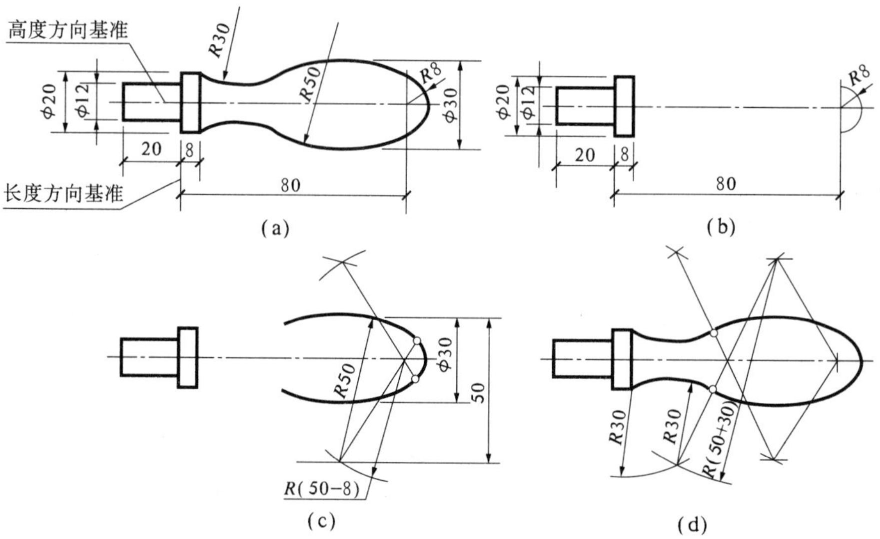

图 1-49　平面图形的线段分析

由此可以确定作图步骤:先画已知线段,再画中间线段,最后画连接线段。

【特别提示】 因为直线连接的作图比较简单,所以以上只讲圆弧连接的作图问题。

本章小结

本章主要介绍了制图的基本知识,通过学习,要求掌握以下内容:

(1)掌握常用绘图工具和仪器的正确使用方法。

(2)熟悉图纸幅面、图线、比例、字体、材料图例等制图标准。

(3)尺寸标注是一项严肃、认真的工作,必须严格遵守尺寸界线、尺寸线、尺寸起止符号和尺寸数字的标注规则。

(4)掌握正确的几何作图方法和绘图步骤。

第二章　投影的基本知识

【学习目标】

- 了解投影的概念和分类。
- 熟悉正投影的基本理论和基本特性。
- 掌握三视图的形成过程和投影规律。

第一节　投影的概念

一、投影的形成

人们在探索利用平面图形表达空间物体形状的过程中，发现物体在太阳光或灯光的照射下，在墙面或地面上会产生影子。影子在一定条件下能反映物体的形状和大小，这种常见的自然现象就是投影现象。用投射线穿过物体，将物体影子的形状用图线画出来的方法称为投影法制图，简称投影法。

如图 2-1 所示，三角板在灯光的照射下，在地面上形成影子。投射线通过物体，在投影面上获得物体的投影。可见要产生投影必须具备三个要素：物体、投射线和投影面。

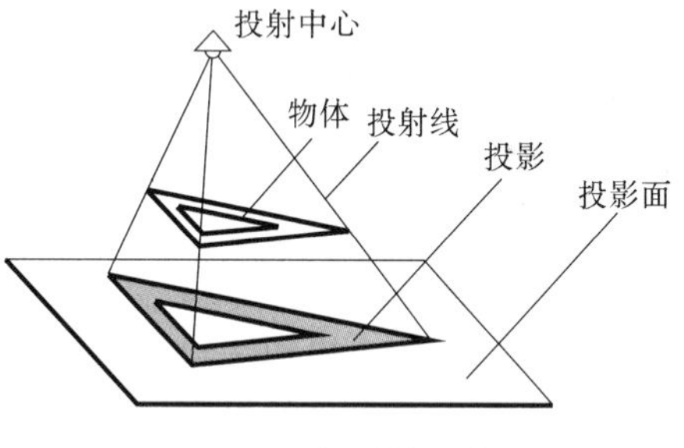

图 2-1　投影的形成

二、投影法分类

投影法分为中心投影法和平行投影法两大类。

(一) 中心投影法

投射线汇交于一点的投影法叫作中心投影法，即投射线都从投影中心出发，在投影面上画出物体投影的方法，如图 2-1 所示。

(二) 平行投影法

投射线相互平行的投影法叫作平行投影法，即用相互平行的投射线，在投影面上画出物体投影的方法。

平行投影法又分为正投影法和斜投影法。

若投射线与投影面垂直，称为正投影法，如图 2-2(a)所示。

若投射线与投影面倾斜，称为斜投影法，如图 2-2(b)所示。

投影图与影子不同，影子只反映物体的外轮廓，其余的涂黑；而工程上需要准确地表达物体各部分的真实形状和大小，所以在投影图中物体表面除轮廓线外，其余均视为透明的，一般将可见轮廓线画成粗实线，不可见轮廓线画成虚线，如图 2-3 所示。

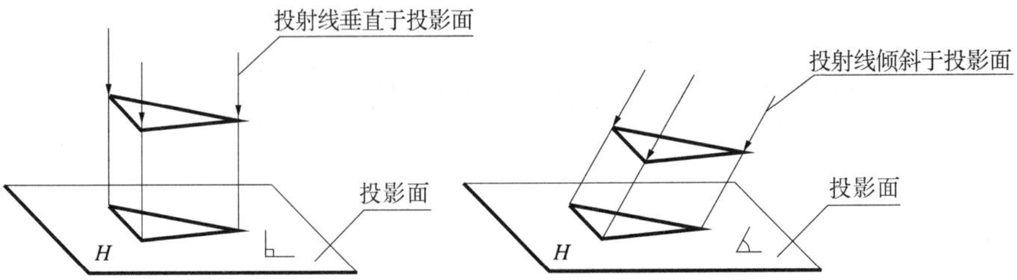

(a) 正投影法　　(b) 斜投影法

图 2-2　平行投影法

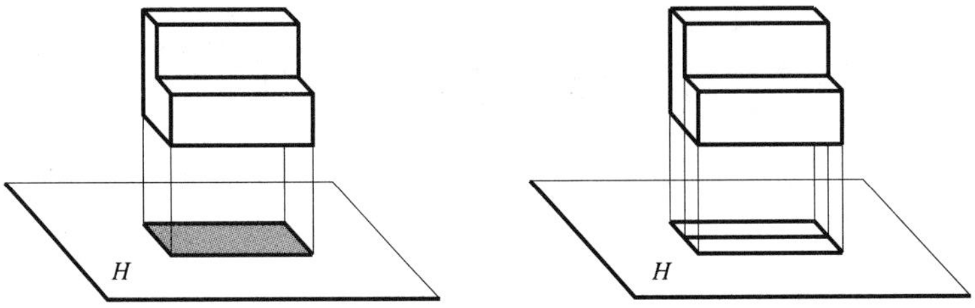

(a) 影子　　(b) 投影图

图 2-3　投影图与影子的区别

三、工程上常用的投影图

建筑工程中,由于所要表达的对象、目的及要求不同,采用的投影方法也不同。

工程上常用的投影图有透视图、轴测投影图、标高投影图和正投影图,这里只作一下简单介绍。

(一) 透视图

透视图是用中心投影法绘制而成的投影图,如图 2-4 所示。

用中心投影法得到的投影图,存在变形严重、量度性差、绘图复杂等缺点,一般在工程施工图样中很少采用。由于这种投影图的图样接近视觉映像,直观性强,多用于绘制工程构筑物的透视图。近年来,随着计算机绘图手段的发展,常用透视图作为建筑效果图。

(二) 轴测投影图

轴测投影图是用平行投影法绘制而成的单面投影图,如图 2-5 所示。

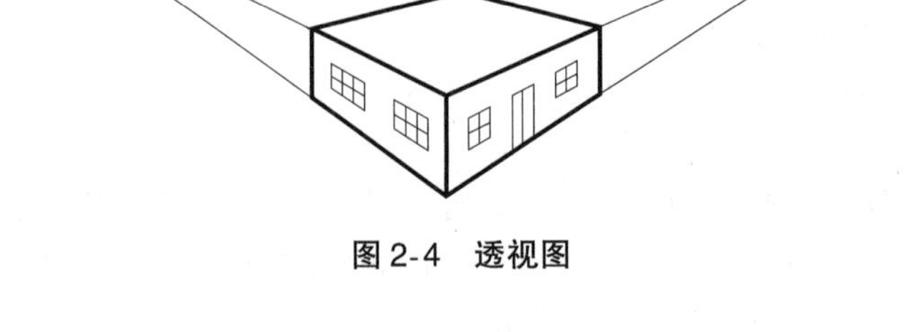

图 2-4　透视图

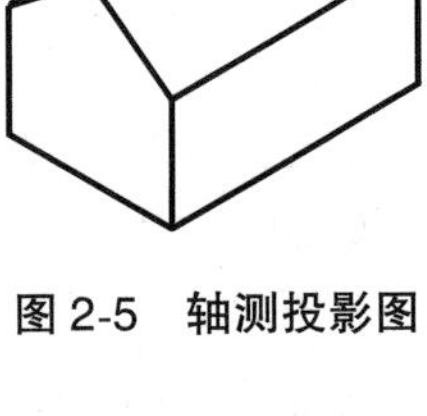

图 2-5　轴测投影图

轴测投影图的优点是在单个投影图上可以反映物体长、宽、高三个方向的尺寸与形状，有立体感，直观性好。其缺点是作图复杂，物体表面形状不真实，量度性差，通常只能作为工程上的辅助图样。

（三）标高投影图

标高投影图是将物体向水平面作投影并加注高程数值的单面正投影图，如图 2-6 所示。

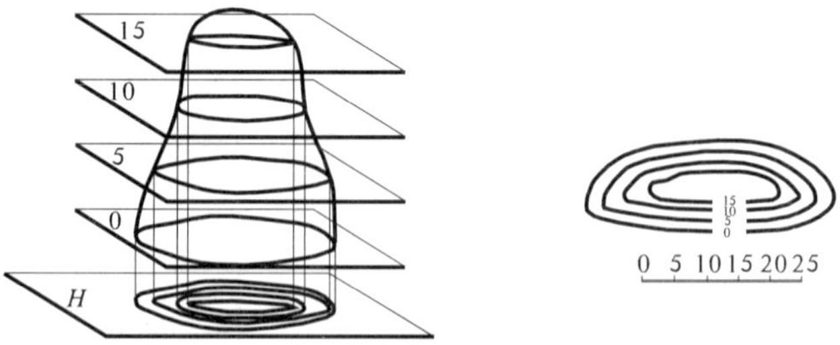

图 2-6　标高投影图

标高投影图常用来表达地形面或复杂曲面不同截面的形状。

（四）正投影图

正投影图就是用正投影法绘制而成的投影图，常用三面正投影图来表达空间物体的形状和大小，即把空间物体放置在三投影面体系里，将物体向三个相互垂直的投影面作正投影，然后将三个投影面按规定方式展开在一个平面上，从而得到物体的三面正投影图，如图 2-7 所示。

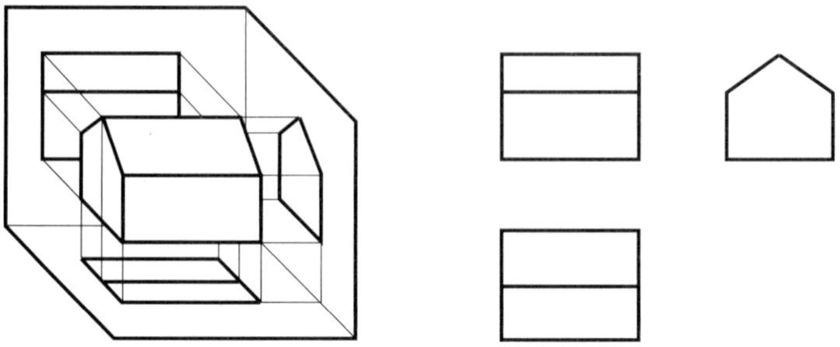

(a) 三面正投影的形成　　(b) 展开后的三面正投影图

图 2-7　正投影图

正投影图的优点是量度性好，作图较简便。采用正投影法绘制图样时，常将物体的主要表面摆成与相应投影面平行的位置，从而使投影图可以反映物体表面的实形。因此，正投影图在工程上被广泛应用，但其缺点是无立体感，直观性较差。

【特别提示】　以后各章节中，除特殊说明外，投影均指正投影。

第二节　正投影的基本特性

正投影法是绘制工程图样的主要方法,本节我们主要了解正投影的基本特性。

一、真实性

当直线、平面与投影面平行时,其投影反映直线的实长或平面的实形,这种投影特性称为真实性。

如图2-8所示,直线 *AB* 平行于投影面,其投影 *ab* 仍是直线,并且等于线段 *AB* 的实长;平面 *ABC* 平行于投影面,其投影 *abc* 反映平面 *ABC* 的真实形状。

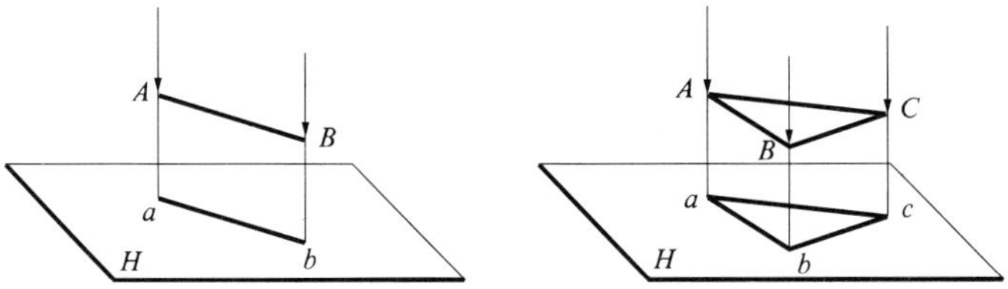

图2-8　真实性

二、积聚性

当直线、平面垂直于投影面时,直线的投影积聚成点,平面的投影积聚成直线,这种投影特性称为积聚性。

如图2-9所示,直线 *AB* 垂直于投影面,其投影 *a*(*b*)积聚成点;平面 *ABC* 垂直于投影面,其投影 *a*(*b*)*c* 积聚成直线。

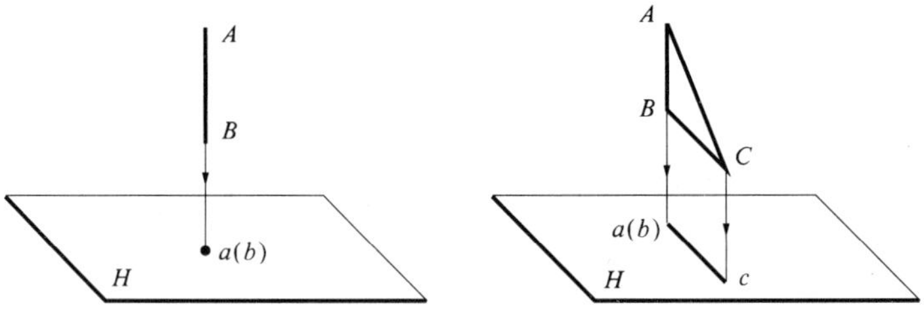

图2-9　积聚性

三、类似性

当直线、平面倾斜于投影面时,投影仍是直线与平面,但直线的投影小于其实长,平面的投影小于其实形,这种投影特性称为类似性。

如图2-10所示,直线 *AB* 倾斜于投影面,其投影 *ab* 仍是直线,但小于线段 *AB* 的实长;平面 *ABC* 倾斜于投影面,其投影 *abc* 仍是三角形,但小于实形 *ABC* 的面积。

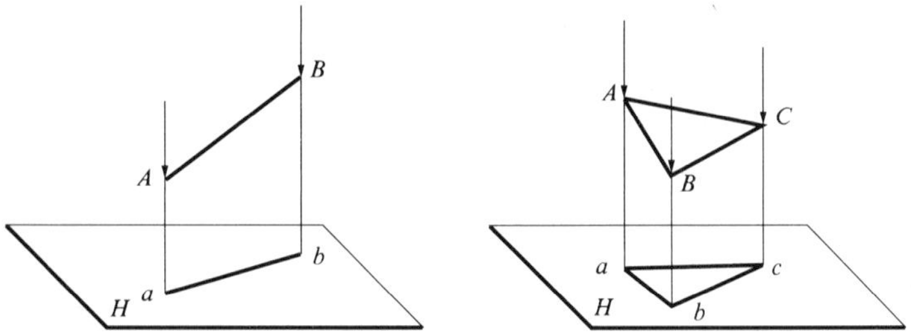

图 2-10　类似性

第三节　物体的三视图

要获得投影，必须具备物体、投射线和投影面三个要素。画物体的正投影图时，通常是用人的视线代替垂直投影面的投射线，运用线面的投影特性在投影面上画出物体的正投影图，因此正投影图又称为视图。

如图 2-11 所示，两个物体形状不同，但在同一投影面上的正投影图是完全相同的，因此只用一个视图来表达物体是不够的。为了准确表达物体的空间形状，必须画出物体的多面正投影图——通常是三面正投影图，也称为物体的三视图。

一、三视图的形成

（一）三投影面体系的建立

根据国家标准规定设立的三个相互垂直的投影面，称为三投影面体系，如图 2-12 所示。

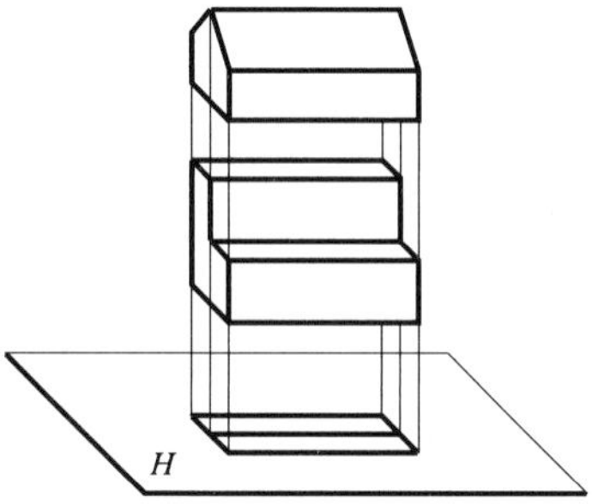

图 2-11　单面正投影

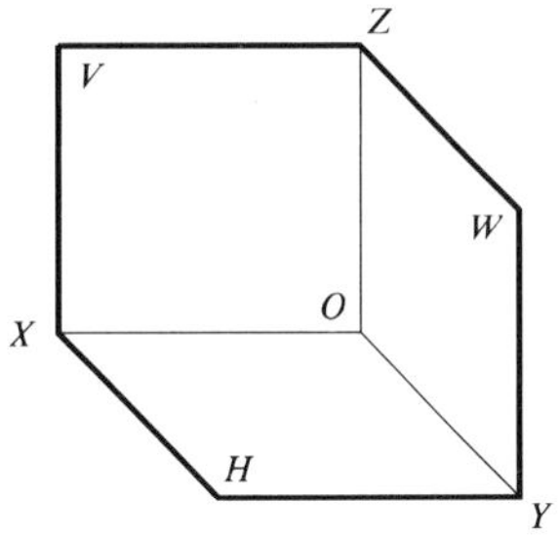

图 2-12　三投影面体系

三个投影面分别为水平投影面 H、正立投影面 V 和侧立投影面 W。三个投影面相互垂直，它们的交线称为投影轴，分别为 X、Y、Z 轴，三个投影轴也相互垂直，三轴的交点称为原点。

为了作图方便，物体的长、宽、高三个方向的尺寸及上、下、左、右、前、后六个方位统一按下述方法确定：X 轴方向为物体的长度方向，确定左、右方位；Y 轴方向为物体的宽度方向，确定前、后方位；Z 轴方向为物体的高度方向，确定上、下方位。

(二)分面进行投影

将物体放置在三投影面体系中(尽量让物体的主要表面平行于三个投影面),将物体分别向三个投影面作正投影,如图2-13所示。

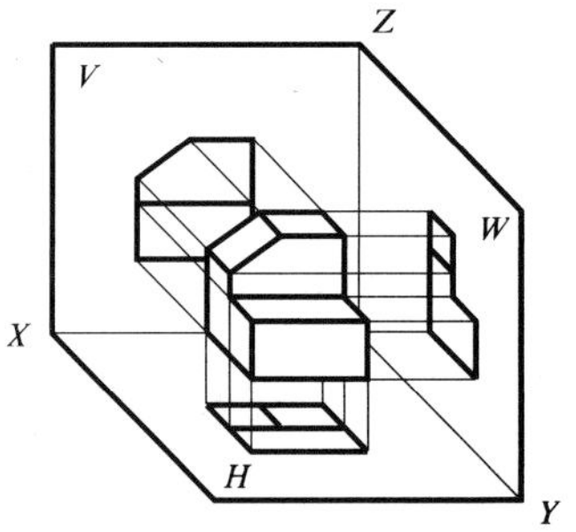

图2-13 三面正投影的形成

从物体的前面向后看,在 V 面上得到的正投影图为正面投影图,也叫主视图。

从物体的上面向下看,在 H 面上得到的正投影图为水平投影图,也叫俯视图。

从物体的左面向右看,在 W 面上得到的正投影图为侧面投影图,也叫左视图。

(三)三投影面的展开

三投影面体系是在三维立体空间建立的,为了将三视图画在一张图纸上,必须把三个投影面展开,使之平铺在同一平面上。

根据国标规定:V 面保持不动;将 H 面绕 OX 轴向下旋转90°,转在 V 面的正下方;将 W 面绕 OZ 轴向右旋转90°,转在 V 面的正右方,如图2-14所示。

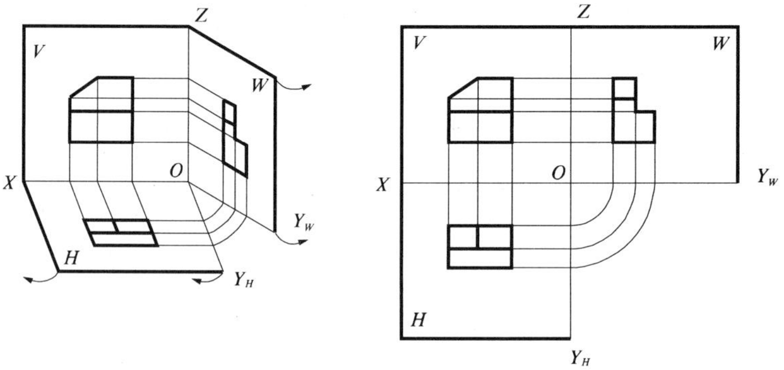

图2-14 三面正投影图的展开

二、三视图的投影规律

物体的三视图展开之后,物体的俯视图位于主视图的正下方,且沿 X 轴方向都反映物体的长度,它们的位置左右对正,即“长对正”;物体的左视图位于主视图的正右方,且沿 Z 轴方向都反映物体的高度,它们的位置上下对齐,即“高平齐”;物体的俯视图和左视图沿 Y 轴方向都反映物体的宽度,它们的位置前后一致,即“宽相等”。

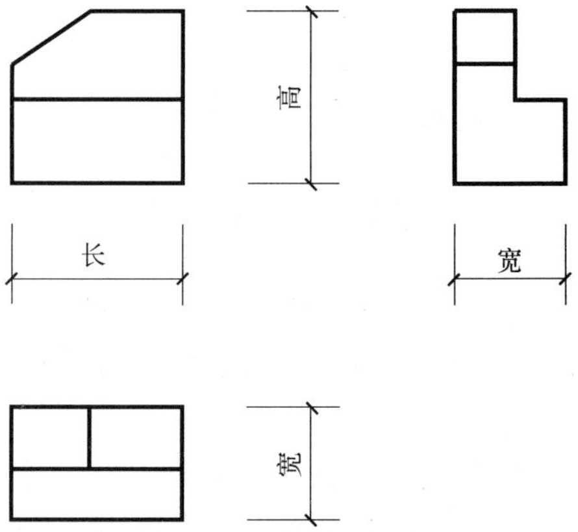

图2-15 三视图的投影规律

三视图的投影规律概括为:“长对正、高平齐、宽相等”,如图2-15所示。该投影规律不仅适用于整个物体的投影,而且适用于物体的每个局部、每个点的投影。

【特别提示】 物体的宽度在俯视图中为竖直方向,在左视图中为水平方向,因此根据宽相等作图时,要注意宽度尺寸量取的方向和起点。

三、三视图与物体位置对应关系

空间物体有长、高、宽三个方向的尺寸,左、右、上、下、前、后六个方位,三视图与空间物体之间位置对应关系如图 2-16 所示。

主视图反映物体的长度和高度尺寸,反映物体的左、右和上、下方位。

俯视图反映物体的长度和宽度尺寸,反映物体的左、右和前、后方位。

左视图反映物体的高度和宽度尺寸,反映物体的上、下和前、后方位。

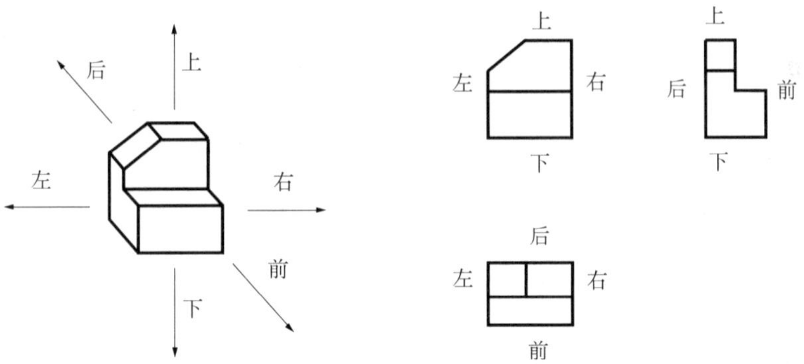

图 2-16　三视图与物体位置对应关系

【特别提示】 俯视图和左视图远离主视图的一边是物体的前边,靠近主视图的一边是物体的后边。这一点一定要从三视图展开过程中彻底搞清楚。

四、三视图画法

画物体三视图之前,应首先确定主视图的投影方向,然后根据物体形状、尺寸完成三个视图的绘制。

【工程案例 2-1】 根据图 2-17(a)所示物体的立体图,用 1:1 的比例绘制其三视图。

作图步骤:(1)根据立体图确定主视图的投影方向。主视图应最能反映物体的形状特征,且尽量让物体的主要表面平行于投影面,如图 2-17(a)所示。

(2)用细实线画出投影轴和 45°倾斜线,如图 2-17(b)所示。

(3)从立体图中量取尺寸,根据三视图的投影规律,用细实线画出三视图的底稿,如图 2-17(c)所示。

(4)擦去多余图线,加深图形轮廓线,完成作图,如图 2-17(d)所示。

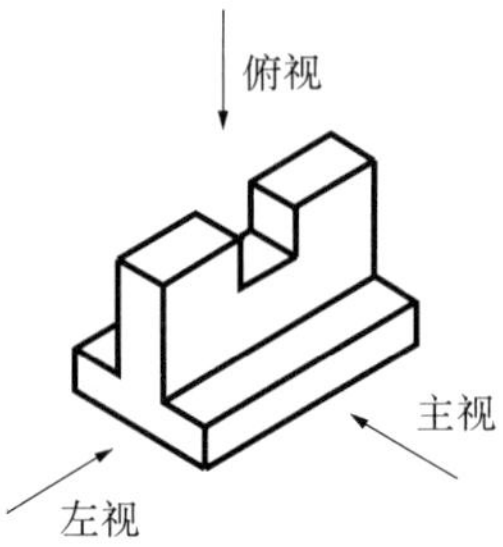

(a)

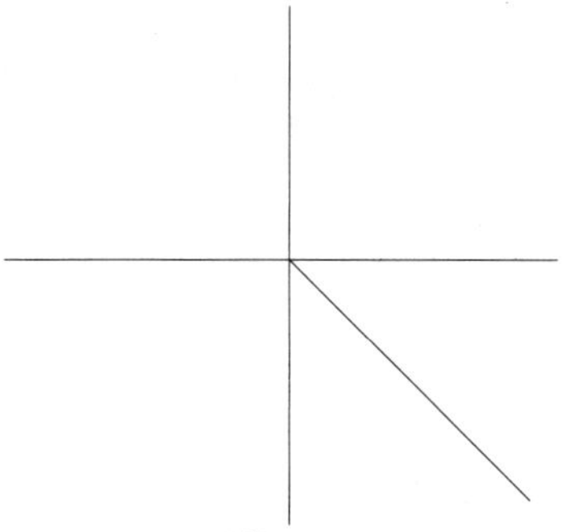

(b)

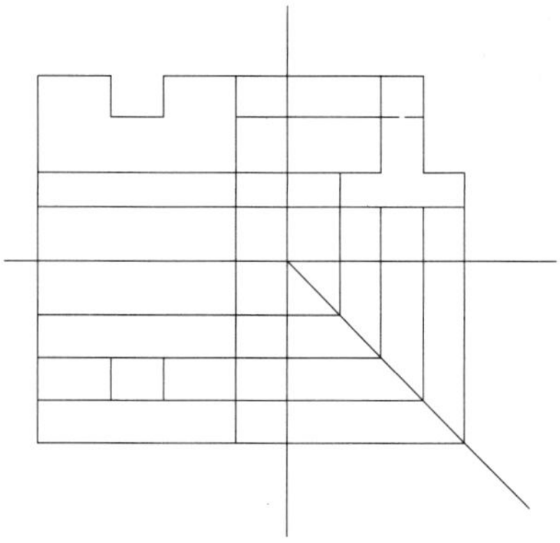

(c)

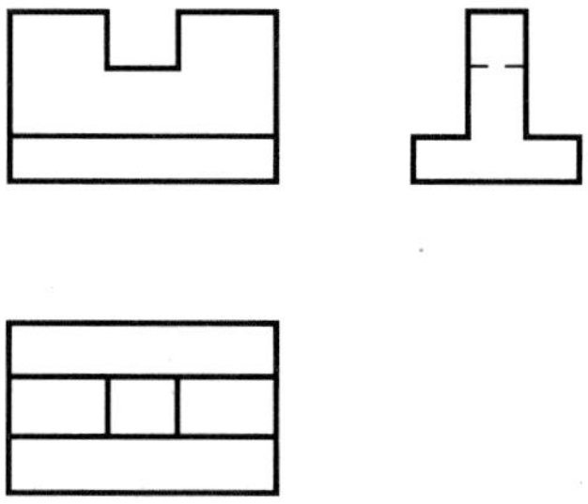

(d)

图2-17　物体三视图的画法

本章小结

本章主要介绍了投影的基本知识,通过本章学习,要求掌握如下内容:

(1)了解投影的概念。投影分中心投影和平行投影,平行投影又分斜投影和正投影。投射线互相平行且垂直于投影面的投影称正投影,工程上常用正投影法绘制物体的投影图。

(2)掌握正投影的基本特性:真实性、积聚性、类似性。

(3)了解三视图的形成过程,掌握三视图的投影规律"长对正、高平齐、宽相等"及三视图与物体位置之间的对应关系。

(4)会根据立体图画物体的三视图。

第三章　点、直线、平面的投影

【学习目标】

- 熟悉各种位置直线、平面的概念。
- 掌握点、直线和平面的投影特性。

第一节　点的投影

一、点的单面投影

图 3-1 所示是一个单面投影体系，图中 H 面为水平投影面。

过空间点 A 向 H 面引一条垂线，该垂线与 H 面相交，交点为 a，a 点称为空间点 A 在 H 面上的水平投影。

如果已知 A 点的空间位置，则其水平投影 a 唯一可求；反过来，已知 A 点的水平投影 a，却不能确定 A 点在空间的位置。

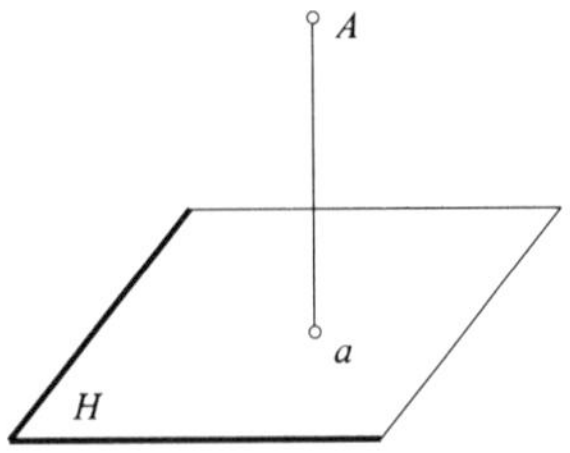

图 3-1　点的单面投影

二、点的两面投影

首先建立一个两面投影体系。如图 3-2(a)所示，V 面与 H 面互相垂直，两面相交于 OX 轴。过空间点 A 分别向 H 面、V 面作垂线得交点 a、a'。a 称为 A 点在 H 面上的水平投影，a'称为 A 点在 V 面上的正面投影。

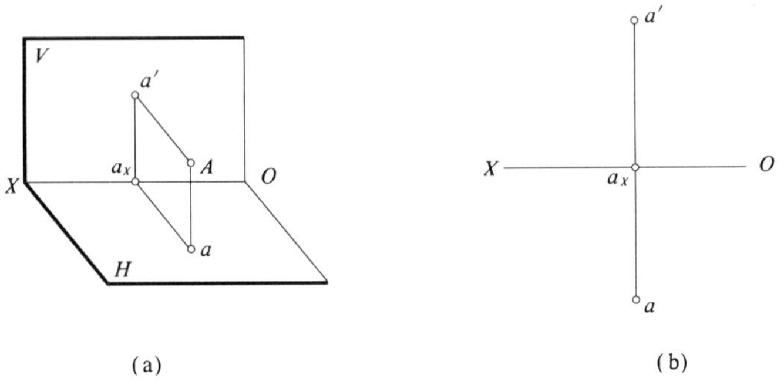

图 3-2　点的两面投影

V 面保持不动，把 H 面向下转动 90°，可得展开后点的两面投影，如图 3-2(b)所示。在图 3-2(b)中，投影面的边框已被去掉，点用小圆圈表示。

有了点的两面投影 a、a'，点在空间的位置可以唯一确定下来。

在图3-2(a)中,Aa 垂直于 H 面,Aa' 垂直于 V 面,Aa 和 Aa' 形成一个平面,此平面与 OX 轴交于 a_X。因为平面 Aa_Xa' 与 H 面、V 面互相垂直,所以 $a'a_X \perp OX$,$aa_X \perp OX$。

V 面、H 面展开在一个平面上时,a、a'、a_X 三点位于同一条铅垂线上,所以 $aa' \perp OX$。因为平面 Aa_Xa' 为一矩形,则有 $Aa = a'a_X$,$Aa' = aa_X$。

综上所述可得出点的两面投影规律:

(1)投影连线垂直于投影轴,即 $aa' \perp OX$。

(2)空间点到 V 面的距离等于其水平投影到 OX 轴的距离,即 $Aa' = aa_X$。

(3)空间点到 H 面的距离等于其正面投影到 OX 轴的距离,即 $Aa = a'a_X$。

三、点的三面投影及投影规律

(一)点的三面投影

在三面投影体系中,过 A 点分别作 H 面、V 面、W 面的垂线,得垂足 a、a'、a'',a 称为水平投影,a' 称为正面投影,a'' 称为侧面投影,如图3-3(a)所示。将三个投影面展开在一个平面上,图中投影面边框线未画,45°斜线是作图辅助线,用来保证 H 面投影和 W 面投影的对应关系,如图3-3(b)所示。

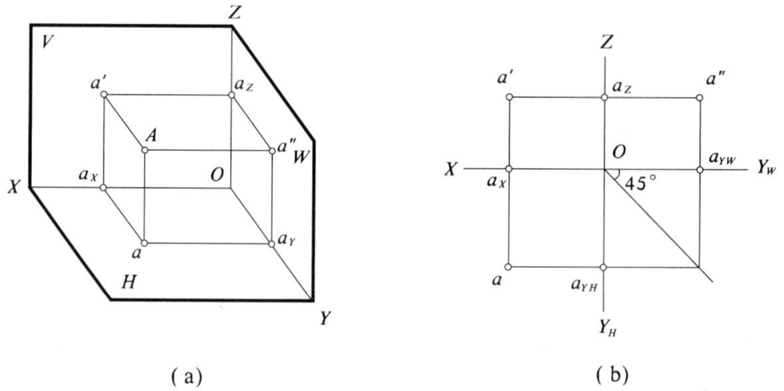

图3-3 点的三面投影

(二)点的投影规律

由点的两面投影规律可推出点的三面投影的投影规律:

(1)正面投影与水平投影的连线垂直于 OX 轴,即 $aa' \perp OX$。

(2)正面投影与侧面投影的连线垂直于 OZ 轴,即 $a'a'' \perp OZ$。

(3)水平投影到 X 轴的距离等于侧面投影到 Z 轴的距离,即 $aa_X = a''a_Z$。

【工程案例3-1】 如图3-4(a)所示,已知 A、B、C、D 四点分别位于投影面和投影轴上,求作各点的三面投影图。

分析:如图3-4(a)所示,A 点在 H 面上,其水平投影 a 与 A 点重合,正面投影 a' 和侧面投影 a'' 分别在 OX 轴和 OY_W 轴上;B 点在 V 面上,其正面投影 b' 与 B 点重合,水平投影 b 和侧面投影 b'' 分别在 OX 轴和 OZ 轴上;C 点在 W 面上,其侧面投影 c'' 与 C 点重合,正面投影 c' 和水平投影 c 分别位于 OZ 轴和 OY_H 轴上;点 D 在 OX 轴上,其正面投影 d'、水平投影 d 与 D 点重合在 OX 轴上,侧面投影 d'' 在原点 O 上。

作图结果如图 3-4(b)所示。

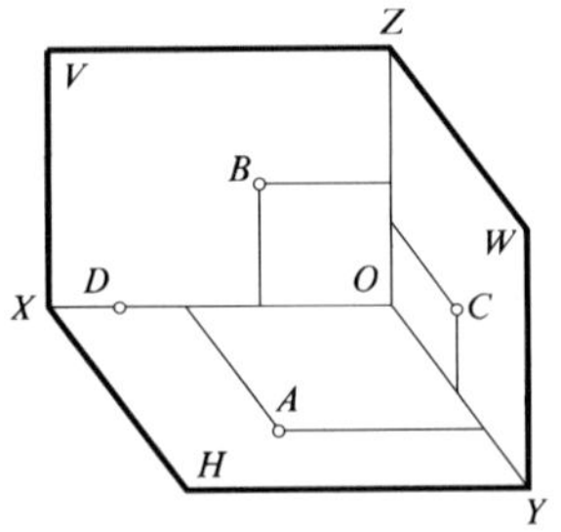

(a) 已知

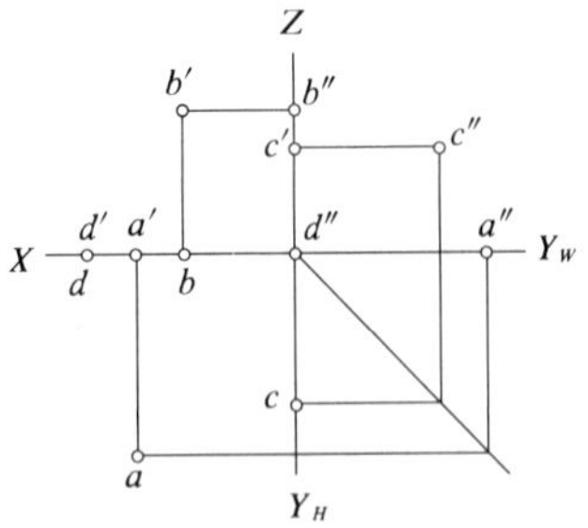

(b) 作图

图 3-4 特殊位置点的投影

【特别提示】 点的正面投影在 X 轴上方，Z 轴左侧；点的水平投影在 X 轴下方，Y_H 轴左侧；点的侧面投影在 Z 轴右侧，Y_W 轴上方。

【工程案例 3-2】 如图 3-5(a)所示，已知 A、B 两点的两面投影，求作其第三面投影。

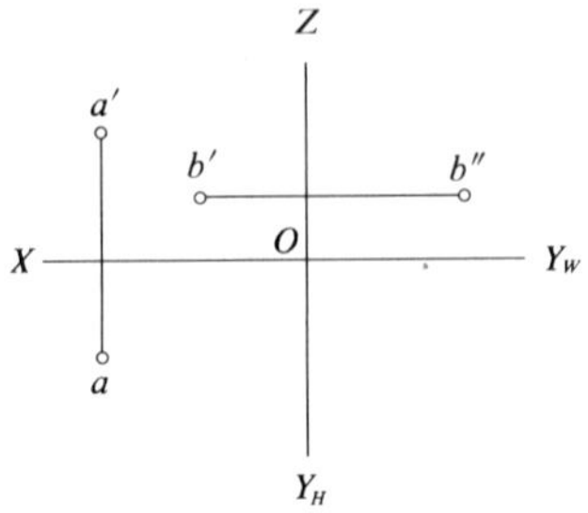

(a) 已知

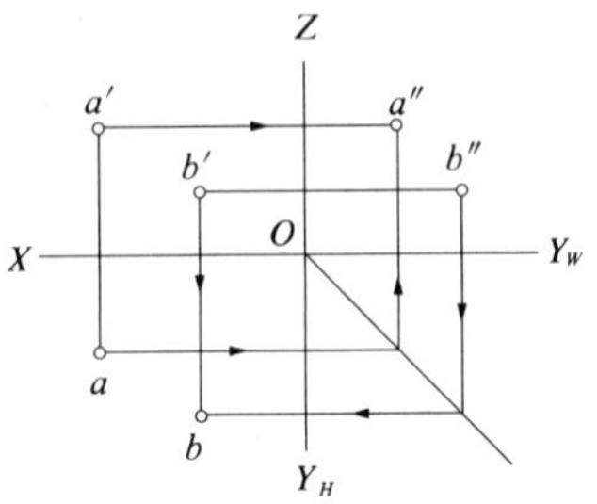

(b) 作图

图 3-5 求点的第三面投影

分析： 根据点的投影规律“长对正、高平齐、宽相等”，可由两面投影求出第三面投影。

作图步骤： (1)过 O 点作 45°斜线。

(2)过 a' 作 OZ 轴的垂线；过 a 作 OY_H 轴的垂线与 45°斜线相交，并向上引铅垂线，两线相交于 a''。

(3)过 b' 作 OX 轴的垂线；过 b'' 作 OY_W 轴的垂线与 45°斜线相交，再向左引水平线，两线相交于 b。

作图结果如图 3-5(b)所示。

四、两点的相对位置

(一)点的坐标

点的空间位置可由坐标来确定。空间点 A 的坐标可表示为 $A(x、y、z)$，点的 x 坐标反映点到 W 面的距离 $x=Aa''$，点的 y 坐标反映点到 V 面的距离 $y=Aa'$，点的 z 坐标反映点到 H 面的距离 $z=Aa$。

(二)两点的相对位置

空间两点的相对位置可用两点坐标值的大小来判断。两点的同面投影 x 坐标值大者在左,坐标值小者在右;y 坐标值大者在前,y 坐标值小者在后;z 坐标值大者在上,z 坐标值小者在下。

(三)重影点

当空间两点处于某投影面的同一条投射线上时,它们在该投影面上的投影重合为一点,则这两点称为该投影面的重影点。所以,重影点的空间条件是两点处于某投影面的同一条投射线上,其坐标条件是有两个坐标值相等。

如图3-6所示,A、B 两点的水平投影重合为一点,A、B 两点是 H 面上的重影点;C、D 两点的正面投影重合为一点,C、D 两点是 V 面上的重影点;E、F 两点的侧面投影重合为一点,E、F 两点是 W 面上的重影点。

在图3-6(a)中,A 点位于 B 点的正上方,A 点在上可见,B 点在下不可见,水平投影 a 写在前面,b 写在后面并加括号;在图3-6(b)中,C 位于 D 的正前方,C 点在前可见,D 点在后不可见,正面投影 c' 写在前面,d' 写在后面并加括号;在图3-6(c)中,E 位于 F 的左侧,E 点在左可见,F 点在右不可见,侧面投影 e'' 写在前面,f'' 写在后面并加括号。

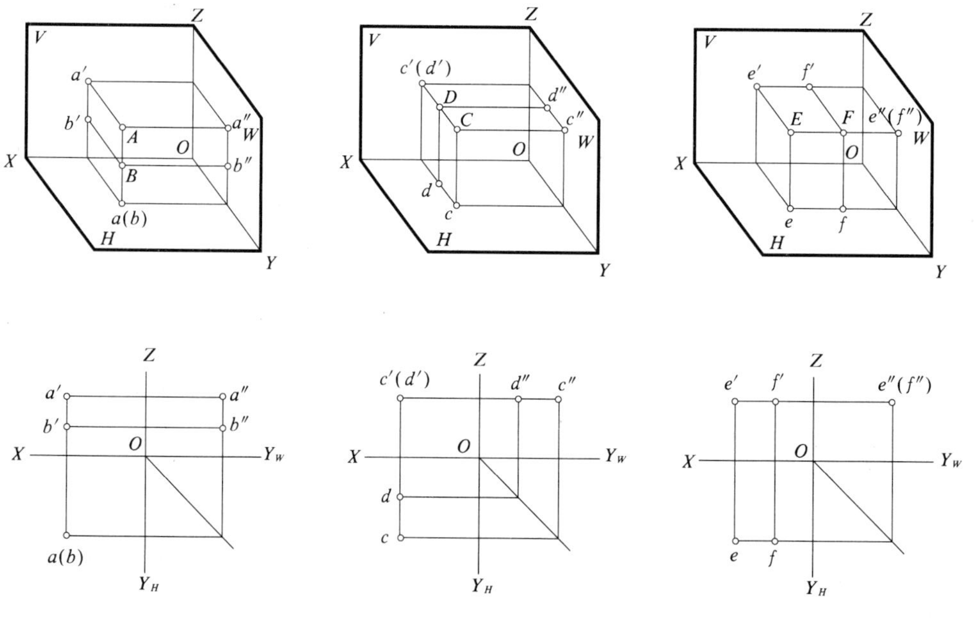

(a) H 面重影点　　(b) V 面重影点　　(c) W 面重影点

图3-6　投影面的重影点

【工程案例3-3】 如图3-7(a)所示,已知 A、B 两点的三面投影,试判断两点的相对位置,并画出两点的直观图。

分析: 从图3-7(a)中可以看出,$X_A>X_B$,所以 A 点在左,B 点在右;$Y_A>Y_B$,所以 A 点在前,B 点在后;$Z_A<Z_B$,所以 A 点在下,B 点在上。

作图步骤: (1)画投影面的直观图。X 轴为水平线,Z 轴为铅垂线,Y 轴与水平线成45°。画投影面时,投影面的边框与相应的投影轴平行,如图3-7(b)所示。

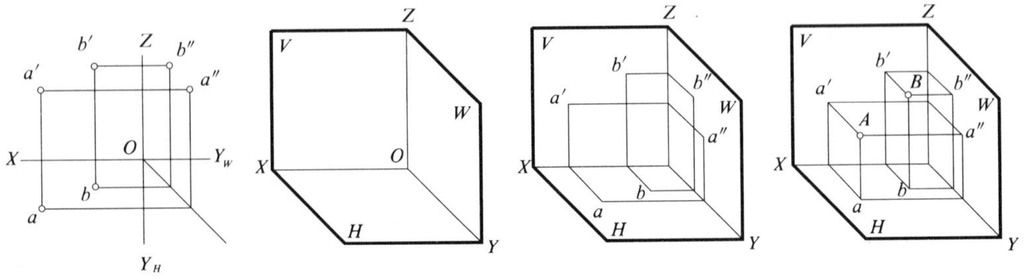

(a)　(b)　(c)　(d)

图 3-7　两点的相对位置

(2)画 A、B 两点投影的直观图。根据坐标值大小沿轴截取,过截取点作相应轴的平行线,即可得点在三投影面上的投影,如图 3-7(c)所示。

(3)画 A、B 两点的直观图。过 a、a'、a''分别作 Z、Y 和 X 轴的平行线,三线交点即为空间点 A;过 b、b'、b''分别作 Z、Y 和 X 轴的平行线,三线交点即为空间点 B,如图 3-7(d)所示。

第二节　直线的投影

一、各种位置直线的投影特性

直线的投影一般仍为直线(见图 3-8)。画直线的投影,可先作出直线两端点的投影,然后用粗实线将其同面投影连成直线即得。

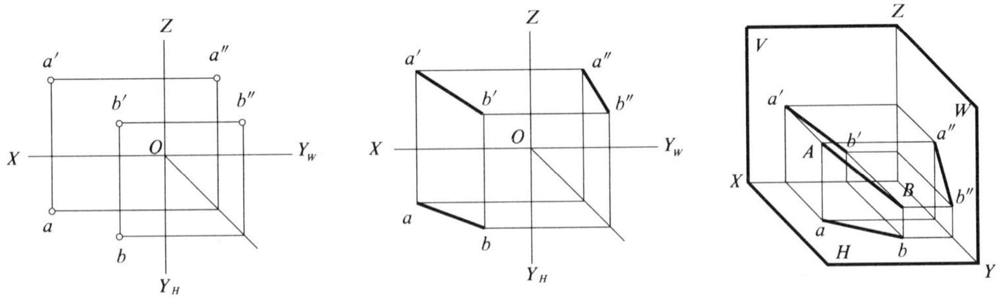

(a)　(b)　(c)

图 3-8　直线的投影

根据直线在投影面体系中对三个投影面所处的位置不同,可将直线分为一般位置直线、投影面平行线和投影面垂直线三类。其中,后两类统称为特殊位置直线。

(一)一般位置直线

相对三个投影面都倾斜的直线称为一般位置直线,直线与 H、V、W 面的倾角分别用 α、β、γ 表示,如图 3-9(a)所示。

一般位置直线的投影特征为:三投影都倾斜且小于实长,其与投影轴的夹角不反映空间直线与投影面的倾角,如图 3-9(b)所示。

(二)投影面平行线

平行于一个投影面,而与另外两个投影面倾斜的直线称为投影面平行线。投影面平行线分为三种:

正平线——平行于 V 面,倾斜于 H、W 面;

水平线——平行于 H 面,倾斜于 V、W 面;

侧平线——平行于 W 面,倾斜于 V、H 面。

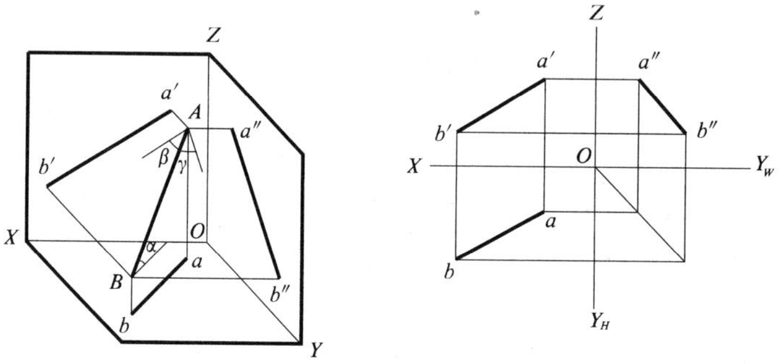

(a) (b)

图 3-9 一般位置直线的投影

投影面平行线的直观图、投影图及投影特性见表 3-1。

投影面平行线的投影特性可归纳为:在与直线平行的投影面上的投影为一斜线,反映实长,并反映与其他两投影面的倾角;其余两投影小于实长,且平行于相应两投影轴。

表 3-1 投影面平行线投影特性

种类	直观图	投影图	投影特性
正平线	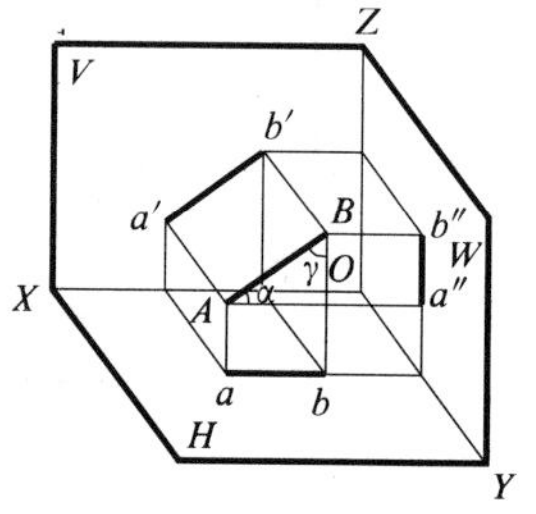	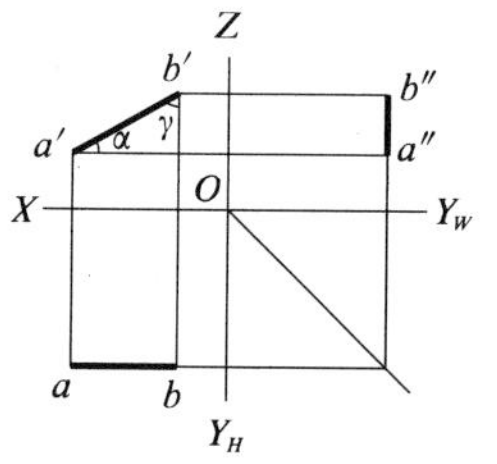	1. $a'b'=AB$ 2. $ab//OX$,$a''b''//OZ$ 3. 反映 α、γ 角大小
水平线	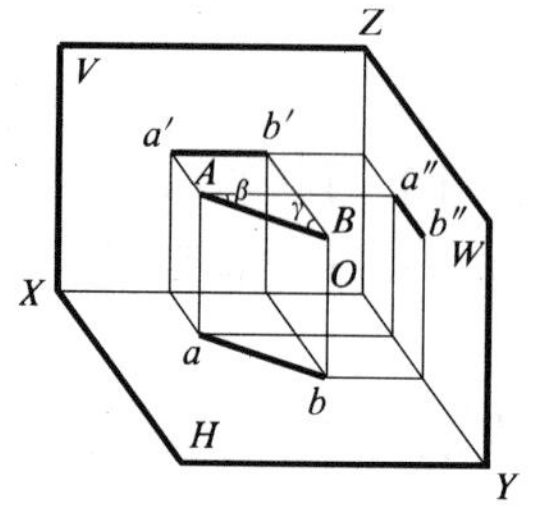	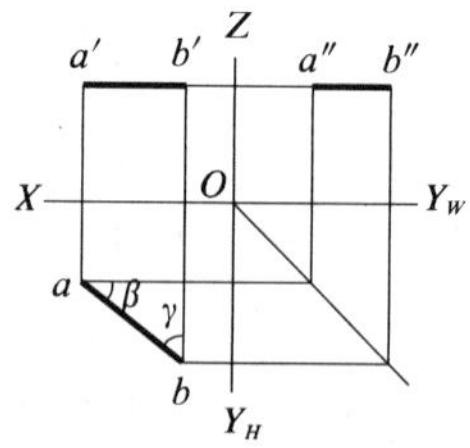	1. $ab=AB$ 2. $a'b'//OX$,$a''b''//OY_W$ 3. 反映 β、γ 角大小

续表 3-1

种类	直观图	投影图	投影特性
侧平线	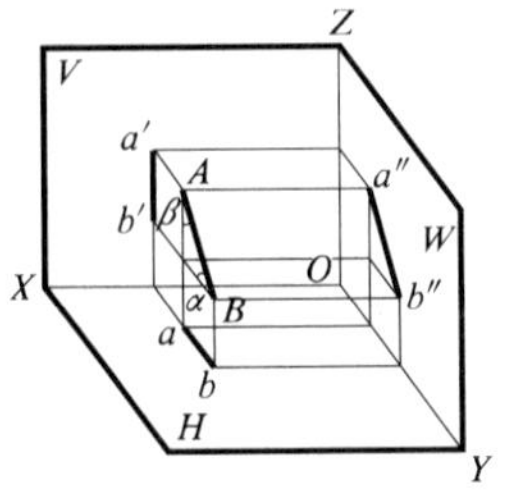	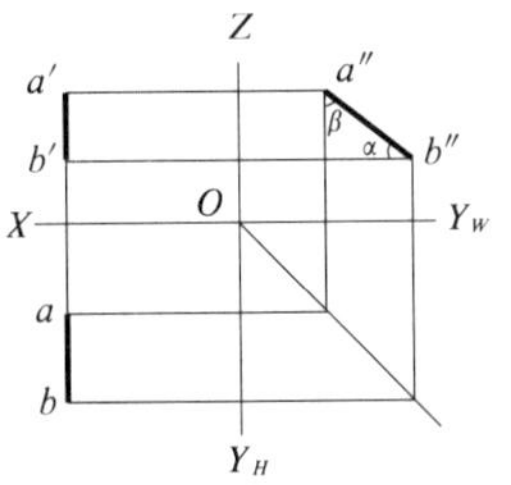	1. $a''b''=AB$ 2. $a'b'//OZ,ab//OY_H$ 3. 反映 α、β 角大小

(三)投影面垂直线

垂直于一个投影面,而与另外两个投影面平行的直线称为投影面垂直线。投影面垂直线也可分为三种:

正垂线——垂直于 V 面,平行于 H、W 面;

铅垂线——垂直于 H 面,平行于 V、W 面;

侧垂线——垂直于 W 面,平行于 V、H 面。

投影面垂直线的直观图、投影图及投影特性见表 3-2。

投影面垂直线的投影特性可归纳为:在与直线垂直的投影面上的投影积聚为一点,其他两投影反映实长,且垂直于相应两投影轴。

表 3-2　投影面垂直线投影特性

种类	直观图	投影图	投影特性
铅垂线	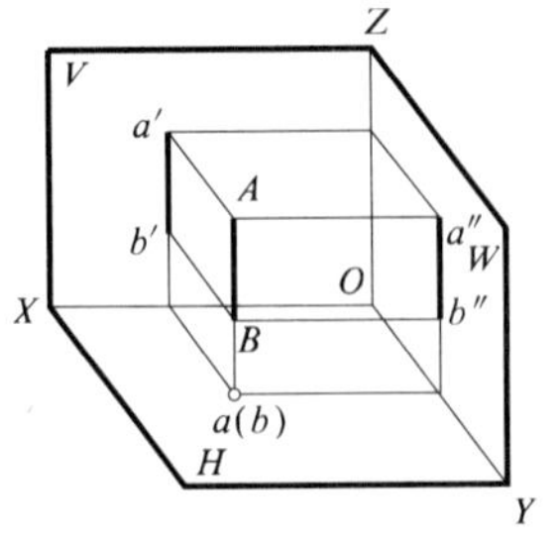	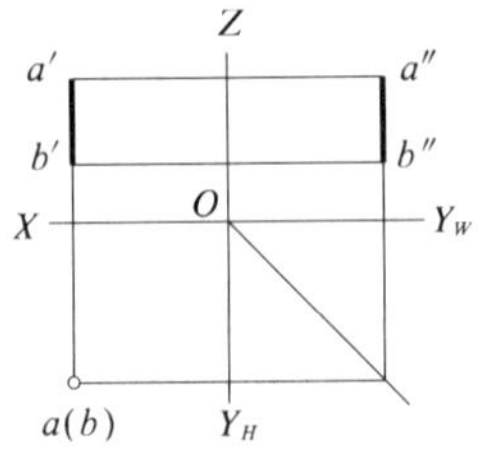	1. $a(b)$ 积聚成一点 2. $a'b'\perp OX,a''b''\perp OY_W$ 3. $a'b'=a''b''=AB$
正垂线	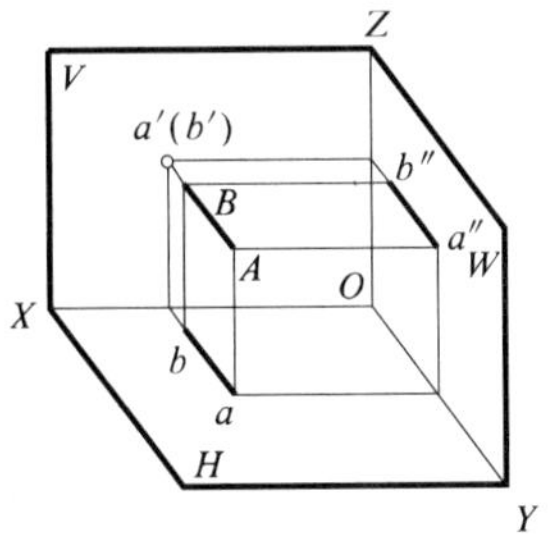	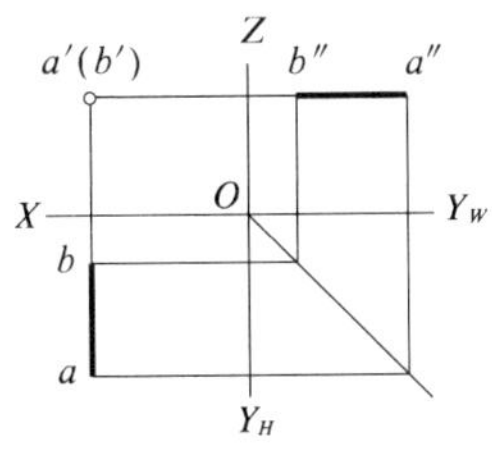	1. $a'(b')$ 积聚成一点 2. $ab\perp OX,a''b''\perp OZ$ 3. $ab = a''b''=AB$

续表 3-2

种类	直观图	投影图	投影特性
侧垂线	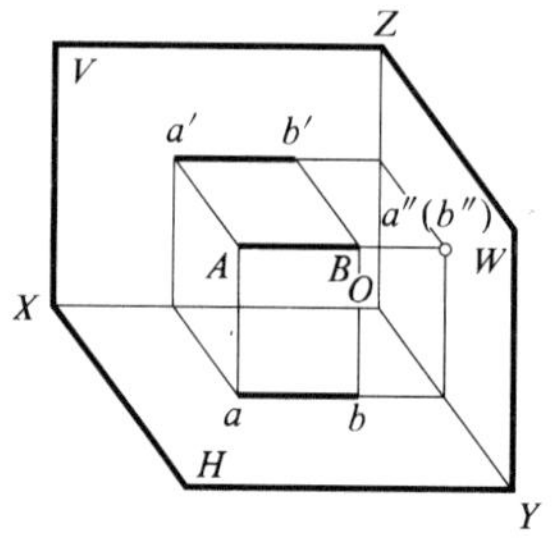	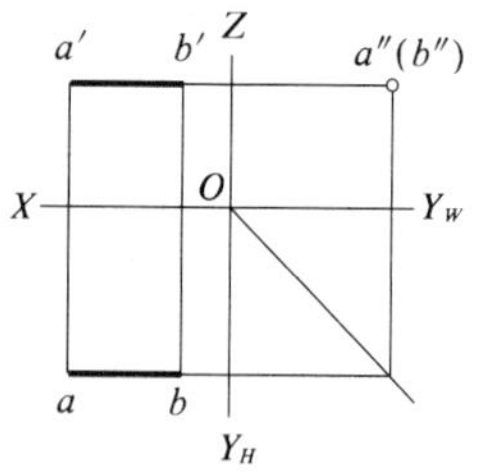	1. $a''(b'')$积聚成一点 2. $ab\perp OY_H$,$a'b'\perp OZ$ 3. $ab=a'b'=AB$

二、直线上点的投影

直线上的点具有两个特性(见图 3-10):

(1)从属性。若点在直线上,则点的投影必在直线的同面投影上。

(2)定比性。直线上的点分割线段之比等于其投影之比,即 $AK:KB=ak:kb=a'k':k'b'=a''k'':k''b''$。

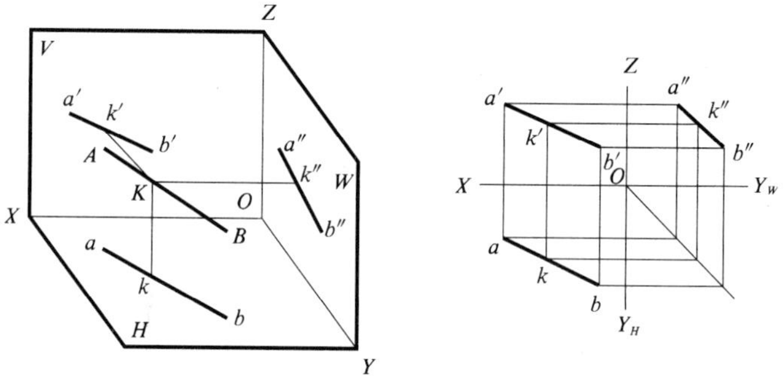

(a)　　(b)

图 3-10　直线上点的从属性和定比性

【工程案例 3-4】　已知直线 AB 的投影图,且 $AC:CB=2:1$,试求 C 点的投影。

分析: 由直线上点的定比性可知,$a'c':c'b'=ac:cb=2:1$。

作图步骤:(1)过 a 作任一直线,在直线上截取三等份 $a1=12=23$。

(2)连接 $b3$,过 2 点作 $b3$ 的平行线,与 ab 交于 c,如图 3-11(b)所示。

(3)过 c 点作 OX 轴的垂线,与 $a'b'$交于 c',完成作图,如图 3-11(c)所示。

三、两直线的相对位置

空间两直线的相对位置有三种:平行、相交和交叉。

(一)两直线平行

如图 3-12 所示,$AB//CD$,其与投射线形成的平面 $ABba//CDdc$,它们与水平投影面相交,故 $ab//cd$。同理可证明 $a'b'//c'd'$、$a''b''//c''d''$。

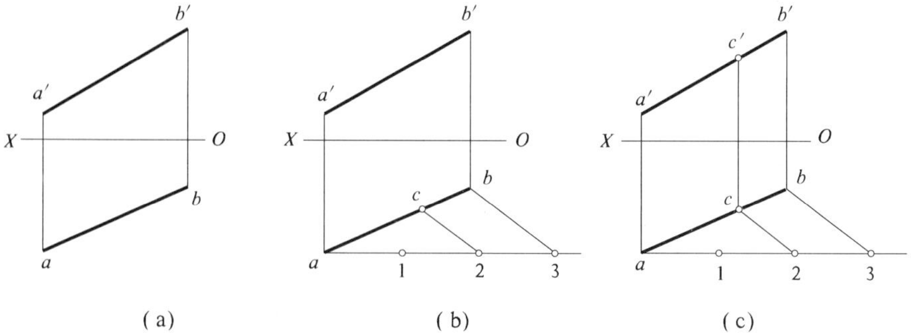

图 3-11　直线上的点

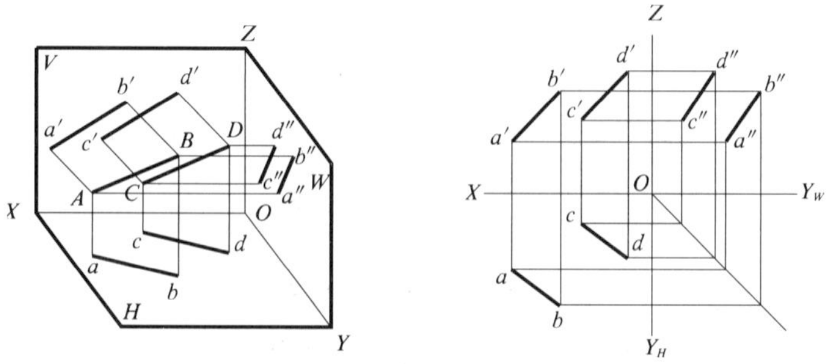

图 3-12　两直线平行

因此，平行两直线的投影特性是：如果两直线平行，则同面投影必互相平行；反之，如果两直线同面投影互相平行，则两直线在空间必互相平行。

(二) 两直线相交

两直线相交必有一交点，交点为两直线的共同点。如图 3-13 所示，AB 与 CD 交于 K 点，K 点的投影符合点的投影规律，即 $k'k \perp OX$，$k'k'' \perp OZ$；K 点在 AB 上，则 k' 在 $a'b'$ 上，k 在 ab 上，k'' 在 $a''b''$ 上；K 点在 CD 上，则 k' 在 $c'd'$ 上，k 在 cd 上，k'' 在 $c''d''$ 上。

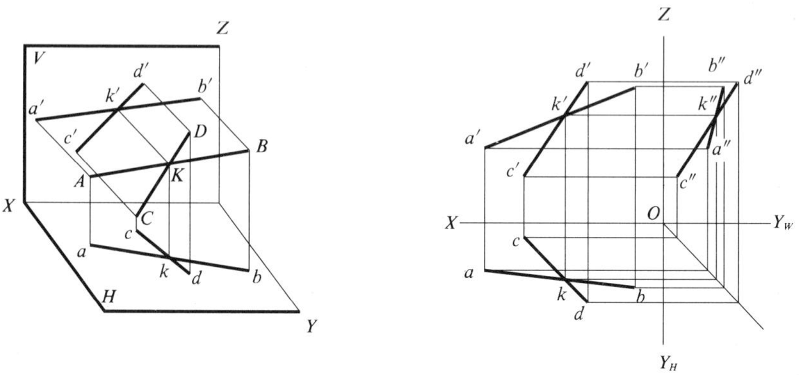

图 3-13　两直线相交

因此，相交两直线的投影特性是：两直线相交，它们的同面投影也必定相交，且交点符合点的投影规律；反之，如果两直线的同面投影都相交，且交点符合点的投影规律，则两直线在空间一定相交。

(三)两直线交叉

两直线既不平行又不相交称为交叉。

交叉两直线的投影特性是:既不符合两直线平行的投影特性,也不符合两直线相交的投影特性。

交叉两直线的投影也可能有一组、两组甚至三组是相交的,但它们的交点不符合点的投影规律,是重影点的投影,如图3-14(a)所示。

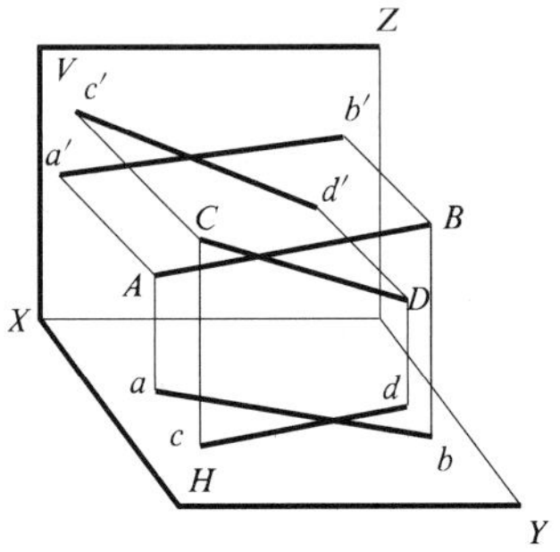

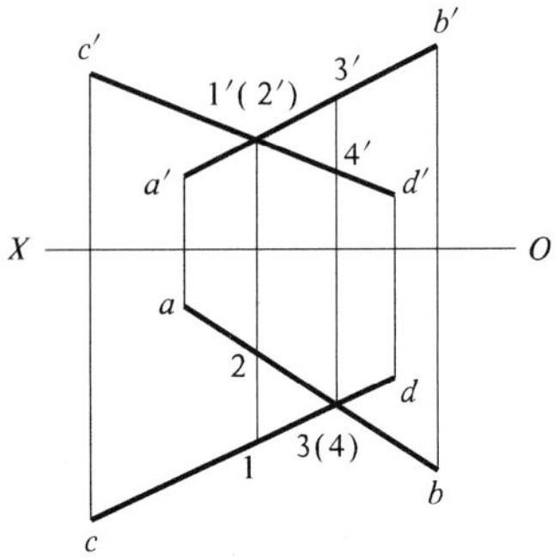

图3-14 交叉直线的重影点

判断交叉两直线重影点可见性的步骤为:先从重影点画一根垂直于投影轴的直线到另一个投影中去,就可以将重影点分开成两个点,所得两个点中坐标值大的一点为可见,坐标值小的一点为不可见,不可见的投影要加括号,如图3-14(b)所示。

第三节 平面的投影

一、平面的表示法

平面通常可以用确定该平面的几何元素的投影来表示,常见的表示方法有:

(1)不在同一直线上的三点,如图3-15(a)所示;

(2)直线和直线外一点,如图3-15(b)所示;

(3)两平行直线,如图3-15(c)所示;

(4)两相交直线,如图3-15(d)所示;

(5)三角形等平面图形,如图3-15(e)所示。

【特别提示】 用平面图形的投影表示平面是最形象的一种方法。画平面多边形的投影时,一般先画出各顶点的投影,然后将它们的同面投影依次连接即可。

二、各种位置平面的投影特性

平面对投影面的相对位置有三种:一般位置平面、投影面平行面和投影面垂直面。后两种又称为特殊位置平面。

(一)一般位置平面

和三个投影面都倾斜的平面称为一般位置平面。其投影特性是:三个投影均为类似形，且不反映该平面与投影面的倾角，如图 3-16 所示。

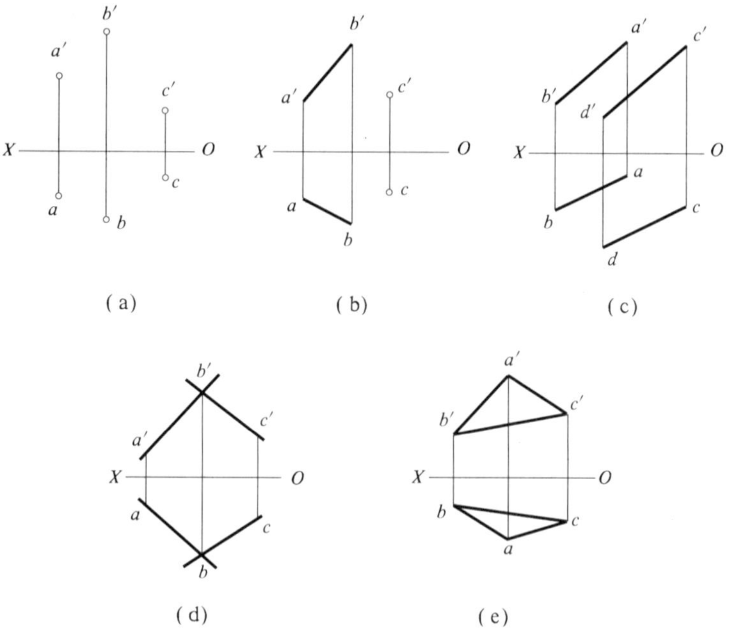

图 3-15　平面的表示方法

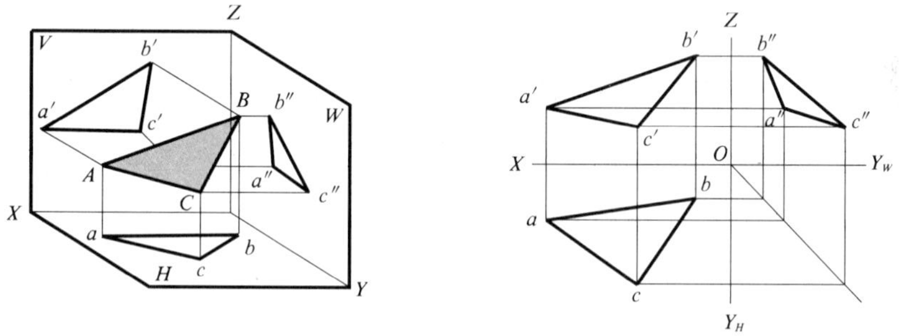

图 3-16　一般位置平面的投影

(二) 投影面平行面

平行于一个投影面，和另外两个投影面都垂直的平面称为投影面平行面。投影面平行面分为三种：

正平面——平行于 V 面，垂直于 H、W 面；

水平面——平行于 H 面，垂直于 V、W 面；

侧平面——平行于 W 面，垂直于 V、H 面。

投影面平行面的直观图、投影图及投影特性见表 3-3。

投影面平行面的投影特性可归纳为：在与之平行的投影面上的投影反映实形；其余两投影均积聚为一直线，且平行于相应的投影轴。

表 3-3　投影面平行面的投影特性

种类	直观图	投影图	投影特性
水平面	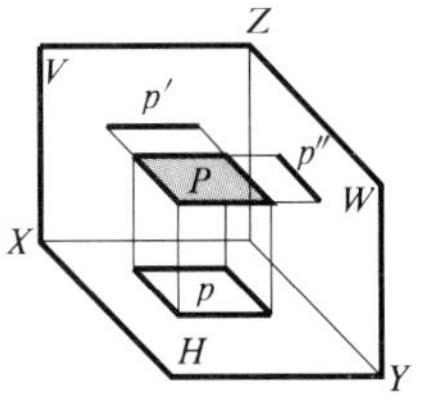	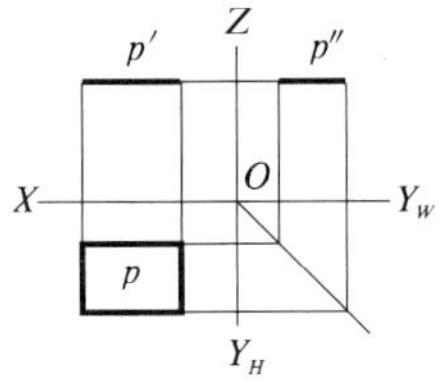	1. p 反映实形 2. p'、p''积聚成直线 3. $p'//OX$,$p''//OY_W$
正平面	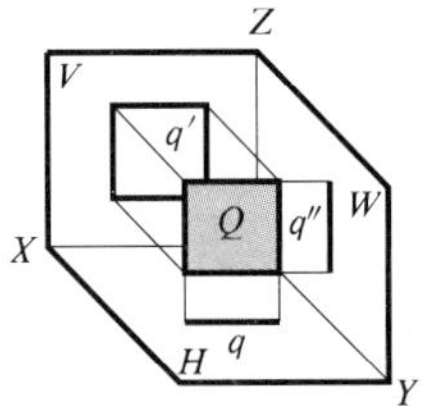	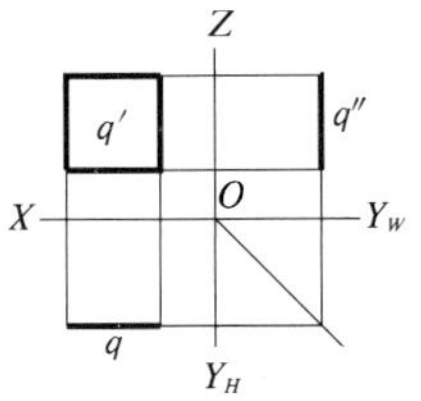	1. q'反映实形 2. q、q''积聚成直线 3. $q//OX$,$q''//OZ$
侧平面	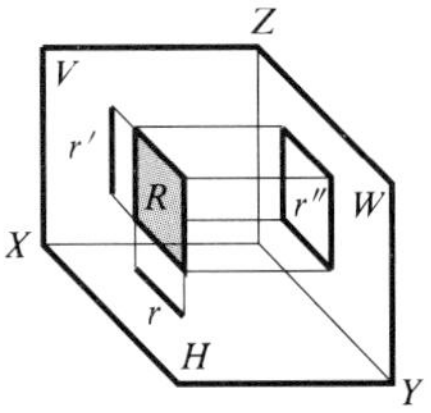	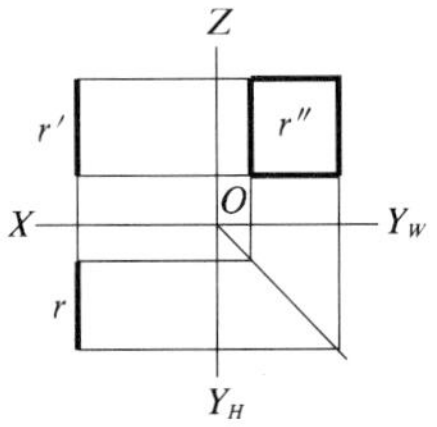	1. r''反映实形 2. r、r'积聚成直线 3. $r//OY_H$,$r'//OZ$

(三)投影面垂直面

垂直于一个投影面而与另外两个投影面倾斜的平面称为投影面垂直面。投影面垂直面也分三种:

正垂面——垂直于 V 面,倾斜于 H、W 面;

铅垂面——垂直于 H 面,倾斜于 V、W 面;

侧垂面——垂直于 W 面,倾斜于 V、H 面。

投影面垂直面的直观图、投影图及投影特性见表 3-4。

投影面垂直面的投影特性可归纳为:在与之垂直的投影面上的投影积聚为一斜线,该斜线与相应投影轴的夹角反映平面对其他两投影面的倾角;其余两投影均为类似形。

【工程案例 3-5】　图 3-17(a)是正三棱锥的三面投影图,试确定各棱面与投影面的相对位置。

分析:底面 ABC:V 面投影 $a'b'c'$ 与 W 面投影 $a''(c'')b''$ 均积聚为水平线,可确定底面 ABC 是水平面,水平投影△abc 反映底面 ABC 实形,如图 3-17(b)所示。

棱面 SAB:三个投影△sab、△$s'a'b'$、△$s''a''b''$都没有积聚性,均为棱面 SAB 的类似形,可判断 SAB 是一般位置平面,如图 3-17(c)所示。

同理,棱面 SBC 也为一般位置平面。

棱面 SAC:V 面投影△$s'a'c'$、H 面投影△sac 均为类似形,W 面投影 $s''a''(c'')$ 积聚成斜线,可判断棱面 SAC 是侧垂面,如图 3-17(d)所示。

表 3-4　投影面垂直面投影特性

种类	直观图	投影图	投影特性
铅垂面	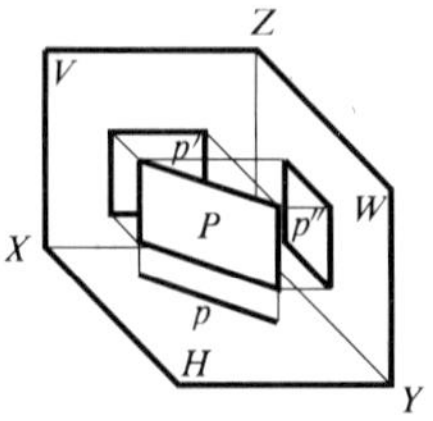	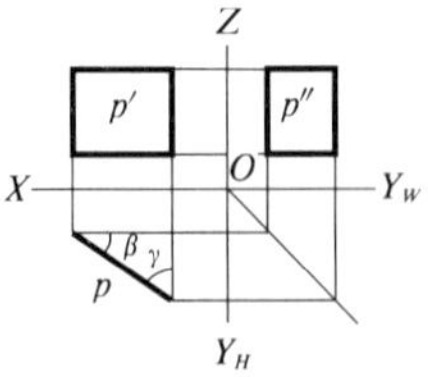	1. p 积聚成一条直线 2. p 与投影轴夹角反映 β 角和 γ 角 3. p'、p''为类似图形
正垂面	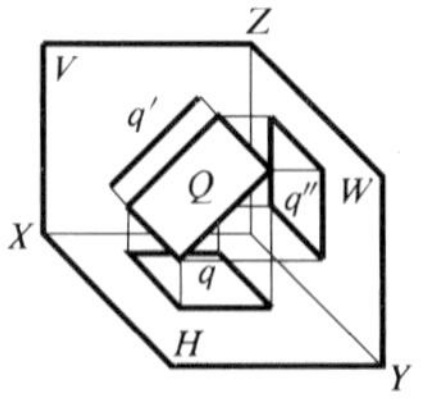	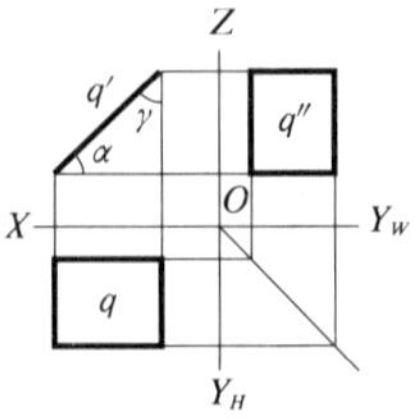	1. q'积聚成一条直线 2. q'与投影轴夹角反映 α 角和 γ 角 3. q、q''为类似图形
侧垂面	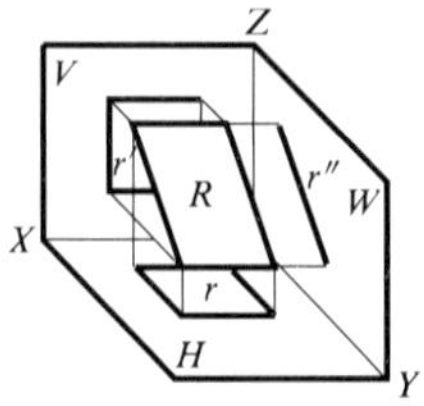	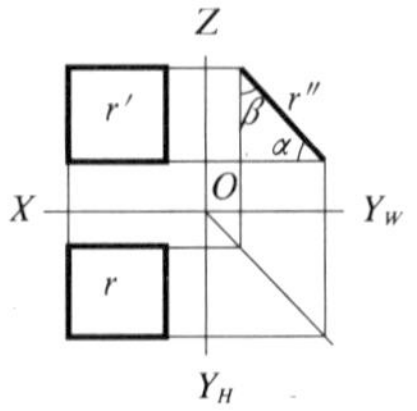	1. r''积聚成一条直线 2. r''与投影轴夹角反映 α 角和 β 角 3. r、r'为类似图形

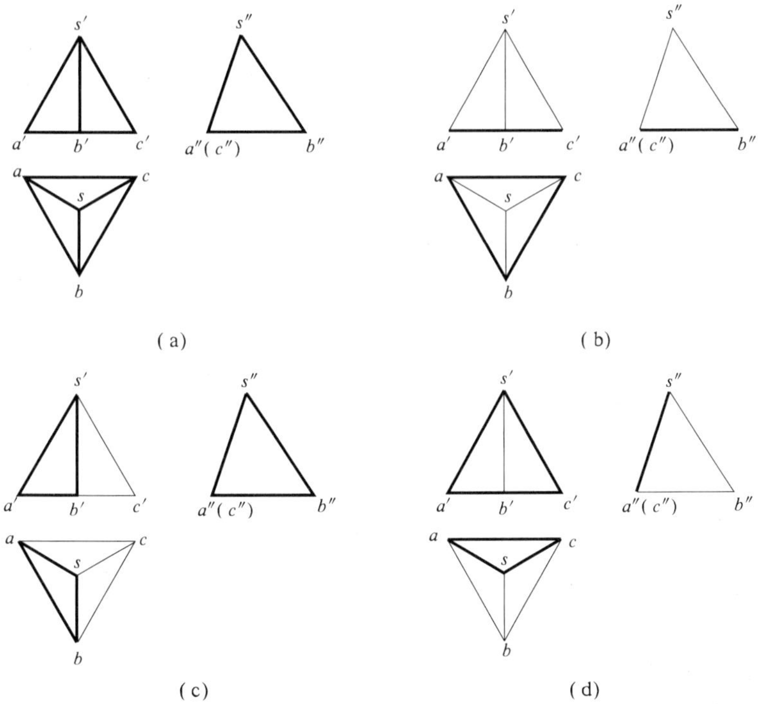

图 3-17　三棱锥棱面与投影面的相对位置

三、平面上的点和直线

(一)平面上的直线

由几何学可知,如果一直线通过平面上的两点,或者通过平面上的一点且平行于平面上的另一直线,则此直线必在该平面上。

如图3-18所示,△*ABC*确定一平面*P*,由于*M*、*N*两点分别在*AB*、*AC*上,所以*MN*连线也一定在平面*P*上。*EF*和*ED*两相交直线确定一平面*Q*,如在*ED*上取一点*M*,过*M*作*MN*//*EF*,则*MN*必在平面*Q*上。

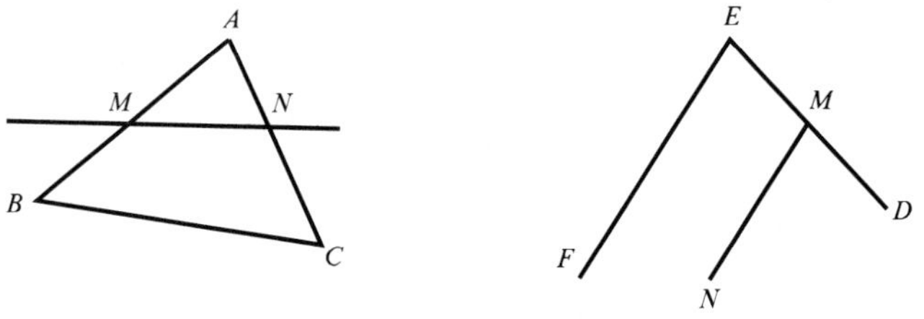

图3-18　平面上的直线

(二)平面上的点

点在平面上的几何条件是:如果点在平面内的任一直线上,则该点必在此平面上。

要在平面上取点,一般先在平面上作一条辅助直线,先求辅助直线的投影,然后求辅助直线上点的投影,这种作图方法称为辅助直线法。

辅助直线法适应于一般位置平面,特殊位置平面可利用其积聚性投影直接求取点的投影。

【工程案例3-6】 如图3-19(a)所示,已知平面△*ABC*及*D*点投影,试判断*D*点是否在平面△*ABC*上。

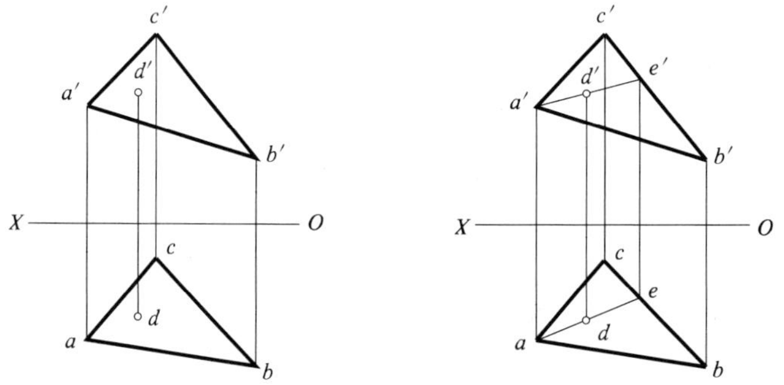

(a)已知条件　　　(b)作图结果

图3-19　判断点是否在平面上

分析:若*D*点位于△*ABC*平面上的一条直线上,则*D*点必在△*ABC*平面上,否则就不在△*ABC*平面上。

作图步骤:如图3-19(b)所示:

(1)连接$a'd'$并延长与$b'c'$交于e'。

(2)过 e' 作 OX 轴垂线,与 bc 交于 e。

(3)连接 ae。d 在 ae 上,故 D 点在直线 AE 上,所以 D 点在△ABC 平面上。

(三)平面内的投影面平行线

平面内与投影面平行的直线,称为平面内的投影面平行线。平面内平行于 H、V、W 面的直线,分别称为平面内的水平线、平面内的正平线及平面内的侧平线。

平面内的投影面平行线,既具有投影面平行线的投影特征,又符合直线在平面内的几何条件。

如图 3-20 所示,AD 为△ABC 平面内的正平线,CE 为△ABC 平面内的水平线,BF 为△ABC 平面内的侧平线。△ABC 及其上的正平线、水平线、侧平线的三面投影分别如图 3-20(a)、(b)、(c)所示。

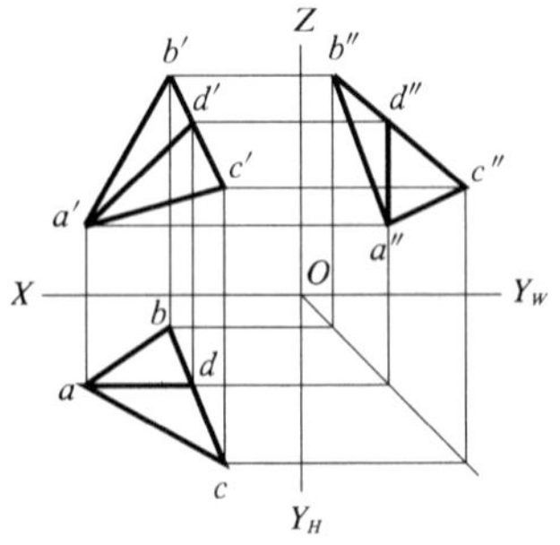

(a)平面内的正平线

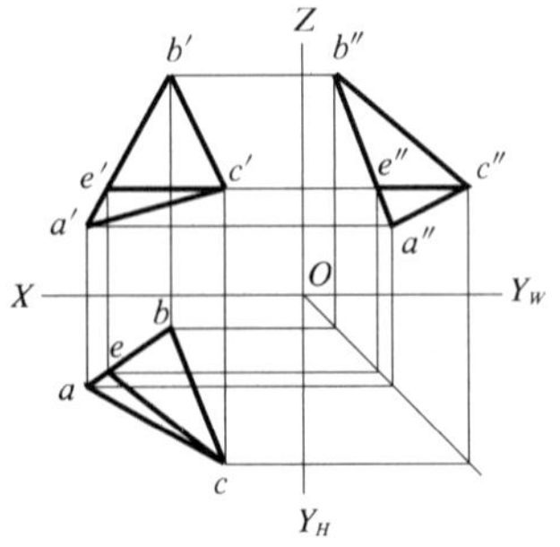

(b)平面内的水平线

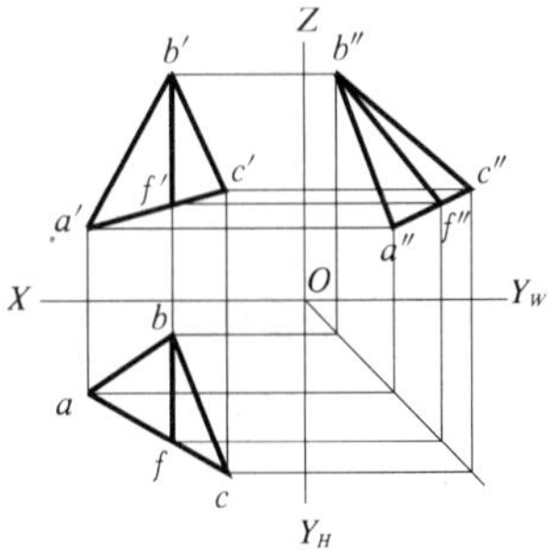

(c)平面内的侧平线

图 3-20　平面内的投影面平行线

本章小结

本章主要介绍了点、直线、平面的投影,通过本章学习,要求掌握如下内容:

(1)点的投影规律、点的坐标与空间位置的关系,能正确判断两点的相对位置及重影点的可见性。

(2)一般位置直线、投影面平行线和投影面垂直线的投影特性;直线上点的投影具有两个特性,从属性和定比性;空间两直线的相对位置有平行、相交和交叉,能根据投影图正确判断两直线的相对位置。

(3)一般位置平面、投影面平行面和投影面垂直面的投影特性,能根据投影图正确判断点、直线是否在平面上。

第四章　立体的投影

【学习目标】

- 了解平面体、曲面体、简单体的概念。
- 熟悉柱体、锥体、台体、球体等常见基本体的投影特性。
- 掌握简单体视图的绘制和识读。

工程建筑物的形状虽然各种各样,但细加分析,一般都是由柱、锥、台、球等基本几何体组合而成的,如图4-1所示,这些简单的几何体称为基本体。

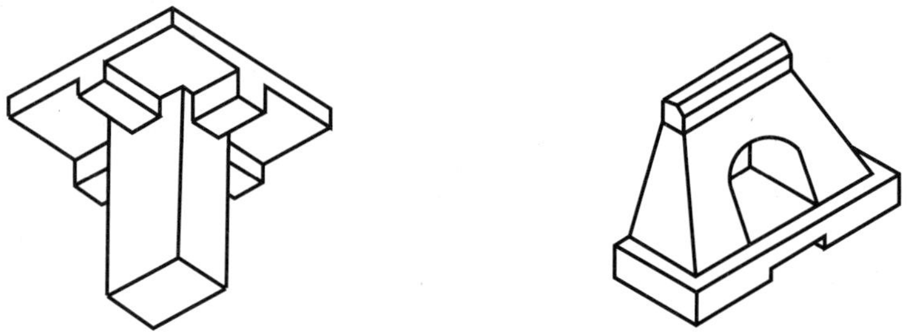

图4-1　工程形体

基本体是构成工程形体的基本单元,掌握基本体的投影特性,可以为绘制和阅读工程图打下初步基础。

基本体可分为平面体和曲面体两大类。

第一节　平面体

平面体是指其表面均由平面所组成的立体。平面体的表面称为棱面,平面体上相邻表面的交线称为棱线。平面体又分为棱柱、棱锥和棱台。

一、棱柱

两个底面为平行且全等的多边形,各棱线均相互平行的平面体称为棱柱。棱线垂直于底面的棱柱称为直棱柱;棱线不垂直于底面的棱柱称为斜棱柱。底面为正多边形的直棱柱称为正棱柱。

【工程案例4-1】　绘制正五棱柱的三面投影图。

(1)形体分析。

如图4-2所示,正五棱柱的两个底面为平行且全等的正五边形,五条棱线相互平行且与底面垂直,五个棱面为全等的矩形。

(2)投影位置。

为作图简便,使正五棱柱上、下底面与水平面平行,后棱面平行于正立面,其余四个棱面垂直于水平面。

(3)投影分析。

水平投影为正五边形线框。由于上、下两个底面均平行于水平面,所以水平投影反映正五边形的实形而且重影;五个棱面都垂直于水平面,其水平投影分别积聚为正五边形的五条边;五条棱线分别积聚为正五边形的顶点。

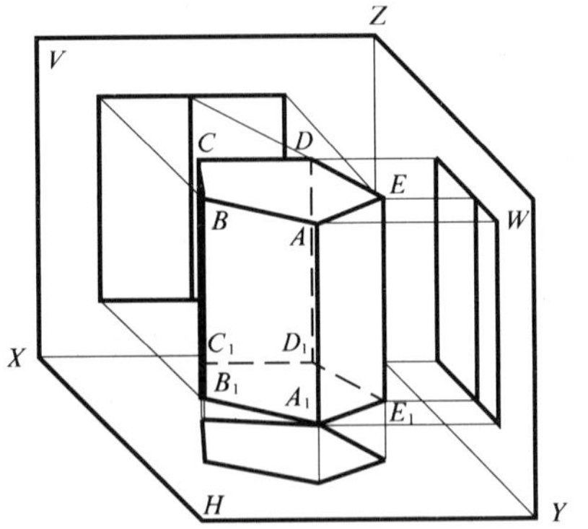

图 4-2　正五棱柱的投影

正面投影为矩形线框。上底面和下底面的正面投影积聚为两条水平直线,其间距为正五棱柱的高。后棱面平行于正立面,正面投影反映实形,其余四个棱面倾斜于正立面,其投影分别为矩形线框,不反映棱面的实形。

侧面投影为矩形线框。上底面和下底面的侧面投影积聚为两条水平直线,其间距与正面投影的高度相同。后棱面平行于正立面,侧面投影积聚为铅垂线,其余四个棱面倾斜于侧立面,投影分别为矩形线框,不反映棱面实形,其中左后棱面和右后棱面投影重合,左前棱面和右前棱面投影重合。

(4)作图步骤。

①画投影轴和水平投影。水平投影为正五边形,反映底面实形,如图 4-3(a)所示。

②根据“长对正”和正五棱柱的高度画正面投影,如图 4-3(b)所示。

③根据“高平齐、宽相等”画侧面投影,如图 4-3(c)所示。

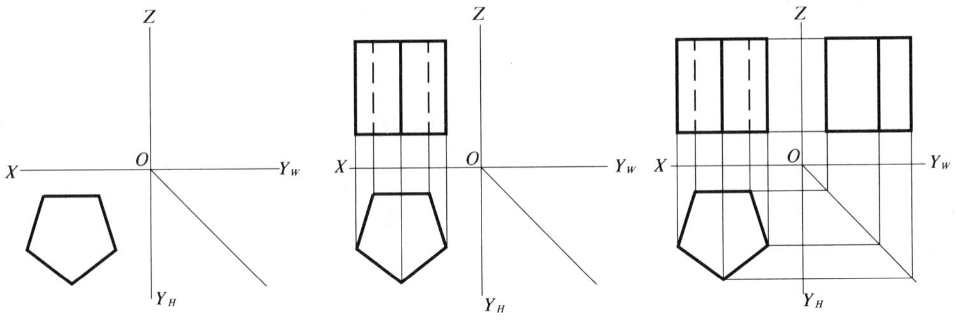

图 4-3　正五棱柱三面投影的画法

工程中常见的棱柱体有三棱柱、四棱柱、五棱柱、六棱柱等,表 4-1 列出了常见棱柱体的实体模型和三面投影图。

【特别提示】　棱柱的投影特性可归纳为:两个矩形线框,一个多边形线框。

表 4-1　常见棱柱体的实体模型图和三面投影图

名称	实体模型图	三面投影图
三棱柱		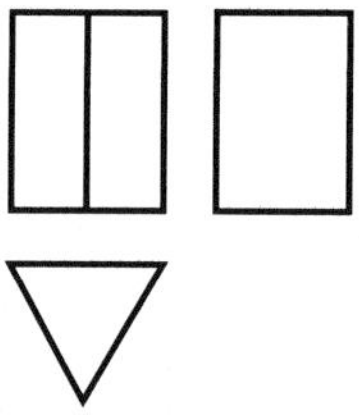
六棱柱		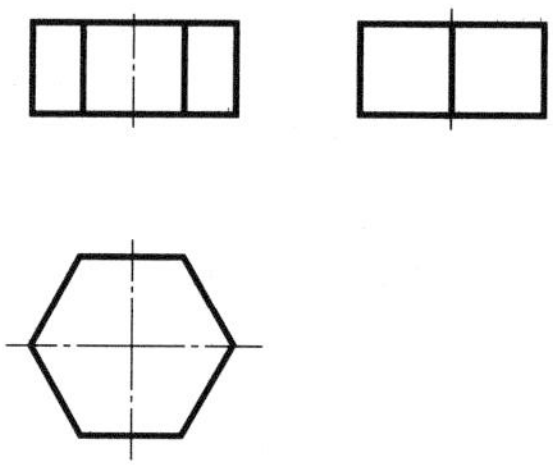
五棱柱	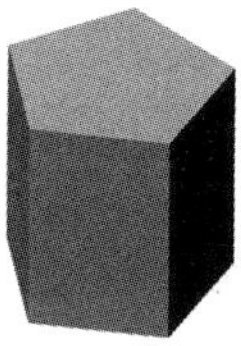	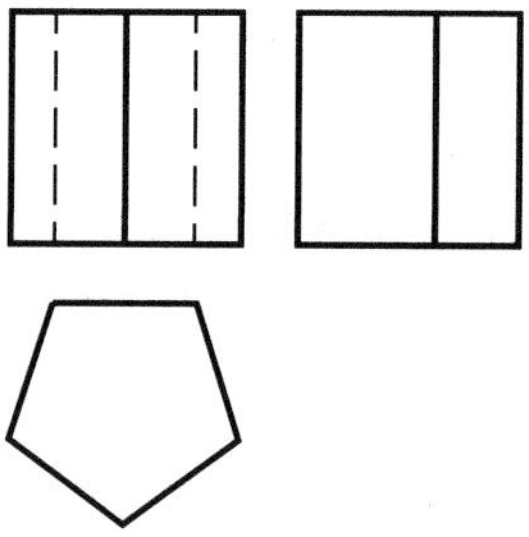

二、棱锥

底面为多边形,所有棱线汇集于锥顶,各棱面均为三角形的平面体称为棱锥。锥顶至底面重心的连线称为棱锥的轴线,轴线垂直于底面的棱锥称为直棱锥,轴线倾斜于底面的棱锥称为斜棱锥,底面为正多边形的直棱锥称为正棱锥。

【工程案例 4-2】　绘制正三棱锥的三面投影图。

(1)形体分析。

如图 4-4 所示,正三棱锥的底面为一等边三角形,三棱锥的轴线通过底面重心并垂直于底面,三个棱面为全等的等腰三角形。

(2)投影位置。

使正三棱锥的底面 ABC 与水平面平行,并使底面边线 BC 垂直于侧立面。

(3)投影分析。

水平投影为等边三角形。因为底面平行于水平面,所以底面的水平投影$\triangle abc$ 反映底面$\triangle ABC$ 的实形。正三棱锥顶点 S 的水平投影 s 位于$\triangle abc$ 的重心上。三条棱线 SA、SB、SC 的水平投影为 sa、sb、sc,三个棱面$\triangle SAB$、$\triangle SBC$、$\triangle SAC$ 的水平投影为$\triangle sab$、$\triangle sbc$、

△*sac*，它们均不反映实长和实形。

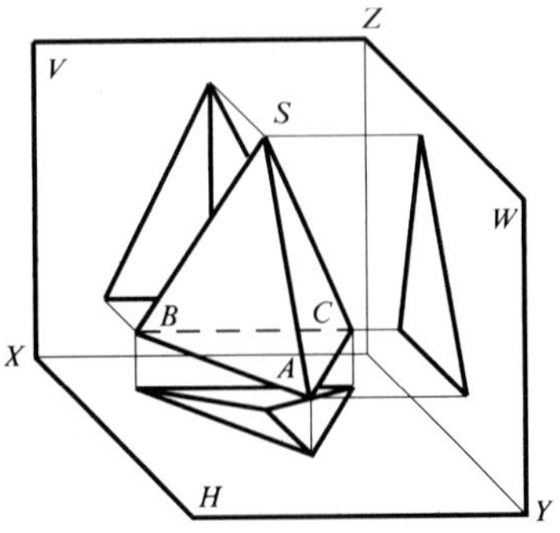

图 4-4　正三棱锥的投影

正面投影为两个并列的直角三角形。底面△*ABC* 的正面投影积聚为水平线 *b′a′c′*，锥顶 *S* 的正面投影 *s′* 位于 *a′b′c′* 的垂直平分线上，*s′* 至 *a′b′c′* 的距离等于正三棱锥的高度。棱面△*SAB*、△*SAC* 的正面投影△*s′a′b′*、△*s′a′c′* 为两个直角三角形线框。棱面△*SBC* 在后面，其正面投影△*s′b′c′* 不可见且与其他两棱面的投影重合。三个棱面的正面投影都不反映实形。

侧面投影为斜三角形。底面△*ABC* 的侧面投影积聚成水平线 *a″b″*(*c″*)，后棱面△*SBC* 的侧面投影积聚成斜线 *s″b″*(*c″*)，左右两个棱面的侧面投影△*s″a″b″*和△*s″a″*(*c″*)重合，不反映棱面实形。只有棱线 *SA* 平行于侧立面，其侧面投影 *s″a″* 反映实长。

【特别提示】　侧面投影中斜三角形的底边不反映正三棱锥底边的实长，其顶点的位置需要根据水平投影和正面投影来确定。

(4)作图步骤。

①画投影轴和水平投影。作等边△*abc*，由重心 *s* 连接各顶角 *sa*、*sb*、*sc*，如图 4-5(a)所示。

②画正面投影。根据“长对正”和三棱锥高度作底面 *a′b′c′* 和锥顶 *s′*，连接 *s′a′*、*s′b′*、*s′c′*，如图 4-5(b)所示。

③画侧面投影。根据“高平齐、宽相等”作底面 *a″b″*(*c″*)和锥顶 *s″*，连接 *s″a″*、*s″b″*、*s″*(*c″*)，如图 4-5(c)所示。

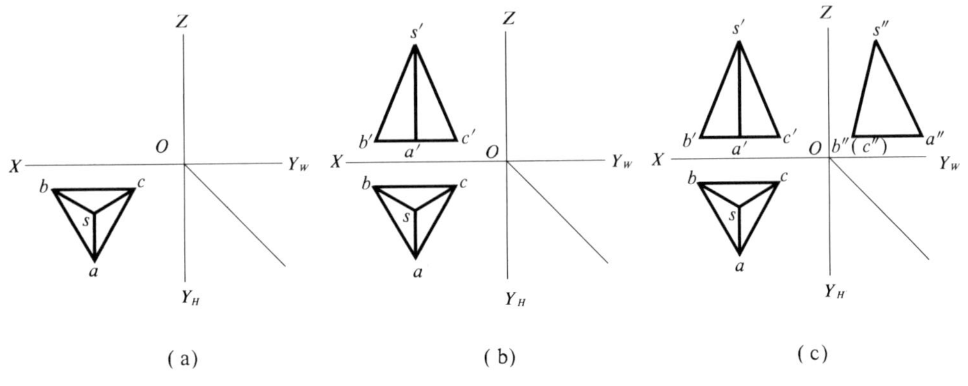

图 4-5　正三棱锥三面投影的画法

工程中常见的棱锥体有三棱锥、四棱锥等。表 4-2 列出了常见棱锥体的实体模型和三面投影图。

【特别提示】　棱锥的投影特性可归纳为：两个三角形线框、一个多边形线框。

表 4-2 常见棱锥体的实体模型图和三面投影图

实体模型图		三面投影图
四棱锥	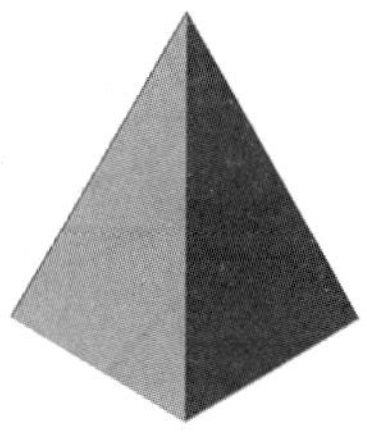	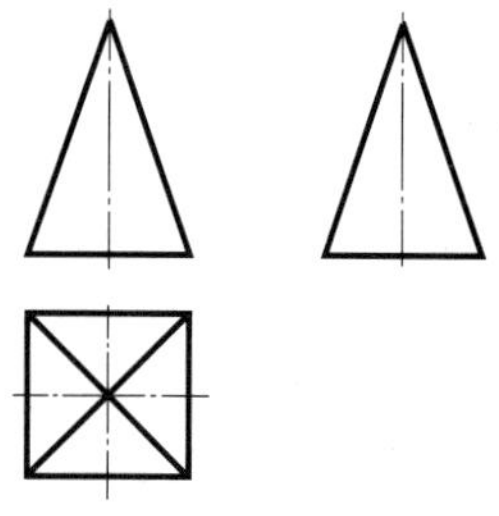
三棱锥	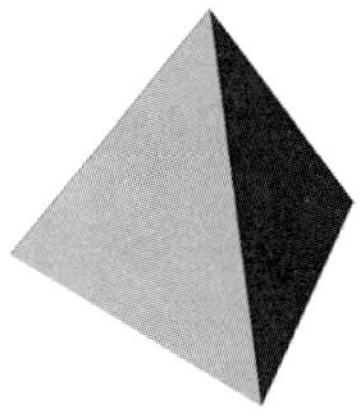	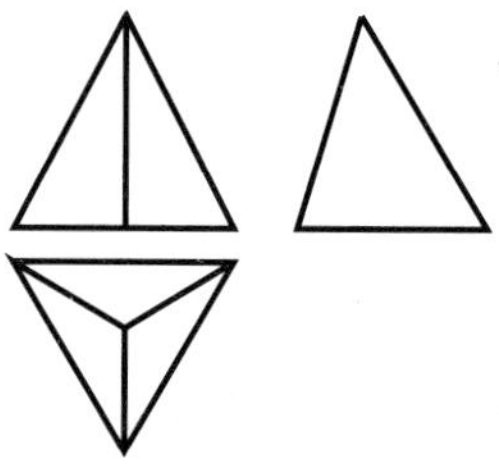

三、棱台

棱锥被平行于底面的截平面切去锥顶后即为棱台。棱台的两个底面均为多边形,互相平行且相似,棱线的延长线汇集于一点,各棱面均为梯形。

【工程案例 4-3】 绘制四棱台的三面投影图。

(1)形体分析。

如图 4-6 所示,四棱台的底面互相平行,为一大一小两个矩形;四个棱面均为梯形;四条棱线的延长线相交于一点。

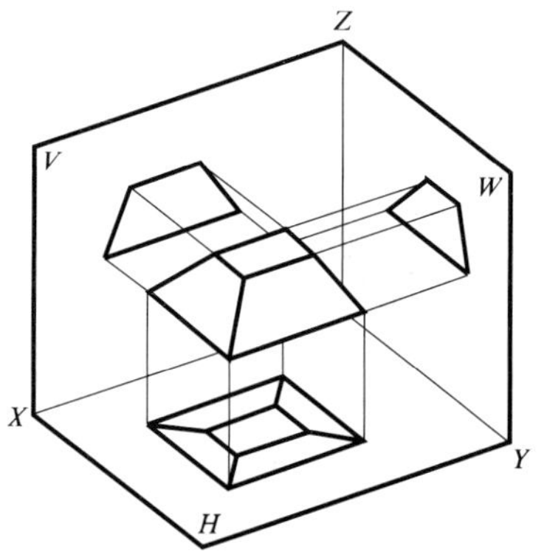

图 4-6 正四棱台的投影

(2)投影位置。

使四棱台的上、下底面与水平面平行,左、右两个棱面垂直于正立面,前、后两个棱面垂直于侧立面。

(3)投影分析。

水平投影为一大一小两个矩形线框。上、下底面与水平面平行,所以水平投影反映底面实形,小矩形在内,大矩形在外;两个矩形顶点的连线形成四个梯形,分别对应四个棱面的水平投影,四个棱面与水平面倾斜,投影不反映实形。

正面投影为梯形线框。上、下底面与水平面平行,正面投影积聚成水平线;左、右两个棱面垂直于正立面,正面投影积聚成左、右两条斜线;前、后两个棱面与正立面倾斜,投影重合为梯形,不反映实形。

侧面投影为梯形线框。上、下底面与水平面平行，侧面投影积聚成水平线；前、后两个棱面垂直于侧立面，侧面投影积聚成前、后两条斜线；左、右两个棱面与侧立面倾斜，投影重合为梯形，不反映实形。

(4)作图步骤。

①画投影轴、中心线和水平投影。水平投影反映底面实形，为两个相似矩形，分别连接两矩形各顶点，如图 4-7(a)所示。

②据“长对正”和四棱台高度画正面投影，如图 4-7(b)所示。

③根据“高平齐、宽相等”画侧面投影，如图 4-7(c)所示。

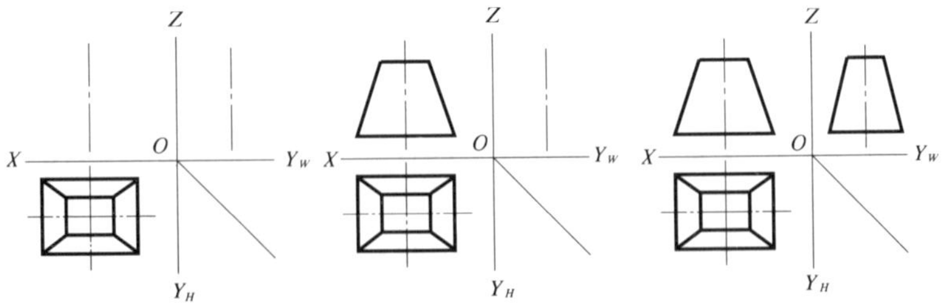

(a)　(b)　(c)

图 4-7　正四棱台三面投影的画法

【特别提示】　棱台的投影特性可归纳为：两个梯形线框，一大一小两个多边形线框。

第二节　曲面体

曲面体是指表面均由曲面或曲面与平面所组成的几何体。

常见的曲面体有圆柱、圆锥、圆球等，它们的曲表面是由一条动线绕固定轴线旋转而形成的，所以这种形体也称为回转体。动线称为母线，母线在旋转过程中的每一个具体位置称为曲面的素线。因此，可以认为回转体的曲面上存在着许多素线。

当母线为直线时，围绕与它平行的轴线旋转而形成的曲面是圆柱面，如图 4-8(a)所示，圆柱面上的素线与轴线平行。

当母线为直线时，围绕与它相交的轴线旋转而形成的曲面是圆锥面，如图 4-8(b)所示。圆锥面上的素线相交于锥顶。

当母线为一圆时，围绕其直径旋转而形成的曲面是球面，如图 4-8(c)所示。圆球面上的素线是圆，根据作图的需要可把它分为水平素线圆、正平素线圆和侧平素线圆。

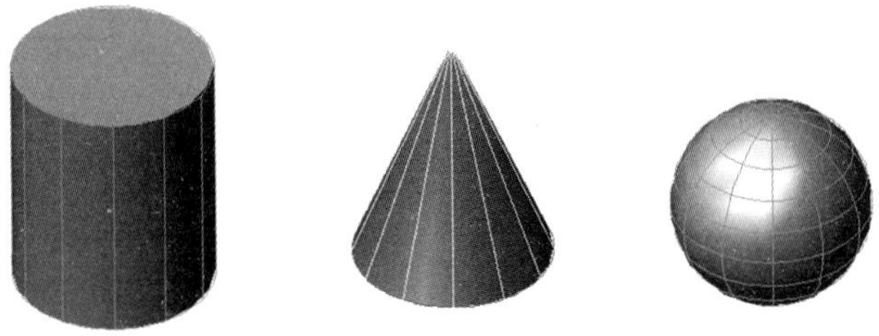

(a)圆柱　(b)圆锥　(c)圆球

图 4-8　曲面体及表面上的素线

一、圆柱

【工程案例4-4】 绘制圆柱的三面投影图。

(1)形体分析。

圆柱的两个底面为直径相等且相互平行的两个圆,轴线与底面垂直。

(2)投影位置。

使圆柱的轴线与水平面垂直,如图4-9所示。

(3)投影分析。

水平投影为圆。上、下两个底面的水平投影反映实形并且重影,圆柱面垂直于水平面,其水平投影积聚在圆周上。

正面投影为矩形。矩形上、下两条边线是圆柱上、下两个底面的积聚性投影,矩形的左、右两条边线是圆柱面上最左和最右两条素线的正面投影,这两条素线从正面投影方向看,是圆柱面的可见与不可见部分的分界线,称为正面投影方向的轮廓素线。

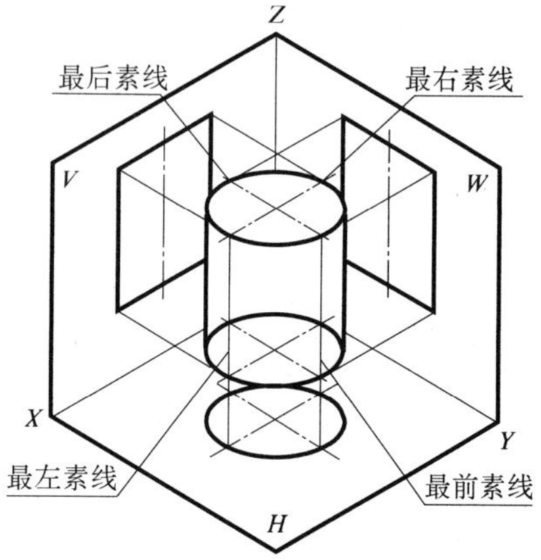

图4-9 圆柱的投影

侧面投影为矩形。矩形上、下两条边线还是圆柱上、下两个底面的积聚性投影,但矩形的两条边线是圆柱面上最前和最后两条素线的侧面投影,这两条素线从侧面投影方向看,是圆柱面的可见与不可见部分的分界线,称为侧面投影方向的轮廓素线。

【特别提示】 正面投影和侧面投影所表示圆柱表面的部分是不相同的。正面投影表示圆柱的前半个表面,后半个表面不可见,与前半个表面重影;侧面投影表示圆柱面的左半个表面,右半个表面不可见,与左半个表面重影。

(4)作图步骤。

①画投影轴,定中心线、轴线位置,画水平投影圆,如图4-10(a)所示。

②画正面投影。根据"长对正"画左、右轮廓素线的投影,按圆柱高度画上、下底面的投影,如图4-10(b)所示。

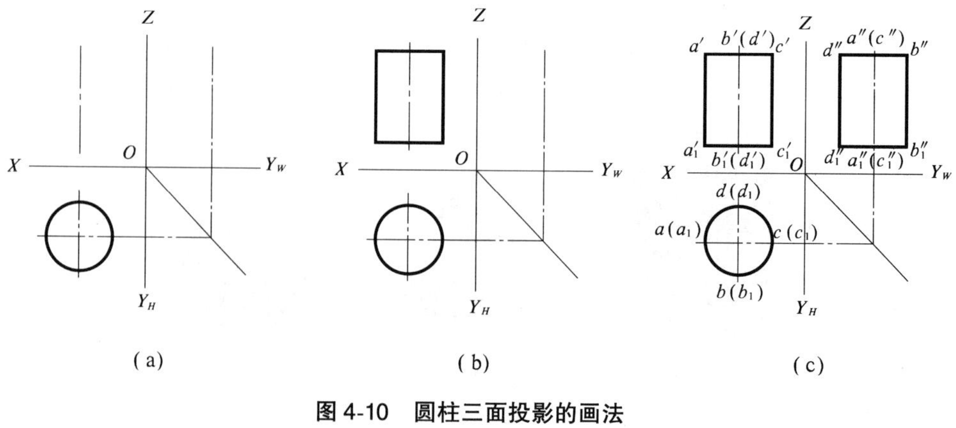

图4-10 圆柱三面投影的画法

③画侧面投影。根据“高平齐”画上、下底面的投影，由“宽相等”画前、后轮廓素线的投影，如图 4-10(c)所示。

【特别提示】 圆柱的投影特性可归纳为：两个矩形线框，一个圆。

二、圆锥

【工程案例 4-5】 绘制正圆锥的三面投影图。

(1)形体分析。

正圆锥的底面为圆，轴线通过底面圆心并垂直于底面。

(2)投影位置。

使圆锥轴线与水平面垂直，如图 4-11 所示。

(3)投影分析。

水平投影为一个圆。这个圆反映圆锥底面实形，也是圆锥面的水平投影，圆锥顶点的水平投影位于该圆的圆心。圆锥面可见，底面不可见。

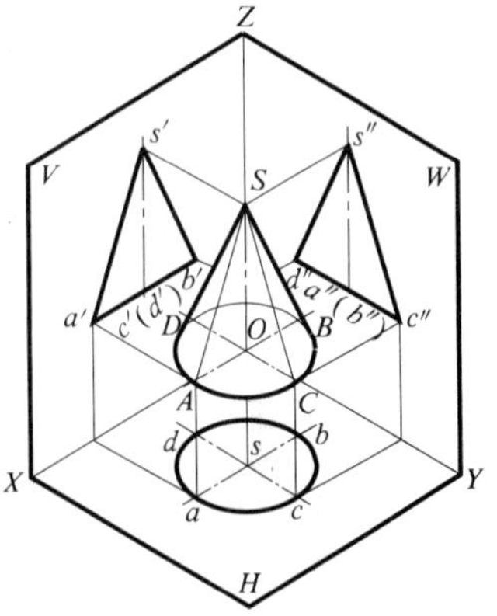

图 4-11　圆锥的投影

正面投影是等腰三角形。三角形底边是圆锥底面的积聚性投影，两腰 $s'a'$、$s'b'$ 是圆锥面上最左和最右两条素线 SA 和 SB 的投影，这两条素线称为正面投影的轮廓素线，也是正面投影可见与不可见部分的分界线，它们的侧面投影与轴线重合。

侧面投影也是等腰三角形。三角形底边是圆锥底面的积聚性投影，两腰 $s''c''$、$s''d''$ 是圆锥面上最前和最后两条素线 SC 和 SD 的侧面投影，这两条素线称为侧面投影的轮廓素线，也是侧面投影可见与不可见部分的分界线，它们的正面投影与轴线重合。

(4)作图步骤。

圆锥与圆柱的三面投影图的作图步骤相同，如图 4-12 所示。

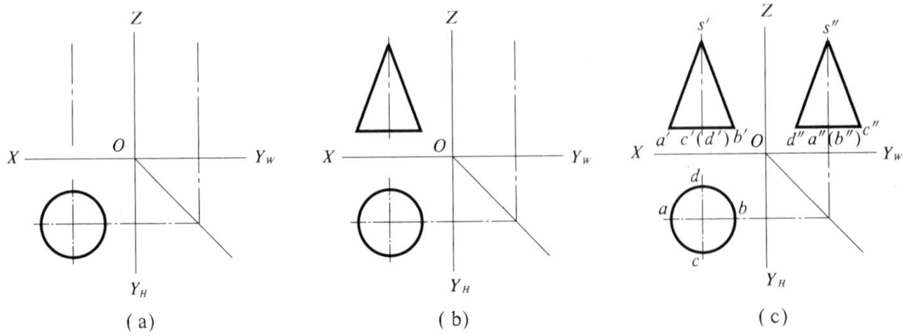

图 4-12　圆锥三面投影的画法

【特别提示】 圆锥的投影特性可归纳为：两个三角形线框，一个圆。

三、圆台

圆台可看作是圆锥被与其底面平行的平面切去锥顶后所得到的。如图 4-13 所示，圆台的水平投影是两个同心圆，正面投影和侧面投影均为梯形。

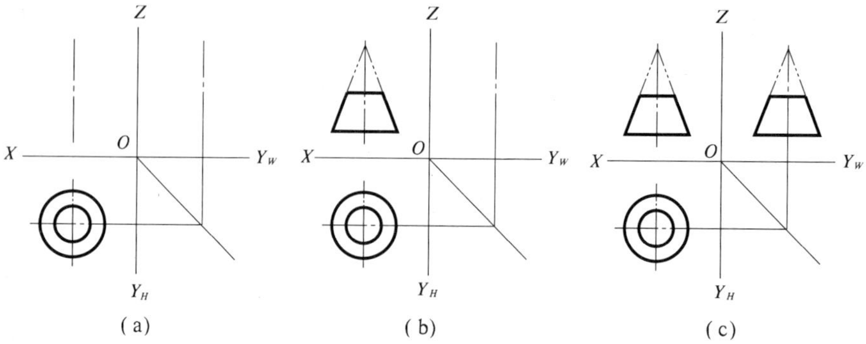

图 4-13　圆台三面投影的画法

【特别提示】　圆台的投影特性可归纳为:两个梯形线框,两个同心圆。

四、圆球

球面是由圆母线绕它本身的直径旋转而形成的。圆球的三个投影都是与圆球直径相等的圆,这三个圆分别是圆球面上三个不同方向的轮廓素线圆的投影。

如图 4-14(a)所示,水平投影圆 a 是球面上平行于水平面的轮廓素线圆 A 的投影,它是上半球面与下半球面的分界线。圆 A 的正面投影 a'和侧面投影 a''都与球的水平中心线重合(不需要画出);正面投影圆 b'是球面上平行于正立面的轮廓素线圆 B 的投影,它是前半球面和后半球面的分界线;侧面投影圆 c''是球面上平行于侧立面的轮廓素线圆 C 的投影,它是左半球面与右半球面的分界线。

画圆球的投影图时,先画圆球的中心线,确定球心的投影;再画三个与圆球等直径的圆,如图 4-14(b)所示。

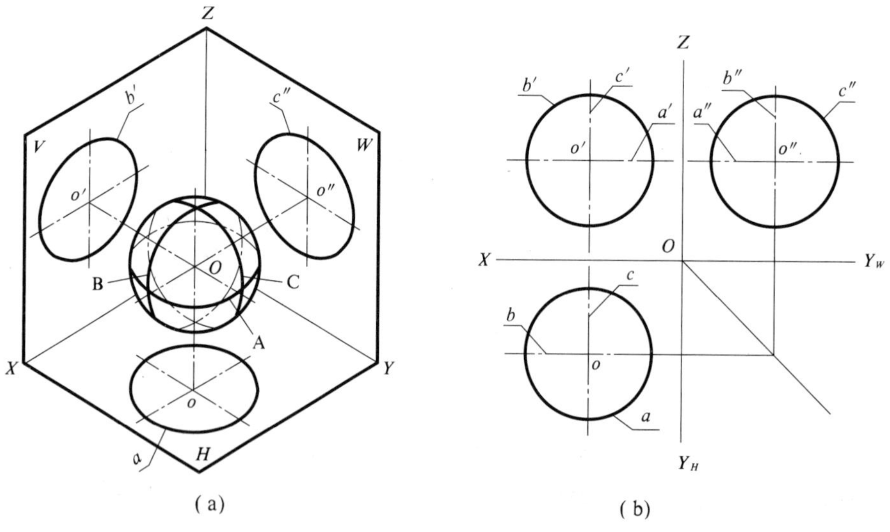

图 4-14　圆球的三面投影

【特别提示】　圆球的投影特性可归纳为:三个圆。

第三节　简单体

由较少的基本体进行简单的叠加或切割而形成的立体称简单体。

一、基本体的投影特性

(一)柱体

由棱柱和圆柱的投影特性可知,柱体的投影特性为“矩矩为柱”。

在三个投影中,其中有两个投影的外形轮廓为矩形,则可断定该形体为柱体。至于是何种柱体,则可以结合第三投影来判定,如图 4-15 所示。

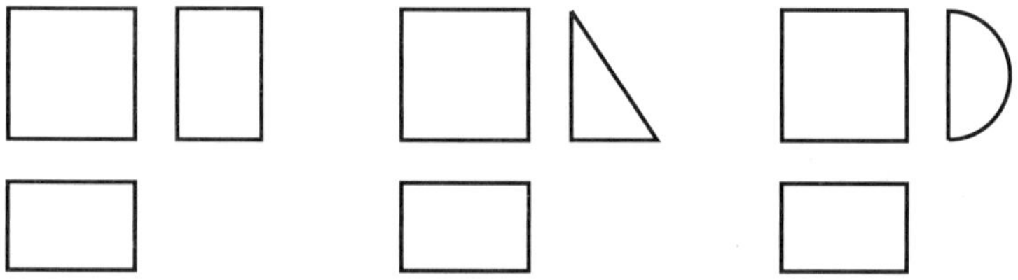

(a)四棱柱　(b)三棱柱　(c)半圆柱

图 4-15　柱体的投影特性

(二)锥体

由棱锥和圆锥的投影特性可知,锥体的投影特性为“三三为锥”。

在三个投影中,其中有两个投影的外形轮廓为三角形,则可断定该形体为锥体。至于是何种锥体,则可以结合第三投影来判定,如图 4-16 所示。

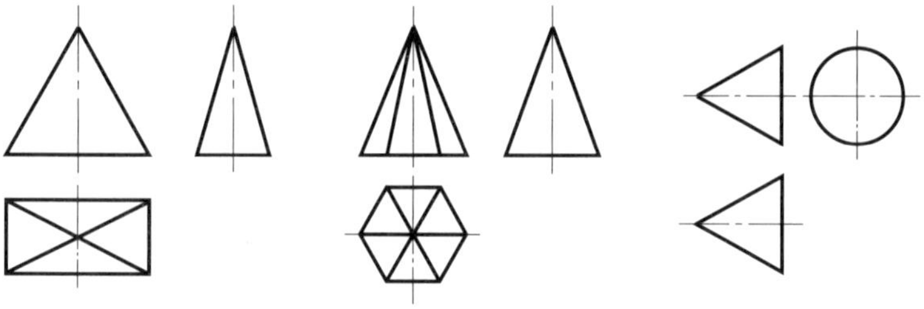

(a)四棱锥　(b)正六棱锥　(c)圆锥

图 4-16　锥体的投影特性

(三)台体

由棱台和圆台的投影特性可知,台体的投影特性为“梯梯为台”。

在三个投影中,其中有两个投影的外形轮廓为梯形,则可断定该形体为台体。至于是何种台体,则可以结合第三投影来判定,如图 4-17 所示。

(四)球体

球体的投影特性为“三圆为球”。

球的三个投影,都具有圆的特性,如图 4-18 所示。

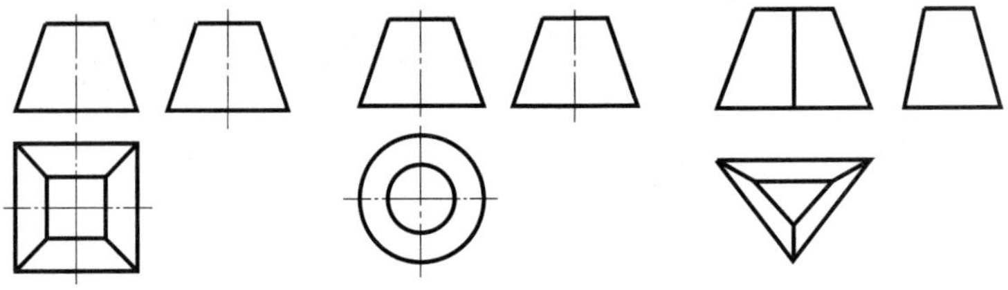

(a)四棱台　　(b)圆台　　(c)三棱台

图4-17　台体的投影特性

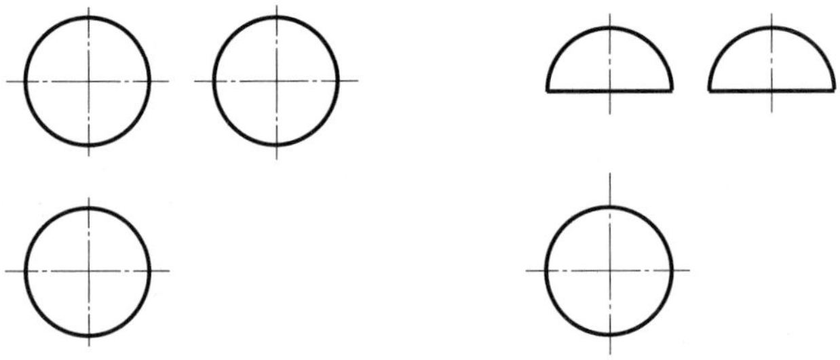

(a)圆球　　(b)半球

图4-18　球体的投影特性

二、简单体视图的画法

【工程案例4-6】　画出如图4-19(a)所示形体的三视图。

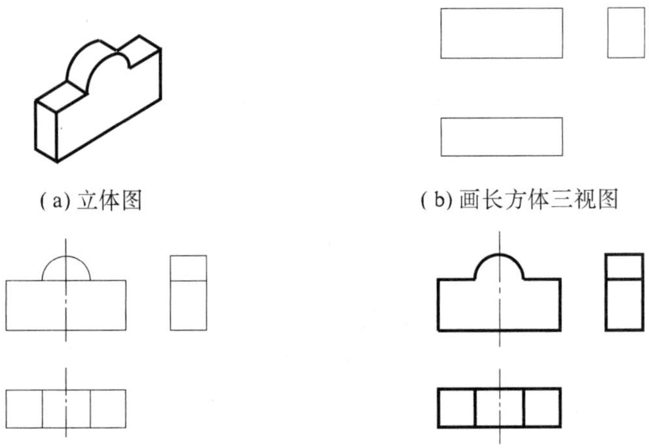

(a)立体图　　(b)画长方体三视图

(c)画半圆柱三视图　　(d)加深图线

图4-19　简单体三视图画法

分析:该形体由一个半圆柱和一个长方体(四棱柱)组成。半圆柱叠加在长方体的上方,左右居中,前后对齐。

作图步骤:(1)画长方体三视图,如图4-19(b)所示。

(2)画半圆柱三视图,注意半圆柱在长方体的上方中部,如图4-19(c)所示。

(3)加深图线,完成作图,如图4-19(d)所示。

【特别提示】　因为半圆柱与长方体前后对齐,所以在主视图中轮廓线应断开。

【工程案例 4-7】　画出如图 4-20(a)所示物体的三视图。

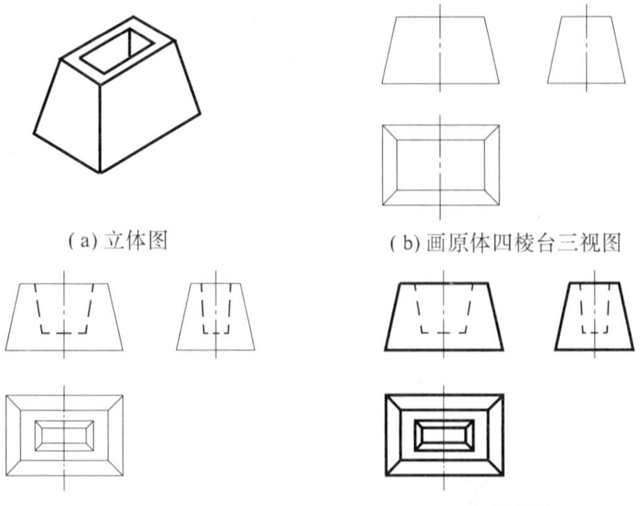

(a) 立体图　　(b) 画原体四棱台三视图

(c) 画倒立四棱台三视图　　(d) 加深图线

图 4-20　简单体三视图画法

分析:该物体原体(没切割时的基本体)是四棱台,在上部正中挖了一个倒立的四棱台孔。

作图步骤:(1)画四棱台三视图,如图 4-20(b)所示。

(2)画倒立四棱台三视图,如图 4-20(c)所示。

(3)加深图线,完成作图,如图 4-20(d)所示。

三、简单体视图的识读

【工程案例 4-8】　识读图 4-21(a)所示三视图,想象出该物体的空间形状。

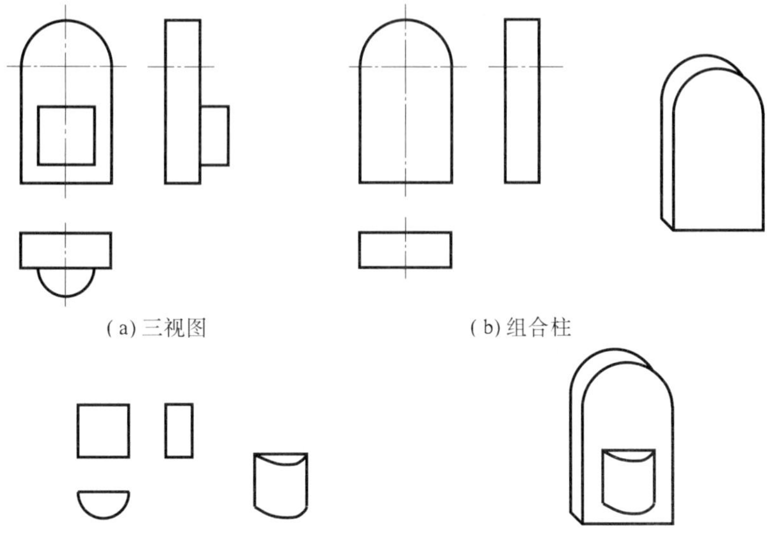

(a) 三视图　　(b) 组合柱

(c) 半圆柱　　(d) 整体形状

图 4-21　简单体视图的识读

分析:(1)识视图、分部分。

主视图有两个线框,一个组合线框,一个矩形线框。对应左视图和俯视图矩形线框都是凸出来的,可知该物体是由两个基本体叠加而成的。

(2)对投影、想形状。

根据"长对正、高平齐"的投影规律,主视图中组合线框在俯视图和左视图中对应的线框均为矩形,由基本体的投影特性可判定该部分是一个组合柱,如图4-21(b)所示;主视图中矩形线框在俯视图中对应的线框为半圆,在左视图中对应的线框为矩形,该部分为半圆柱,如图4-21(c)所示。

(3)综合整体形状。

由俯视图可知,半圆柱在组合柱前边,左右居中;由主视图可知,半圆柱与组合柱底边不对齐,位置略靠上,整体形状如图4-21(d)所示。

【工程案例4-9】 识读图4-22(a)所示三视图,想象出该物体的空间形状。

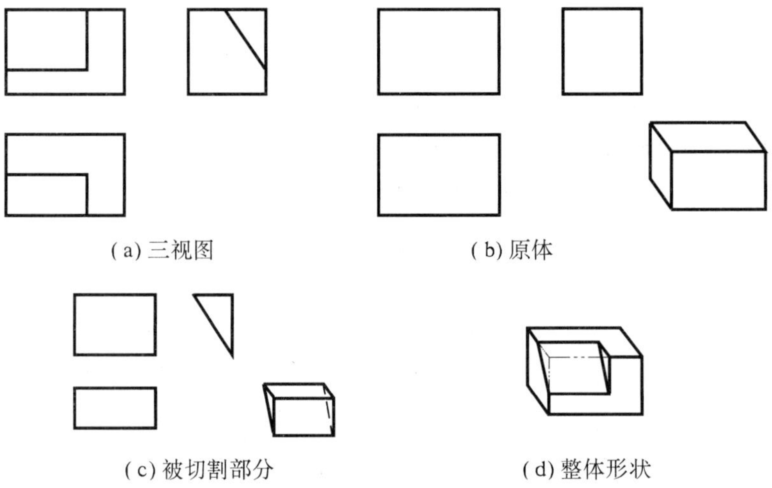

图4-22 简单体视图的识读

分析:(1)识视图、分部分。

三视图中所有的小线框都套在大线框内,可以判定该形体是由基本体切割而形成的。主视图分一大一小两个矩形线框,大矩形线框是原体的投影,小矩形线框是被切割部分的投影。识读切割体,应先识读原体(大线框),然后识读被切割的部分(小线框)。

(2)对投影、想形状。

主视图中的大矩形线框,对应的俯视图和左视图均为矩形线框,可以判断原体是长方体,如图4-22(b)所示;主视图中的小矩形线框,对应的俯视图为矩形线框,左视图为三角形线框,所以被切割部分为三棱柱,如图4-22(c)所示。

(3)综合整体形状。

由主视图可知,被切割的三棱柱位于长方体的左上角;由俯视图可知,被切割的三棱柱位于长方体的前边,即被切割的三棱柱位于长方体的左上前方,整体形状如图4-22(d)所示。

本章小结

本章主要介绍了基本体的投影特性，通过本章的学习，要求掌握如下内容：

(1)平面体是指其表面均由平面所组成的立体。平面体的表面称为棱面，平面体上相邻表面的交线称为棱线。平面体又分为棱柱、棱锥和棱台。

(2)曲面体是指表面均由曲面或曲面与平面所组成的几何体。常见的曲面体有圆柱、圆锥、圆球等，它们的曲表面是由一条动线绕固定轴线旋转而形成的，所以这种形体也称为回转体。动线称为母线，母线在旋转过程中的每一个具体位置称为曲面的素线。

(3)在三个投影中，其中有两个投影的外形轮廓为矩形，则可断定该形体为柱体；其中有两个投影的外形轮廓为三角形，则可断定该形体为锥体；其中有两个投影的外形轮廓为梯形，则可断定该形体为台体；球的三个投影，都具有圆的特性。

(4)由较少的基本体进行简单的叠加或切割而形成的立体称简单体。根据基本体投影特性，能正确绘制和识读简单体三视图。

第五章　轴测图

【学习目标】

- 了解轴测图的形成、种类、特点。
- 熟悉轴测轴、轴间角、轴向变化率的概念。
- 掌握正等测图和斜二测图的画法。

用正投影法画出物体的视图并标注尺寸,能够完整、准确地表达物体的形状和大小,作图简便,是工程上广泛采用的图示方法。但视图缺乏立体感,需要有一定的读图能力才能看懂。

轴测图能同时反映物体长、宽、高三个方向的尺寸,具有较强的立体感。实际工程中的建筑物都比较复杂,适当补充轴测图十分有用。虽然轴测图立体感强,但度量性较差,作图复杂,因此在实际生产中一般只作为辅助图样,见图5-1。

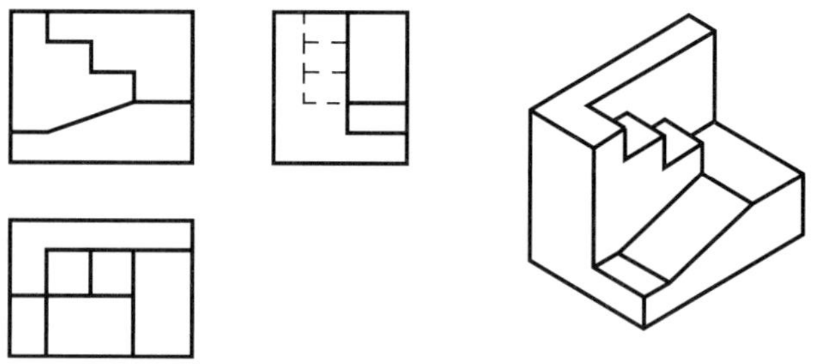

(a)视图　　(b)轴测图

图5-1　视图和轴测图

第一节　轴测图的基本知识

一、轴测图的形成

如图5-2(a)所示,将物体引入空间直角坐标系,使立方体的一个顶点与坐标系的原点 O_1 重合,物体长、宽、高三个方向的棱线分别与坐标轴 O_1X_1、O_1Y_1、O_1Z_1 重合。这时,将立方体连同其三个坐标轴 O_1X_1、O_1Y_1、O_1Z_1 一起向选定的投影面 P 作投影(投影方向 S 与三个坐标轴的方向都不一致),如图5-2(b)所示。投影面 P 称为轴测投影面,空间坐标轴 O_1X_1、O_1Y_1、O_1Z_1 的投影 OX、OY、OZ 称为轴测轴,物体在轴测投影面 P 上的投影即为轴测图。

所以,轴测图是用平行投影法将物体连同确定该物体的直角坐标系一起沿不平行于任一坐标平面的方向投射到一个投影面上所得到的图形。

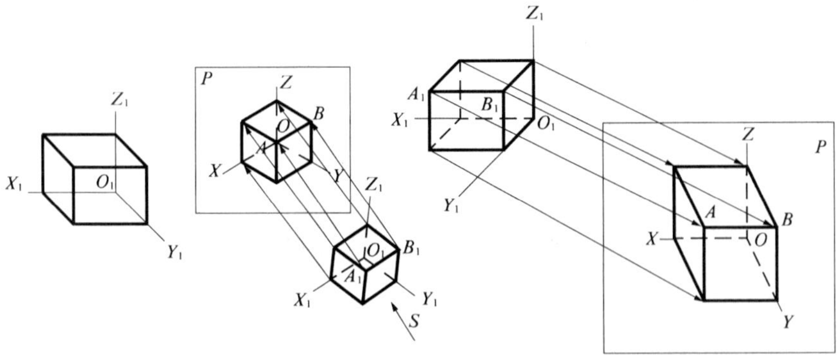

(a)　　(b)　　(c)

图 5-2　轴测图的形成

二、轴测图的基本参数

(一)轴间角

轴测轴之间的夹角称为轴间角,如$\angle XOY$、$\angle XOZ$、$\angle YOZ$。

(二)轴向变化率

轴测图中沿轴测轴方向的线段长度,与物体上沿对应的坐标轴方向同一线段长度之比称为轴向变化率,OX、OY、OZ 的轴向变化率分别用 p、q、r 表示,即 $p=OX/O_1X_1$、$q=OY/O_1Y_1$、$r=OZ/O_1Z_1$。

三、轴测图的特征

(一)平行性

由于轴测图采用的是平行投影法,所以在物体上互相平行的线段,在轴测图上仍然互相平行;物体上平行于坐标轴的线段,在轴测图上平行于轴测轴。

(二)轴测性

与轴测轴相互平行的线段具有相同的轴向变化率。因此,在画轴测图时,只有平行于轴测轴的线段,才能按其相应的轴向变化率直接测量尺寸;凡是不平行于轴测轴的线段都不能直接测量尺寸。沿轴才能进行测量,这就是“轴测”两字的意义。

(三)真实性

物体上平行于轴测投影面的直线和平面,在轴测图上反映实长和实形。

四、轴测图的分类

(一)按投影方向

正轴测图:物体的三个坐标轴都倾斜于轴测投影面,用正投影法投影(S 垂直于 P)所得到的轴测图,如图 5-2(b)所示。

斜轴测图:物体上有两个坐标轴平行于轴测投影面($O_1X_1//P$,$O_1Z_1//P$),用斜投影法投影(S 倾斜于 P)所得到的轴测图,如图 5-2(c)所示。

(二)按轴向变化率

$p=q=r$,称为正(或斜)等测图。

$p=r\neq q$,称为正(或斜)二测图。

【特别提示】 必须熟练掌握轴测图的分类、基本参数及特性,才能为合理选择及正确绘制轴测图打好基础。

第二节 正等测图

一、正等测图的轴间角和轴向变化率

正等测图是三个坐标轴与轴测投影面成相同的倾斜角度,用正投影法得到的图形。正等测图的三个轴间角相等,$\angle XOY=\angle YOZ=\angle ZOX=120°$,三个轴向变化率也相等,$p=q=r\approx0.82$,如图5-3(a)所示。

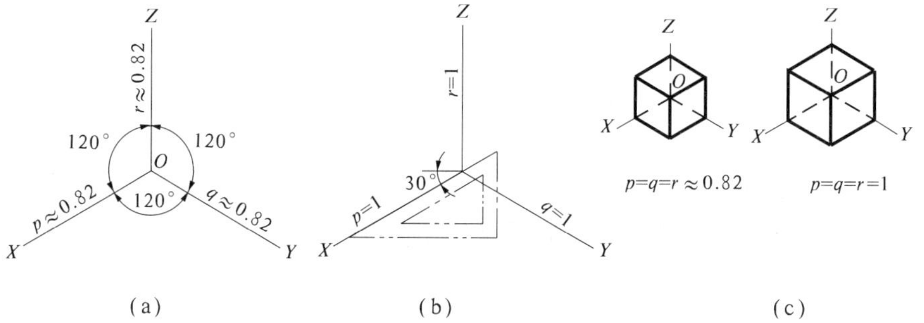

图5-3 正等测图的轴测轴、轴间角、轴向变化率

画正等测图时,将OZ轴画成铅垂方向,OX轴和OY轴可用30°三角板画出,如图5-3(b)所示。为了便于作图,通常取轴向变化率$p=q=r=1$,用1:1来量取与各轴测轴平行的线段,这样画出的轴测图比按轴向变化率为0.82时画出的轴测图大1.22倍,但不影响图形本身的形状及物体各部分的相对位置关系,见图5-3(c)。

二、平面体正等测图

画轴测图时,需要根据物体的形状特征选择其作图方法。

(一)坐标法

坐标法是画轴测图的基本方法。它是根据物体上各点的坐标值,沿轴向度量,画出各点的轴测投影,然后连接成物体的轴测图。

【工程案例5-1】 作出图5-4(a)所示长方体的正等测图。

分析:长方体各表面都平行于相应的坐标面,各轮廓线都平行于相应的坐标轴,可采用坐标法,先定出长方体8个顶点的位置,然后分别连接,即为长方体轴测图。

作图步骤:(1)选定坐标轴O_1X_1、O_1Y_1、O_1Z_1,如图5-4(a)所示。

(2)画轴测轴,在OX轴上取长,在OY轴上取宽,分别引平行于OX轴和OY轴的直线,画出长方体底面轴测图,如图5-4(b)所示。

(3)由底面四点引平行于 OZ 轴的直线，在各线上取高，即得长方体顶面上的四个点，连接顶面上四个点，如图 5-4(c)所示。

(4)擦去作图线及不可见轮廓线，加深图线，完成作图，如图 5-4(d)所示。

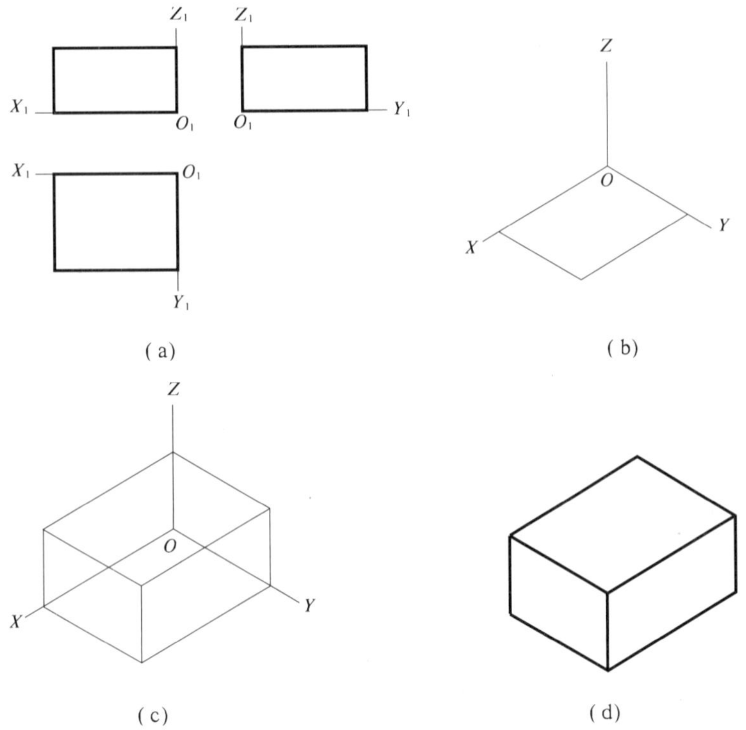

图 5-4　长方体的正等测图画法

【特别提示】　绘制轴测图时，不可见轮廓线一般省略不画。

(二)特征面法

当物体的某一表面反映该物体的形状特征时，通常先画该特征面的轴测图，然后画出平行于轴测轴的可见棱线，最后连成另一底面，即完成轴测图。该方法适用于画柱体。

【工程案例 5-2】　作出图 5-5(a)所示跌水坎的正等测图。

分析：主视图反映跌水坎的形状特征，俯视图表明跌水坎前后等宽，系棱柱体，因而可采用特征面法作图。先画特征面，然后引宽度方向的棱线完成作图。

作图步骤：(1)设立坐标轴 O_1X_1、O_1Y_1、O_1Z_1，如图 5-5(a)所示。

(2)根据主视图画出特征面的轴测图，如图 5-5(b)所示。应当注意：斜线ⅠⅡ的长度不能直接测量，应分别作出Ⅰ、Ⅱ两点的轴测图，然后连线。

(3)由特征面(前表面)各顶点向后引平行于 OY 轴的平行线，并在这些平行线上截取宽度尺寸，得到跌水坎后表面各点，如图 5-5(c)所示。

(4)连接后表面各点，擦去作图线，加深可见轮廓线，完成作图，如图 5-5(d)所示。

【特别提示】　也可以将后表面作为特征面，这时由特征面各顶点向前作 OY 轴平行线截取宽度尺寸即可。

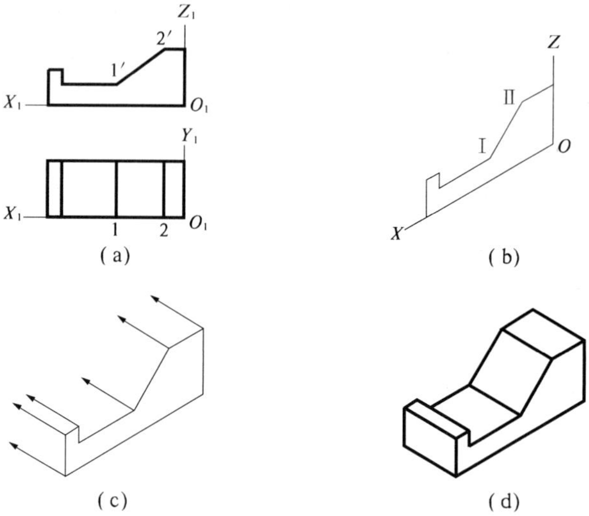

图5-5 跌水坎的正等测图画法

(三)叠加法

对于由若干个基本体叠加而形成的物体,在明确各基本体相对位置的前提下,将各个基本体逐个画出,即可完成轴测图。画图顺序一般是先大后小,先下后上,先后再前。

【工程案例5-3】 作出图5-6(a)所示物体的正等测图。

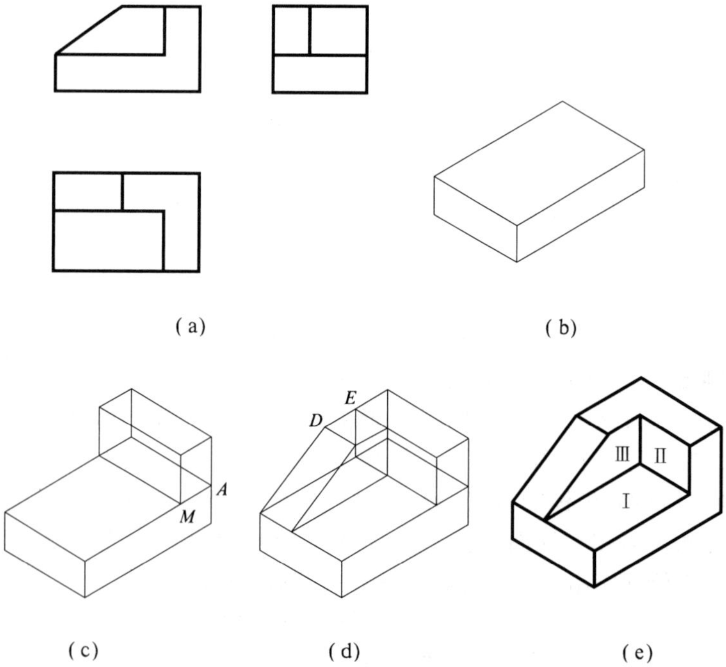

图5-6 叠加法画正等测图

分析:此物体是叠加式物体,它由三个基本体组成,基本体Ⅰ和Ⅱ是长方体,基本体Ⅲ是梯形柱,可按顺序分别作出三个基本体并把它们叠加起来。

作图步骤:(1)作长方体Ⅰ的轴测图,如图5-6(b)所示。

(2)作长方体Ⅱ的轴测图,如图5-6(c)所示。注意画长方体Ⅱ时应以长方体Ⅰ为基准,定位点 M 应沿轴向测量。

(3)作梯形柱Ⅲ的轴测图,如图5-6(d)所示。梯形柱Ⅲ位于长方体Ⅱ的左侧,长方体Ⅰ的后上方,同样量取尺寸要沿轴测轴方向,如确定 D 点时可由 E 点向左量取 ED 得到。

(4)擦去作图线,加深可见轮廓线,完成作图,如图5-6(e)所示。

(四)切割法

对于由基本体切割而形成的物体,可先画出切割前的基本形体,然后按顺序切去多余的部分,即可得到物体的轴测图。

【工程案例5-4】　作出图5-7(a)所示物体的正等测图。

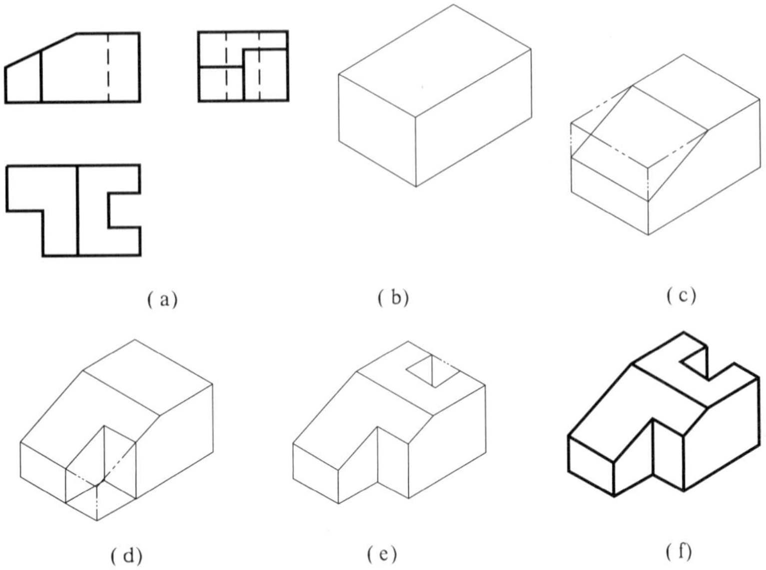

图5-7　切割法画正等测图

分析:这是一个切割型物体。原形是一个长方体,左上角被正垂面截切,左前方被一个正平面和一个侧平面切去一个缺口,右边被两个正平面和一个侧平面切去一个方槽。作轴测图时,可先画出长方体,然后按顺序切去各部分。

作图步骤:(1)如图5-7(b)所示,画出长方体原形。

(2)如图5-7(c)所示,用正垂面切去左上角。

(3)如图5-7(d)所示,切去左前方的缺口,注意沿轴测轴方向量取尺寸。

(4)如图5-7(e)所示,切去右边的方槽。

(5)擦去作图线,加深可见轮廓线,完成作图,如图5-7(f)所示。

三、平行于坐标面的圆和圆角的正等测图

(一)圆的画法

如图5-8(a)所示,立方体上分别平行于三个坐标面的正方形表面,它们的正等测图都是菱形,它们的内切圆的正等测图都是椭圆。三个椭圆的形状、大小及画法是相同的,

但三个椭圆的长、短轴方向却不相同。椭圆的长轴方向是菱形的长对角线,与它所在坐标面外的另一个轴测轴垂直。如图 5-8(b)所示,椭圆Ⅰ的长轴垂直于 OZ 轴;椭圆Ⅱ的长轴垂直于 OY 轴;椭圆Ⅲ的长轴垂直于 OX 轴。椭圆的短轴位于菱形的短对角线上,它与长轴互相垂直平分。椭圆的长轴约为圆直径 D 的 1.22 倍,短轴约为圆直径 D 的 0.7 倍。

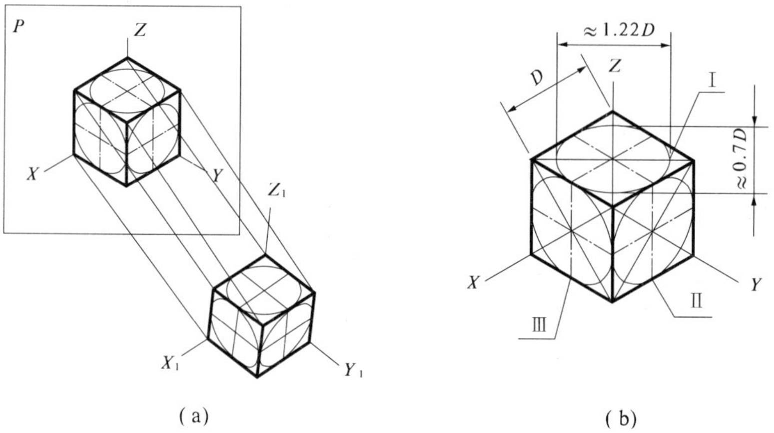

图 5-8　平行于坐标面的圆的正等测图

为了简化作图,通常采用四圆心法作上述椭圆。下面以水平圆(平行于 $X_1O_1Y_1$ 坐标面)正等测图的画法为例,其作图步骤如图 5-9 所示。

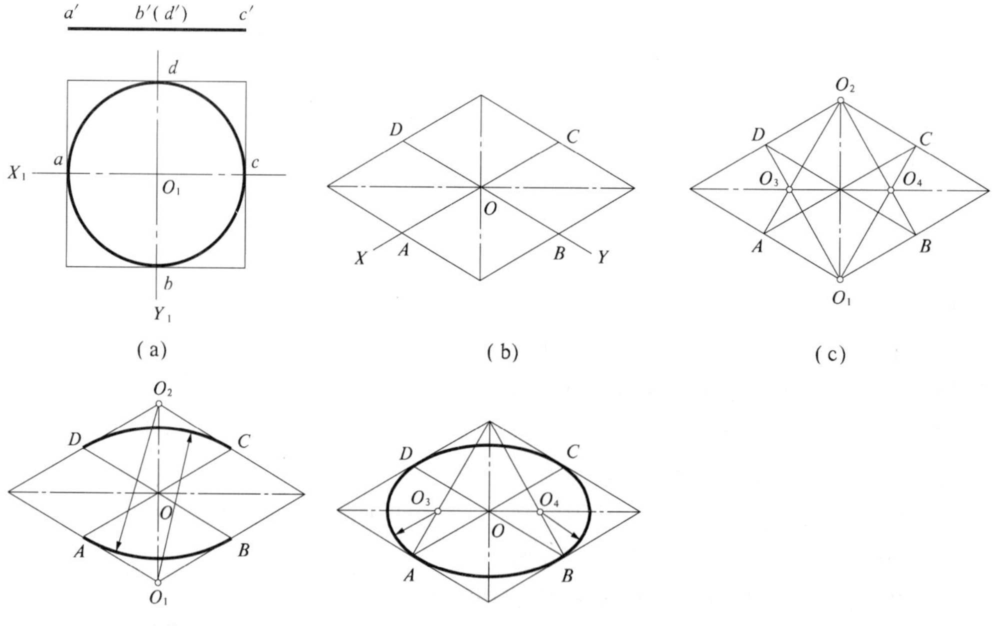

图 5-9　平行于 $X_1O_1Y_1$ 坐标面圆的正等测图画法

(1)以圆的两条中心线为坐标轴 O_1X_1、O_1Y_1,作圆的外切正方形,如图 5-9(a)所示。

(2)画轴测轴 OX、OY,在轴测轴上分别截取 OA、OB、OC、OD 等于圆的半径。再过 A、B、C、D 四点分别作 OX 和 OY 轴的平行线,即得圆的外切正方形的轴测图菱形,如图 5-9(b)所示。

(3)菱形的短对角线端点为 O_1、O_2，连接 O_1C、O_1D(或 O_2A、O_2B)与菱形长对角线分别交于 O_3 和 O_4 两点，即得四个圆心 O_1、O_2、O_3、O_4，如图 5-9(c)所示。

(4)分别以 O_1、O_2 为圆心，以 O_1D 为半径画弧 $\overset{\frown}{DC}$ 和 $\overset{\frown}{BA}$，如图 5-9(d)所示。

(5)分别以 O_3、O_4 为圆心，以 O_3A 为半径画弧 $\overset{\frown}{AD}$ 和 $\overset{\frown}{CB}$。A、B、C、D 为各圆弧的连接点，如图 5-9(e)所示。

(二)圆角的画法

圆角是 1/4 圆，所以它的正等测图为 1/4 椭圆，画 1/4 椭圆亦可采用四圆心法。将椭圆沿轴测轴方向拆开分成四部分，每一部分即为一个圆角，四段圆弧的圆心均在外切菱形相邻两边中垂线的交点上，如图 5-10(a)所示。

圆角的作图方法如图 5-10(b)所示。先画出圆角所在的长方形表面的正等测图，然后分别在角顶点的两边截取圆角半径长度(如 $MA=MB=R$)，得圆弧的两个切点(如 A、B 两点)，再过两个切点作所在边的垂直线，其交点即为圆心(如 O_1、O_2、O_3、O_4)，最后分别以 O_1、O_2、O_3、O_4 为圆心，以 R_1、R_2 为半径画四段圆弧即得四个圆角。下底面上的四个圆角，可将上底面的圆心和切点沿 OZ 轴方向向下引伸底板高度，即可画出。

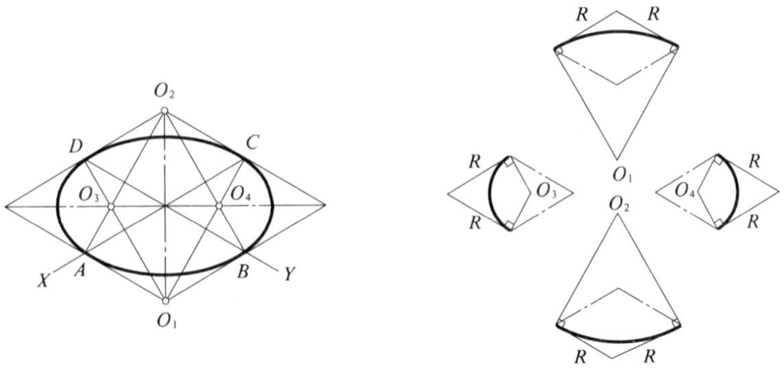

(a)

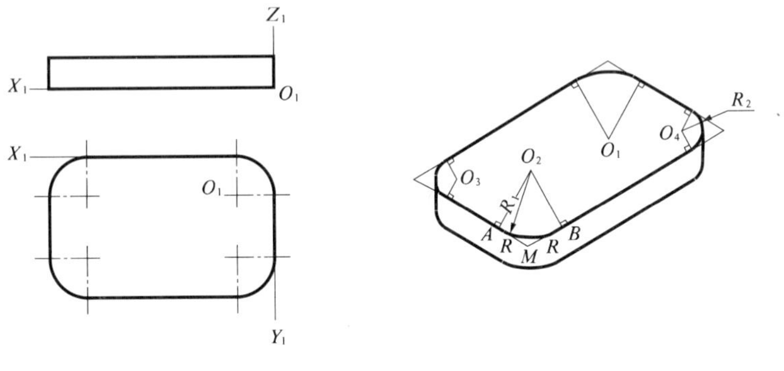

(b)

图 5-10　圆角的正等测图画法

四、曲面体正等测图

【工程案例 5-5】　作出图 5-11(a)所示圆柱的正等测图。

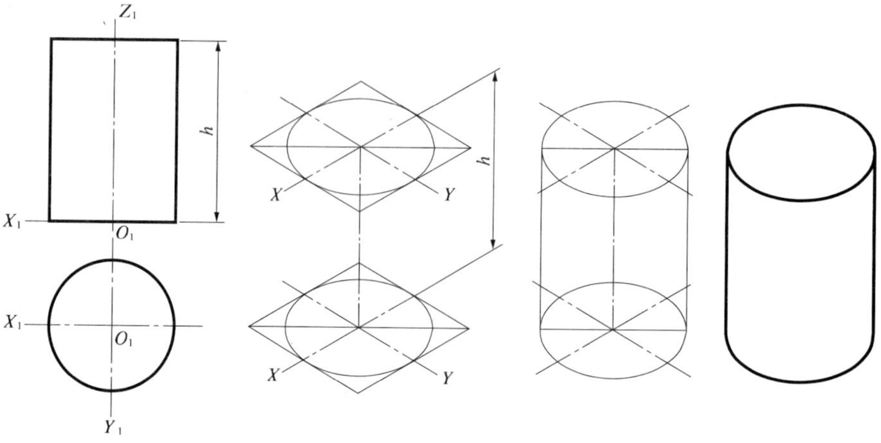

(a)　(b)　(c)　(d)

图 5-11　圆柱的正等测图画法

分析:由于圆柱的轴线垂直于水平面,所以圆柱的上、下底面平行于 $X_1O_1Y_1$ 坐标面。

作图步骤:(1)确定坐标轴 O_1X_1、O_1Y_1、O_1Z_1,如图 5-11(a)所示。

(2)画出轴测轴,用四圆心法作上、下两底面椭圆,如图 5-11(b)所示。画上底面椭圆时,可将下底面的圆心及切点沿 OZ 轴向上移动 h(圆柱的高)后作出。

(3)作平行于轴线的两椭圆的公切线,如图 5-11(c)所示。

(4)擦去作图线及不可见轮廓线,加深图线,完成作图,如图 5-11(d)所示。

【特别提示】　画圆柱轴测图时,不要忘记在两个底面圆外侧作公切线。

【工程案例 5-6】　作出图 5-12(a)所示支座的正等测图。

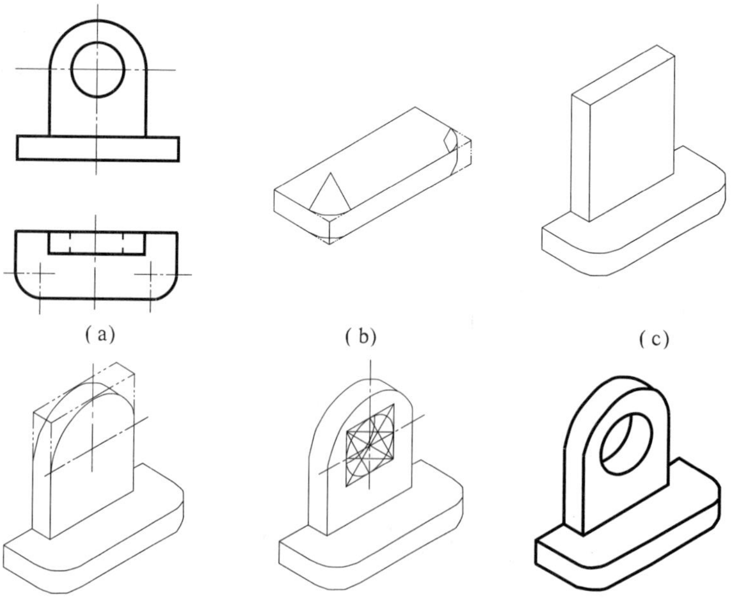

(a)　(b)　(c)

(d)　(e)　(f)

图 5-12　支座的正等测图画法

分析：支座是由底板和竖板两部分叠加而形成的。底板是长方体，左前角和右前角是圆角，竖板的上端是带有通孔的半圆柱。支座左右对称，底板和竖板后壁靠齐。

作图步骤：(1)作支座底板正等测图，如图 5-12(b)所示。

(2)作竖板的正等测图，如图 5-12(c)所示。

(3)切竖板上端的半圆柱，如图 5-12(d)所示。

(4)作竖板上半圆柱通孔的正等测图，如图 5-12(e)所示。

(5)擦去作图线，加深可见轮廓线，完成作图，如图 5-12(f)所示。

【特别提示】 通孔在竖板后表面轮廓线的可见部分，注意不要漏画。

第三节 斜二测图

一、斜二测图轴间角、轴向变化率

斜二测图是物体上的 $X_1O_1Z_1$ 坐标面与轴测投影面平行，用斜投影法所得到的图形。因此，斜二测图的 OX 轴与 OZ 轴的轴间角为 90°，轴向变化率 $p=r=1$。通常取 OY 轴与水平方向成 45°，轴向变化率 $q=0.5$。斜二测图的轴间角和轴向变化率如图 5-13 所示。

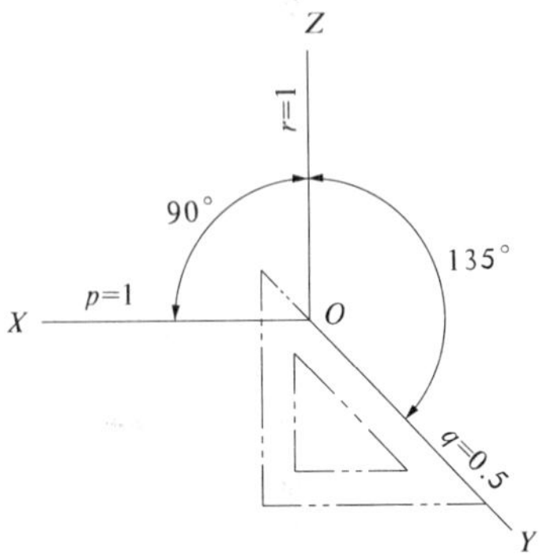

图 5-13 斜二测图的轴测轴、轴间角、轴向变化率

二、斜二测图画法

斜二测图的作图方法与正等测图相同，都是以坐标法为基本方法。为了作图简便，画斜二测图时，一般将物体的特征面放置成与轴测投影面相平行，这样可以直接画出特征面的实形，然后沿 45°方向引伸物体宽度的 1/2，即完成作图。

(一)平面体斜二测图

【工程案例 5-7】 作出图 5-14(a)所示挡土墙的斜二测图。

分析：主视图反映挡土墙特征面的真实形状，左视图反映挡土墙的宽度及三角块的相对位置。作图时可用特征面法，首先画出特征面并引伸宽度，然后截取三角块的定位尺寸和宽度即可。

作图步骤：(1)根据主视图作挡土墙特征面的实形，由特征面各顶点引伸 45°斜线(平行于 OY 轴)，如图 5-14(b)所示。

(2)在斜线上取 y_1 和 y_2 的 1/2 宽度，作三角块的斜二测图，如图 5-14(c)所示。

(3)加深可见轮廓线，完成作图，如图 5-14(d)所示。

(二)曲面体斜二测图

圆的斜二测图如图 5-15 所示。平行于坐标面 $X_1O_1Z_1$ 的圆，其斜二测图仍然是直径为 D 的圆。平行于 $X_1O_1Y_1$ 和 $Y_1O_1Z_1$ 坐标面的圆，其斜二测图为椭圆，椭圆的长轴方向与 OX

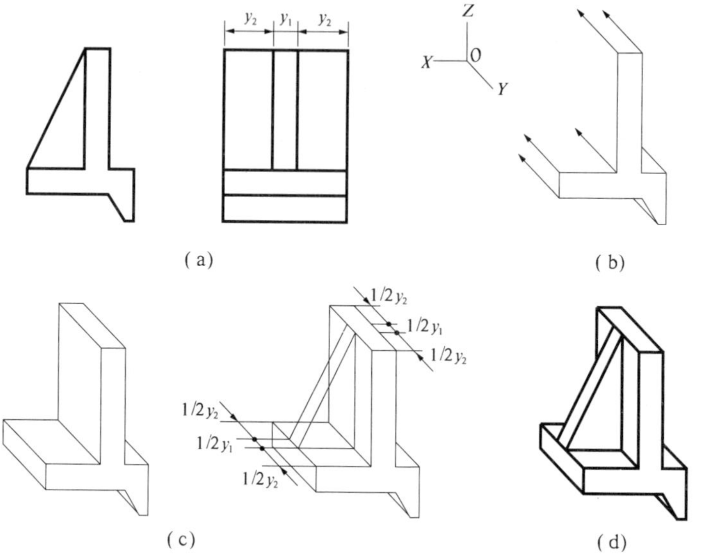

图 5-14　挡土墙的斜二测图画法

轴、OZ 轴的夹角分别约为 7°,短轴与长轴互相垂直。两个椭圆的长轴约为圆直径 D 的 1.06 倍,短轴约为圆直径 D 的 0.33 倍。

椭圆画法可用坐标点法,平行于 $X_1O_1Y_1$ 坐标面的水平圆的斜二测图画法步骤如下:

(1)过 a、b、c、d 作圆的外切正方形,并将圆的直径 ac 分成若干等份,过各等分点作平行于 bd 的直线,如图 5-16(a)所示。

(2)作 $BD//OX$、$AC//OY$,取 BD 长等于直径,AC 长等于半径,分别过 A、B、C、D 作 OX 轴、OY 轴的平行线,得圆外切正方形的斜二测图,如图 5-16(b)所示。

(3)与图 5-16(a)配合,将 AC 分为相同等份,并过各等分点作平行于 BD 的辅助线,如图 5-16(c)所示。

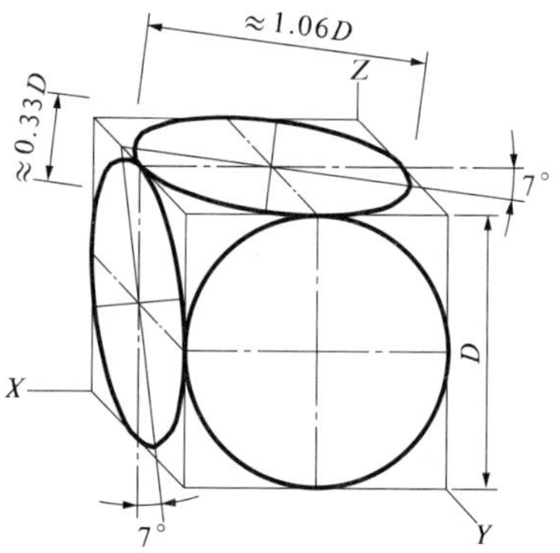

图 5-15　圆的斜二测图

(4)与图 5-16(a)配合,在辅助线上截取相应距离 x_1 和 x_2,得 8 个辅助点,如图 5-16(d)所示。

(5)将 8 个辅助点及 A、B、C、D 依次用曲线板光滑地连接成椭圆,如图 5-16(e)所示。

【特别提示】　用坐标点法画椭圆,一般辅助点不可太少,取包括 A、B、C、D 在内的 12 个及 12 个以上点,就能用曲线板连接出比较光滑的椭圆。

【工程案例 5-8】　作出图 5-17(a)所示轮盘的斜二测图。

分析:轮盘由底板和圆筒两部分组成,两部分均为圆柱,两圆柱中间有一通孔,底板周围有四个圆柱孔。由图可知,轮盘上所有的圆都平行于正立面,因此画斜二测图比较方便,可采用特征面法。

作图步骤:(1)先作底板大圆柱及四个小圆柱孔的实形,然后将圆心向后作 45°推移,取

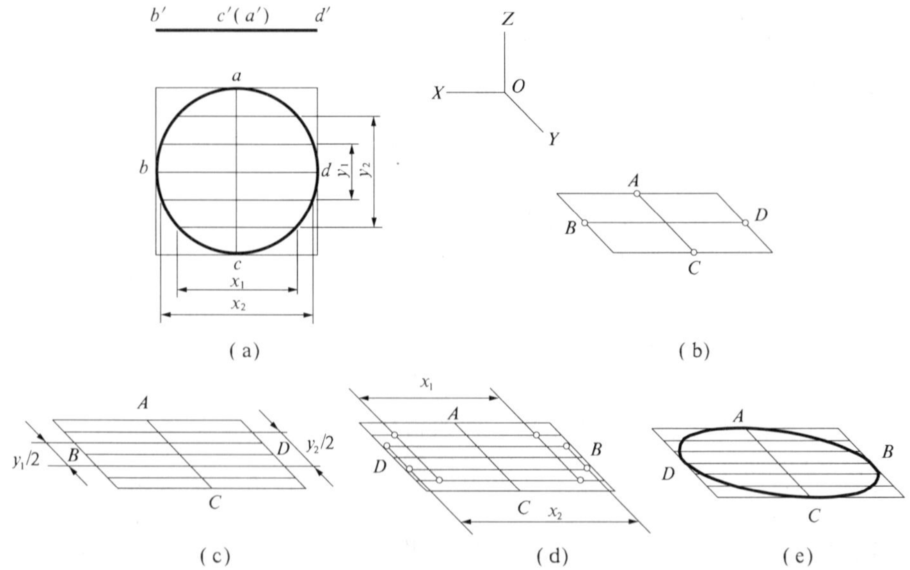

图 5-16　圆的斜二测图的画法

底板 1/2 宽度,求得底板后端面各圆的圆心,画出底板的斜二测图,如图 5-17(b)所示。

(2)在底板前端面上画出圆筒后端面的外圆,将其圆心向前方作 45°推移,取圆筒 1/2 宽度,定出圆筒前端面的圆心位置,画两个同心圆。再将小圆圆心向后方推移 1/2 轮盘(注意不是圆筒)宽度,画出圆孔可见部分的轮廓,如图 5-17(c)所示。

(3)擦去作图线,加深可见轮廓线,完成作图,如图 5-17(d)所示。

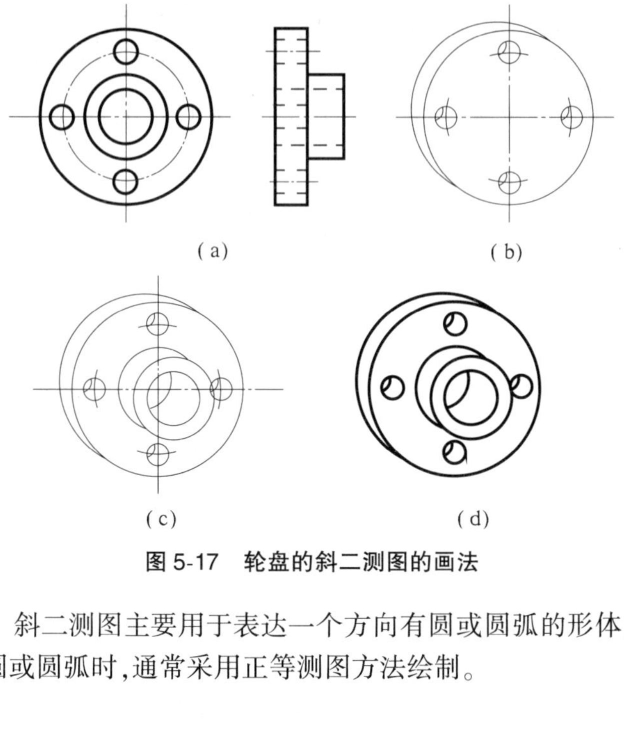

图 5-17　轮盘的斜二测图的画法

【特别提示】　斜二测图主要用于表达一个方向有圆或圆弧的形体,当形体在两个或两个以上方向有圆或圆弧时,通常采用正等测图方法绘制。

三、水平斜轴测图

当轴测投影面与水平面(H 面)平行或重合时,所得到的斜轴测图称为水平斜轴测图。

水平斜轴测图能反映物体上与水平面平行的表面的实形,其轴向变化率 $p=q=1$;轴间角 $\angle XOY=90°$,$\angle XOZ$、$\angle YOZ$ 常随投影方向与水平面倾角的变化而变化,为便于作图,一般取 Z 轴为竖直方向,Y 轴与水平方向的夹角为30°或60°,如图5-18所示。

由于水平斜轴测图能反映出物体的水平面实形,又便于度量,因此在工程上常用来表达建筑群体的平面布置情况,如图5-19所示,或者用于绘制建筑物的水平剖面图,如图5-20所示。

【特别提示】 水平斜轴测图适用于表达水平面上形状较复杂的形体。

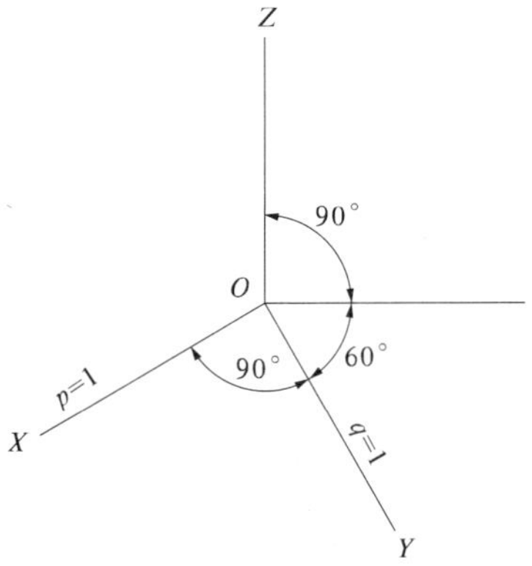

图5-18　水平斜轴测图的轴间角和轴向变化率

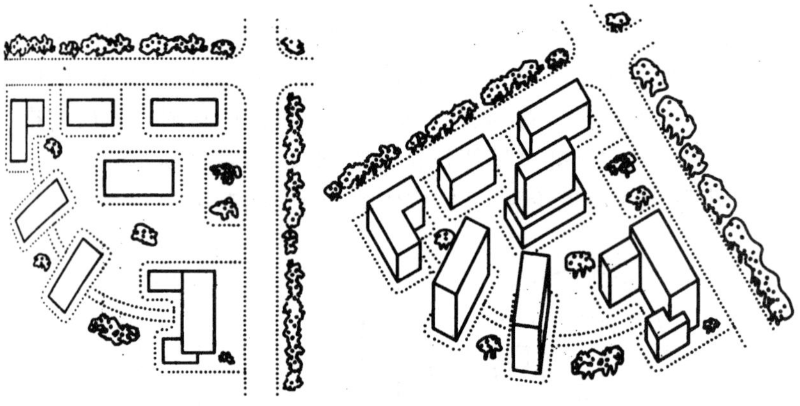

(a) 区域总平面图　　(b) 水平斜轴测投影

图5-19　建筑群平面布置图

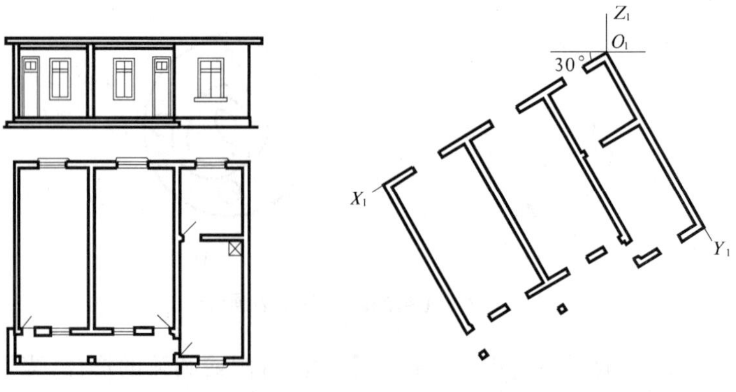

(a) 房屋平面图与立面图　　(b) 平面图的断面旋转30°

图5-20　房屋水平斜轴测图

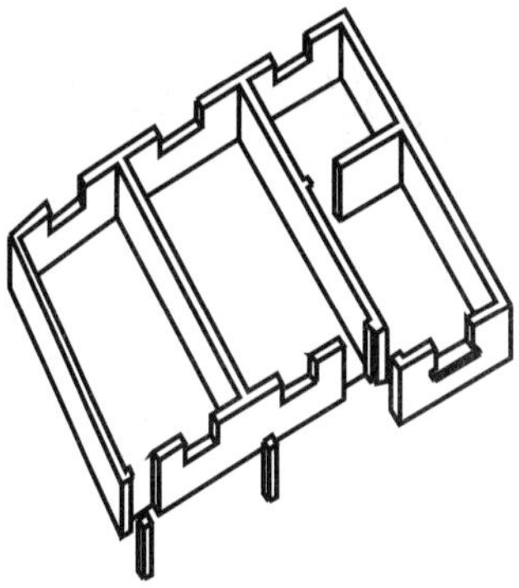

(c) 画内外墙角、门、窗、柱子

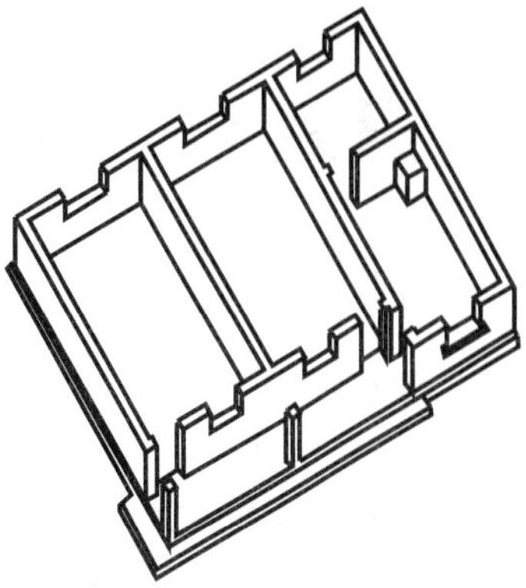

(d) 画台阶、水池完成全图

续图 5-20

【特别提示】 标注轴测图的尺寸时,包括线性尺寸、圆直径尺寸、角度尺寸等,均应标注在其所在的坐标面内;线性尺寸起止符号宜用小圆点,直径、半径、角度尺寸起止符号用箭头。

本章小结

本章主要介绍了轴测图的基本知识和绘制方法,通过本章的学习,要求掌握如下内容:

(1) 轴测图的基本参数有轴测轴、轴间角和轴向变化率,轴测图的基本种类有正轴测图和斜轴测图。不同种类的轴测图,其基本参数不同,应注意区分。

(2) 投影方向垂直于轴测投影面所形成的轴测图称正轴测图。正等测图的画法有坐标法、特征面法、叠加法和切割法,平行于坐标面的圆的正等测图的画法为四圆心法。

(3) 投影方向倾斜于轴测投影面所形成的轴测图称斜轴测图。画斜二测图时,一般将平面体的特征面、曲面体上圆或圆弧的表面放置成平行于轴测投影面的方向进行绘制。

第六章　立体表面的交线

【学习目标】

- 了解截交线和相贯线的概念。
- 熟悉积聚性法、辅助直线法、辅助圆法的适用条件。
- 掌握截交线和相贯线的画法。

第一节　立体表面上的点

一、立体表面上点的分类

根据立体表面上点的分布位置,可将立体表面上的点分为以下几类,如图 6-1 所示。

Ⅰ类点:分布在底面边线上(如 *A* 点)或平面体棱线上、曲面体表面的轮廓素线上(如 *B* 点)。

Ⅱ类点:分布在立体具有积聚性投影的表面上(如 *C* 点)。

Ⅲ类点:分布在立体一般位置表面上(如 *D* 点)。

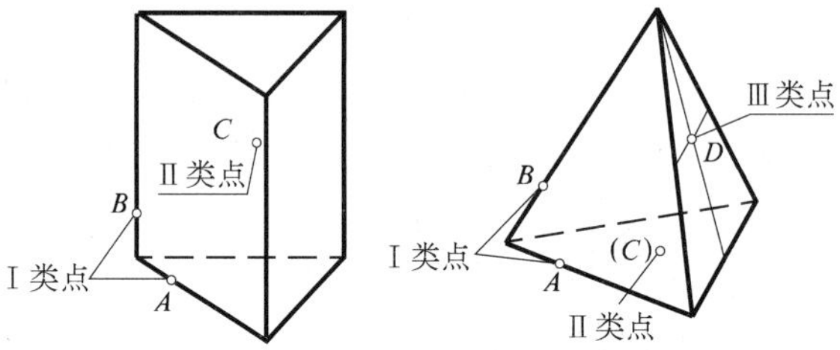

(a) 平面体表面上的点

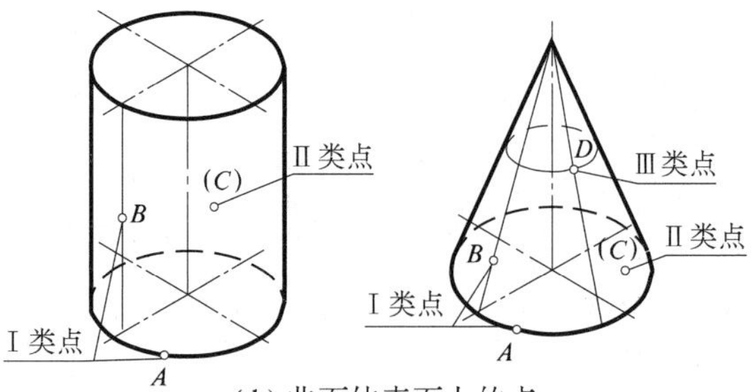

(b) 曲面体表面上的点

图 6-1　立体表面上点的分类

根据立体表面上点的位置,立体表面上点的求法分为三种情况。

Ⅰ类点:由于点在棱线上或曲面体轮廓素线上,可利用直线上点的从属性和点的投影规律直接求出。

Ⅱ类点：由于点所在表面的投影具有积聚性，可利用积聚性法直接求出。

Ⅲ类点：由于点所在表面为一般位置面，平面体可采用辅助直线法求出；曲面体可采用辅助素线法或辅助圆法求出。

二、平面体表面上的点

（一）棱柱体表面上的点

【工程案例 6-1】 如图 6-2(a)所示，已知三棱柱表面上 A、B 两点的正面投影 a'、b'，求作 A、B 两点的水平投影和侧面投影。

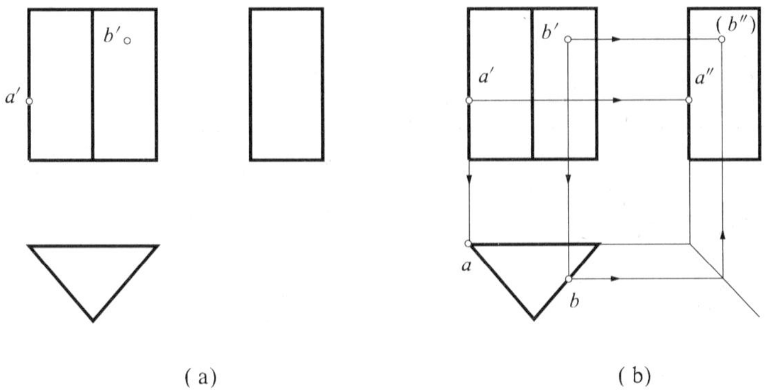

图 6-2 棱柱体表面上的点

分析：(1)A 点属于Ⅰ类点，位于三棱柱左侧的棱线上，可直接利用直线上点的从属性求出另外两面投影。

(2)B 点属于Ⅱ类点，位于三棱柱右前棱面上，此棱面水平投影积聚成直线，因此可直接求出 B 点的水平投影，再根据"高平齐、宽相等"求出侧面投影。

作图步骤：(1)作 45°辅助线。

(2)作水平投影。过 a'、b'向下作垂线，分别与左边棱线、右前棱面的积聚性投影相交即得 a、b。

(3)作侧面投影。由"高平齐、宽相等"作出侧面投影 a''、b''。

(4)判断可见性。A 点位于左侧棱线上，a、a''均可见；B 点位于右前棱面上，侧面投影不可见，所以 b''也不可见，应加括号。

【特别提示】 面的投影可见，则面上点的投影可见；面的投影不可见，则面上点的投影不可见。如果点的投影位于线、面的积聚性投影上，则不必判断可见性。

（二）棱锥体表面上的点

【工程案例 6-2】 如图 6-3(a)所示，已知三棱锥表面上 M 点的水平投影 m、N 点的正面投影 n'，求作 M、N 两点的其他两面投影。

分析：(1)M 点属于Ⅱ类点，位于三棱锥后棱面上，后棱面为侧垂面，侧面投影积聚成直线，可利用积聚性法求出。

(2)N 点属于Ⅲ类点，位于三棱柱的左前棱面上，左前棱面为一般位置平面，可利用辅助直线法求出。

作图步骤:(1)作45°辅助线。

(2)由 m 点根据“宽相等”求出侧面投影 m'',再根据“长对正、高平齐”求出正面投影 m'。

(3)作棱面 SAB 上过点 N 的水平线的三面投影。过 n' 作 $1'2'//a'b'$,在 sa 和 $s''a''$ 上定出相应的1及 $1''$,过1作 $12//ab$,过 $1''$ 作 $1''2''//a''b''$。

(4)过 n' 向下作垂线,与12的交点为 n,再由 n、n' 求出 n''。

(5)判断可见性。M 点位于后棱面上,正面投影 m' 不可见;侧面投影具有积聚性,其上面的点不必判断可见性;N 点位于左前侧面上,水平投影 n 和侧面投影 n'' 均可见。

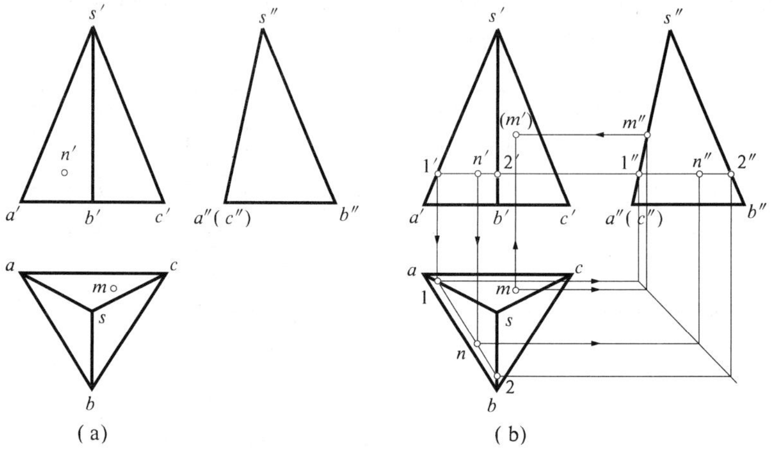

图6-3　棱锥体表面上的点

三、曲面体表面上的点

(一)圆柱体表面上的点

【工程案例6-3】　如图6-4(a)所示,已知圆柱体表面上 A、B 两点的正面投影 a'、b',求作 A、B 两点的水平投影和侧面投影。

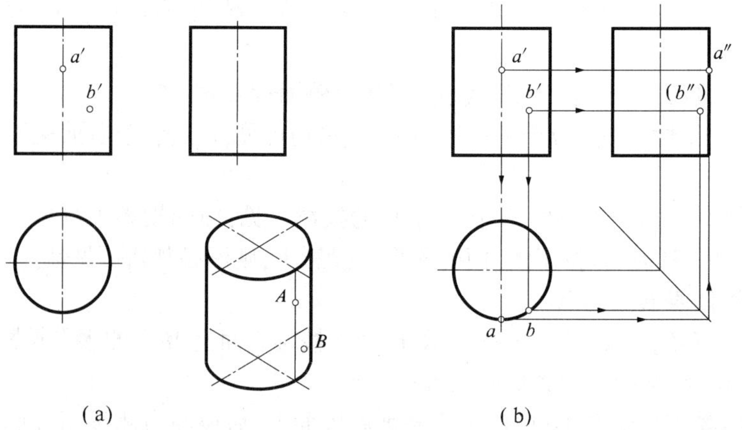

图6-4　圆柱体表面上的点

分析:a'、b' 可见,所以 A、B 两点位于前圆柱面上。圆柱面的水平投影积聚为圆,则 A、B 的水平投影 a、b 必在该圆周上,侧面投影可根据“高平齐、宽相等”求得。

作图步骤：(1)作水平投影。过 a'、b' 向下作垂线，垂线与水平投影前半个圆周的交点，即为 a、b。

(2)作侧面投影。由"高平齐、宽相等"作出侧面投影 a''、b''。

(3)判断可见性。A 点位于圆柱最前轮廓素线上，a、a'' 均可见；B 点位于右前方圆柱面上，b''不可见。

(二)圆锥体表面上的点

【工程案例 6-4】　如图 6-5(a)所示，已知圆锥表面上 A、B 两点的正面投影 a'、b'，求作 A、B 两点的水平投影和侧面投影。

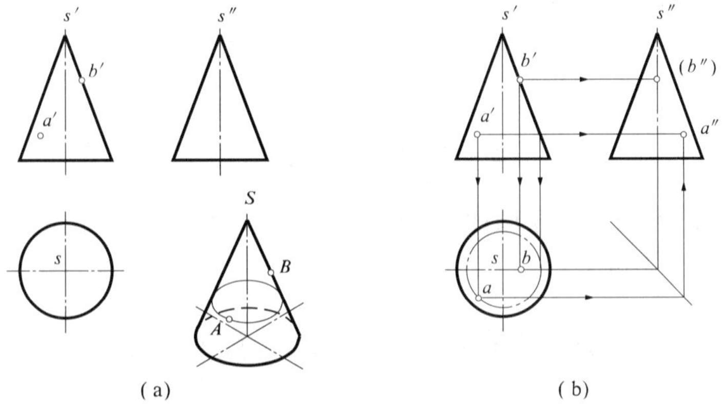

图 6-5　圆锥体表面上的点

分析：(1)A 点属于Ⅲ类点，位于圆锥体的锥面上，需采用辅助圆法求得。

(2)B 点属于Ⅰ类点，位于圆锥最右边的轮廓素线上，可直接利用直线上点的从属性求得。

作图步骤：(1)过 b' 向下作垂线，与水平投影中心线的交点即为 b 点；过 b' 向右作水平线，与侧面投影中心线的交点即为 b''。

(2)过 a' 作水平线，与圆锥左右轮廓素线相交，得到过 A 点的水平辅助圆的半径 R。在水平投影上以 s 为圆心，以 R 为半径，作辅助圆的水平投影，前半圆与过 a' 的垂线的交点即为 a；再由"高平齐、宽相等"求得 a''。

(3)判断可见性。A 点位于左前方的圆锥面上，a、a''均可见；B 点位于最右轮廓素线上，b 可见，b''不可见。

(三)圆球体表面上的点

【工程案例 6-5】　如图 6-6(a)所示，已知圆球表面上 A 点的正面投影 a'、B 点的水平投影 b，求作 A、B 两点的其他两面投影。

分析：(1)A 点属于Ⅲ类点，位于球面的左前上方，需采用辅助圆法。

(2)B 点属于Ⅰ类点，位于圆球前后方向轮廓圆的右上部，可直接利用从属性求得。

作图步骤：(1)过 b 向上作垂线，与正面投影的圆周上半部的交点即为 b' 点；过 b' 向右作水平线，与侧面投影竖直中心线的交点即为 b''。

(2)过 a' 作水平线，与轮廓圆相交，得到过 A 点的水平辅助圆的半径 R。以水平投影的圆心为圆心，以 R 为半径，作辅助圆的水平投影。过 a' 向下作垂线与辅助圆前半圆周的

交点即为 a；再由"高平齐、宽相等"求得 a''。

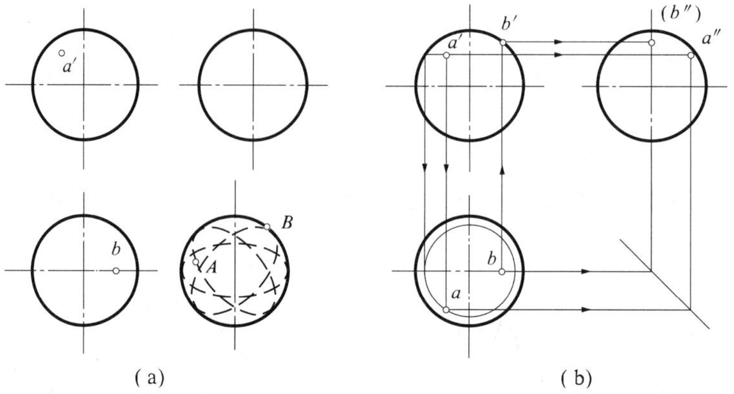

图 6-6　圆球体表面上的点

(3)判断可见性。A 点位于圆球的左前上方，a、a''均可见；B 点位于前后方向轮廓圆的右上部，b'可见，b''不可见。

第二节　立体表面截交线

立体被平面截切所产生的表面交线称为截交线。通常把用来截切立体的平面称为截平面，被截断的立体称为截断体，截交线所围成的平面区域称为截断面。截交线具有如下特性：

(1)截交线为封闭图形。

(2)截交线具有共有性。截交线既在截平面上，又在立体表面上，截交线是截平面与立体表面的共有线，截交线上的点都是截平面与立体表面的共有点。

因此，求截交线就是求截平面与立体表面的共有点和共有线。

一、平面体表面截交线

平面体的截交线一般是平面多边形，如图 6-7 所示。多边形的各个顶点是截平面与参与截交的棱线(或底面边线)的交点。因此，求截交线时，可先求出各棱线(或底面边线)与截平面的交点，然后依次连成多边形并判别可见性即可。

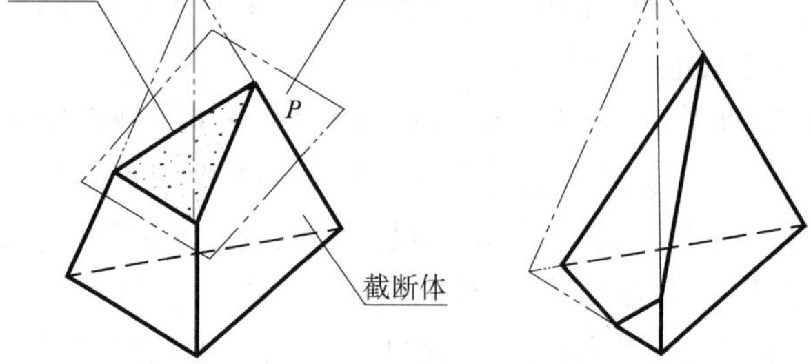

图 6-7　平面体截交线

【工程案例 6-6】　如图 6-8(a)所示,已知正三棱锥被一个正垂面截切,试完成另两面投影。

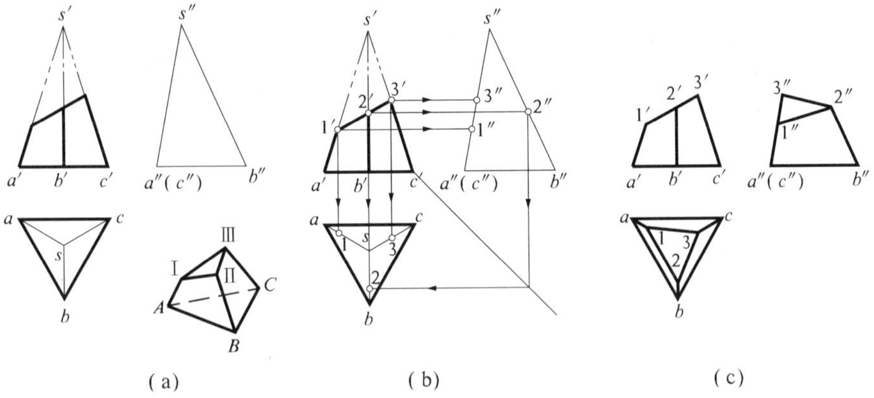

图 6-8　求三棱锥的截交线

分析:三棱锥被一个正垂面截切,参与截交的有三条棱线,截交线为三角形,三角形的顶点Ⅰ、Ⅱ、Ⅲ是三条棱线与截平面的交点。截交线的正面投影已知,利用“直线上点的从属性”可求各交点的另外两面投影。

作图步骤:(1)在正面投影上标出交点 1′、2′、3′。

(2)作侧面投影。过 1′、2′、3′向右作水平线与各棱线的侧面投影相交得 1″、2″、3″。

(3)根据“长对正、宽相等”作各点的水平投影 1、2、3。

(4)依次连接各点的同面投影,擦去被切掉的棱线,加深图形轮廓线,完成作图。

【工程案例 6-7】　如图 6-9(a)所示,已知正六棱柱被截切后的正面投影和水平投影,试作其侧面投影。

分析:正六棱柱被两个平面截切。一个截平面是侧平面,截交线为矩形,其正面投影和水平投影都积聚成直线,侧面投影反映实形;另一个截平面是正垂面,截交线为七边形,其正面投影积聚成斜线,水平投影和侧面投影为类似形。两个截平面相交,交线为正垂线。

作图步骤:(1)在正面投影上标出各棱线及上底面与截平面的交点、两截平面交线的端点。

(2)在水平投影上标出各棱线及上底面与截平面的交点、两截平面交线的端点。

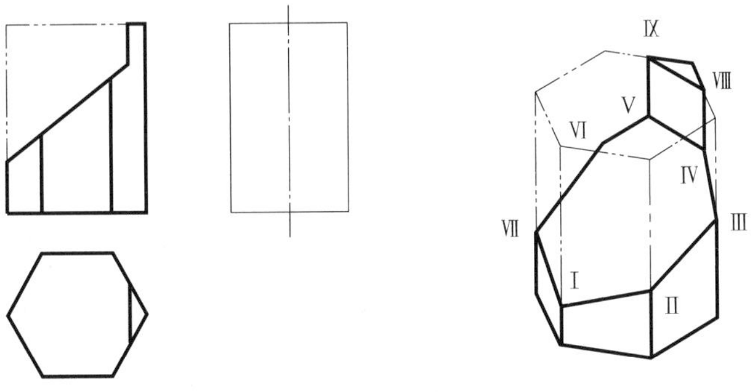

(a)已知条件

图 6-9　求六棱柱的截交线

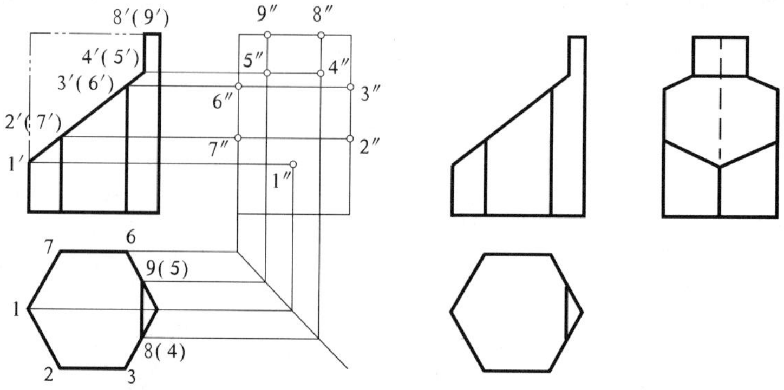

(b)作图过程　　　　(c)作图结果

续图 6-9

(3)利用“高平齐、宽相等”求出各点的侧面投影。

(4)依次连接各点的同面投影,擦去被切掉的棱线,加深可见轮廓线,完成作图。

【特别提示】 注意最右端的棱线在侧面投影不可见,应画成虚线。

二、曲面体表面截交线

(一)曲面体截交线的形状

1. 圆柱

圆柱被平面截切后产生的截交线,因截平面与圆柱轴线的相对位置不同,有三种不同的形式,见表6-1。

表 6-1　平面截切圆柱体截交线形式

截平面位置	平行于轴线	垂直于轴线	倾斜于轴线
	矩形	圆	椭圆
截交线形状	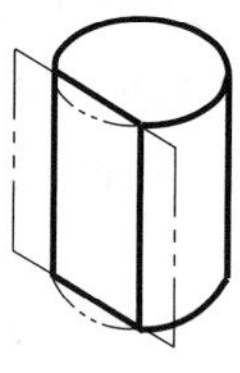	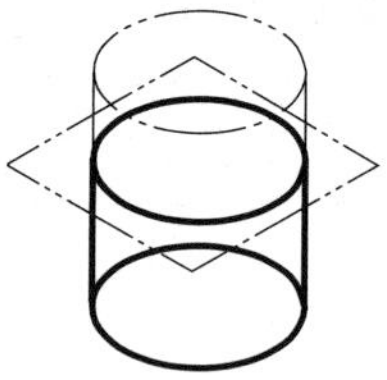	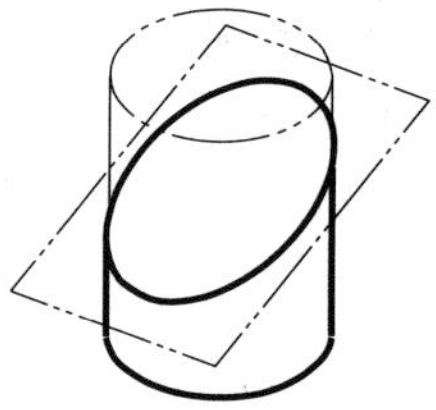
投影	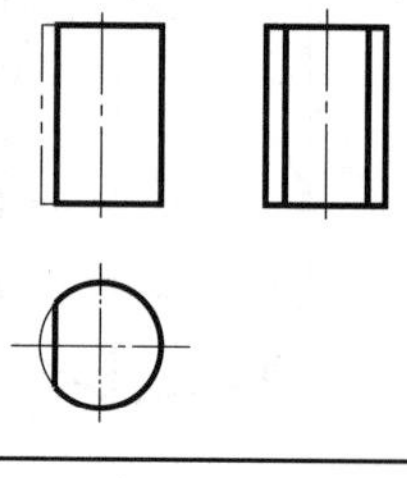	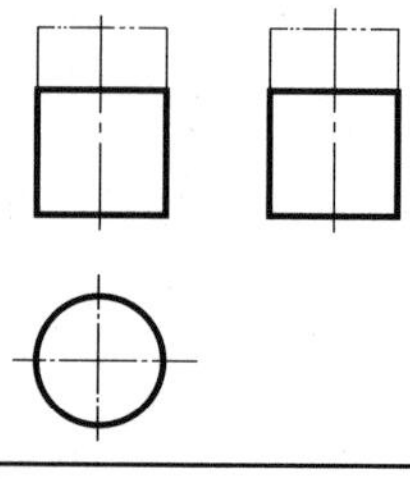	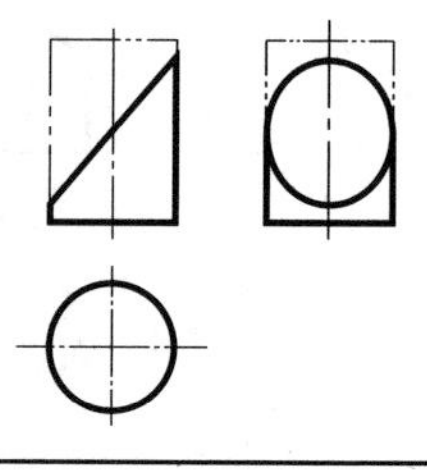

(1)当截平面平行于圆柱轴线时,截交线的形状是矩形。

(2)当截平面垂直于圆柱轴线时,截交线的形状是圆。

(3)当截平面倾斜于圆柱轴线时,截交线的形状是椭圆。

2. 圆锥

圆锥被平面截切后产生的截交线,因截平面与圆锥轴线的相对位置不同,有五种不同的形式,见表 6-2。

表 6-2　平面截切圆锥体截交线形式

截平面位置	过锥顶	垂直于轴线	倾斜于轴线且与所有素线相交	倾斜于轴线且平行于一条素线	平行于轴线
截交线形状	相交二直线	圆	椭圆	抛物线	双曲线
	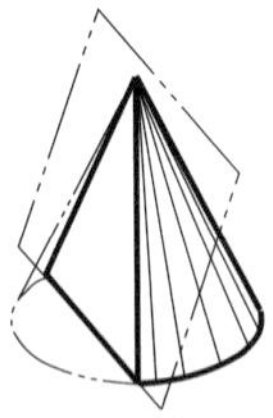	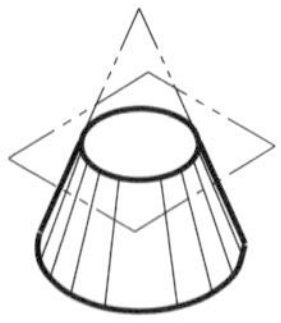	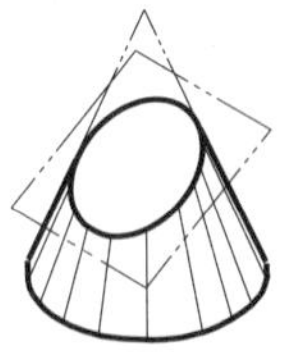	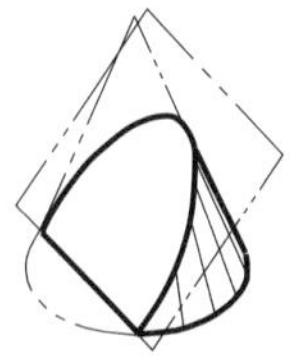	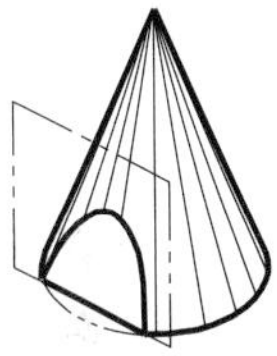
投影	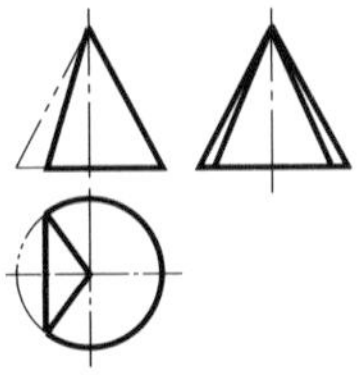	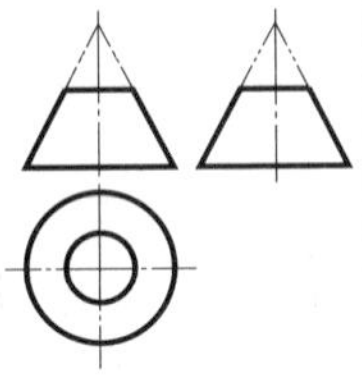	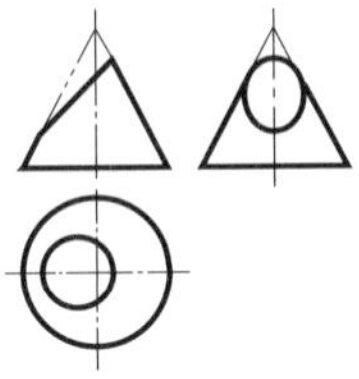	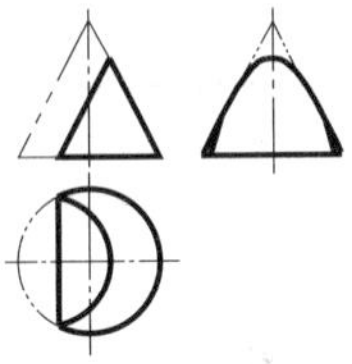	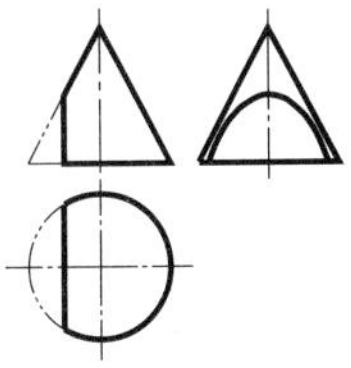

(1)当截平面通过圆锥顶点时,截交线的形状是相交二直线。

(2)当截平面垂直于圆锥轴线时,截交线的形状是圆。

(3)当截平面倾斜于圆锥轴线且和圆锥表面所有素线相交时,截交线的形状是椭圆。

(4)当截平面倾斜于圆锥轴线且和圆锥表面一条素线平行时,截交线的形状是抛物线。

(5)当截平面平行于圆锥轴线时,截交线的形状是双曲线。

3. 圆球

圆球被任意平面截切,其截交线都是圆。当截平面与投影面平行时,截交线在所平行的投影面上的投影为圆,其余两面投影积聚为直线,直线的长度等于圆的直径,直径的大小与截平面到球心的距离有关,如图 6-10 所示。

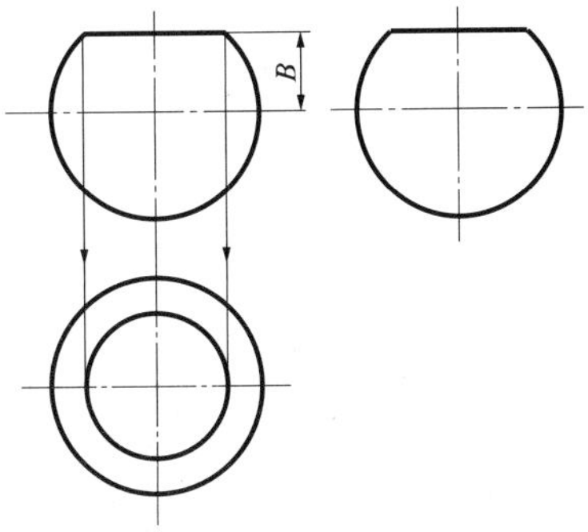

图 6-10　水平面截切球体

(二)曲面体截交线的画法

求作曲面体截交线投影时,分为以下两种情况:

(1)当截交线为直线或是平行于投影面的圆时,可由已知条件根据投影规律直接求出。

(2)当截交线为椭圆、抛物线、双曲线等非圆曲线或非投影面平行于圆时,需求出曲面和截平面上的一系列共有点,然后连成光滑曲线。

在求作非圆曲线截交线投影时,为了使所求的截交线形状准确,应首先求出截交线上最高、最低、最左、最右、最前、最后六个方位控制点及截交线与体轮廓素线的交点(转向点),截交线上的六方位控制点及与体轮廓素线的交点(转向点)称为截交线上的特殊点,其余的点称为截交线上的中间点。

【工程案例 6-8】 如图 6-11(a)所示,圆柱被正垂面截切,求作截交线的投影。

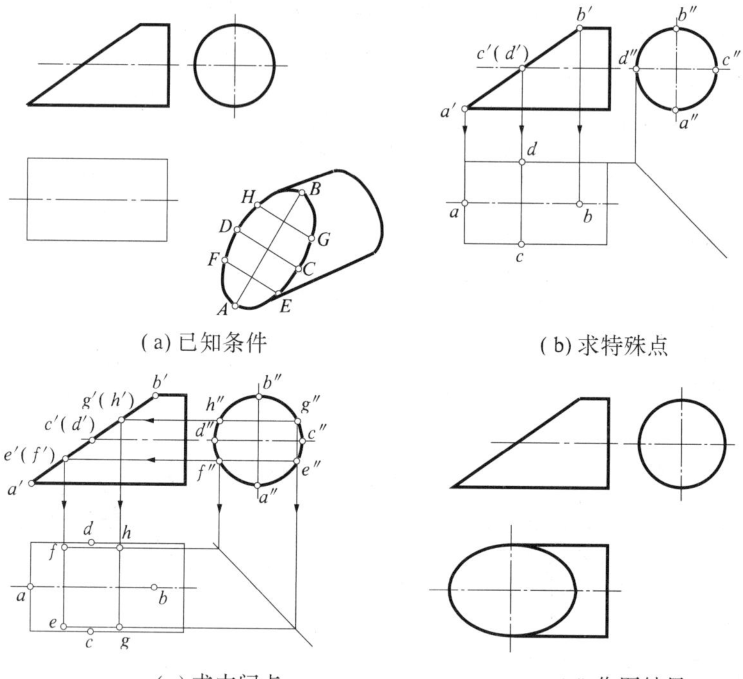

(a) 已知条件　　(b) 求特殊点

(c) 求中间点　　(d) 作图结果

图 6-11　平面截切圆柱体

分析:圆柱被正垂面截切,截交线为椭圆。椭圆上有四个特殊点 A、B、C、D,分别是截平面与圆柱下、上、前、后四条轮廓素线的交点,又是椭圆长、短轴的端点(长轴 AB 为正平线,短轴 CD 为正垂线)。椭圆的正面投影积聚为一条斜线,侧面投影是圆,只需求水平投影。

作图步骤:(1)求特殊点。在侧面投影圆上标出 a''、b''、c''、d'',再对应在正面投影上标出 a'、b'、$c'(d')$,然后根据投影规律求出水平投影 a、b、c、d,如图 6-11(b)所示。

(2)求中间点。中间点可任意取,但为了作图方便,通常是取几个对称点。如图 6-11(c)所示,首先在侧面投影上标出 e''、f''、g''、h'',再对应在正面投影上标出 $e'(f')$、$g'(h')$,然后根据投影规律求出水平投影 e、f、g、h 。

(3)依次光滑连接各点水平投影,擦去被切掉的部分,加深可见轮廓线,完成作图,如图 6-11(d)所示。

【特别提示】 当截平面与水平投影面倾斜 45°时,截交线椭圆的水平投影为圆。

【工程案例 6-9】 如图 6-12(a)所示,圆锥被正垂面截切,求作截交线的投影。

分析:圆锥被正垂面切断所有素线,截交线为椭圆。该截交线上有 A、B、C、D、E、F 六个特殊点,其中 A、B 两点既是圆锥最右、最左轮廓素线上的点,又分别是椭圆长轴的两端

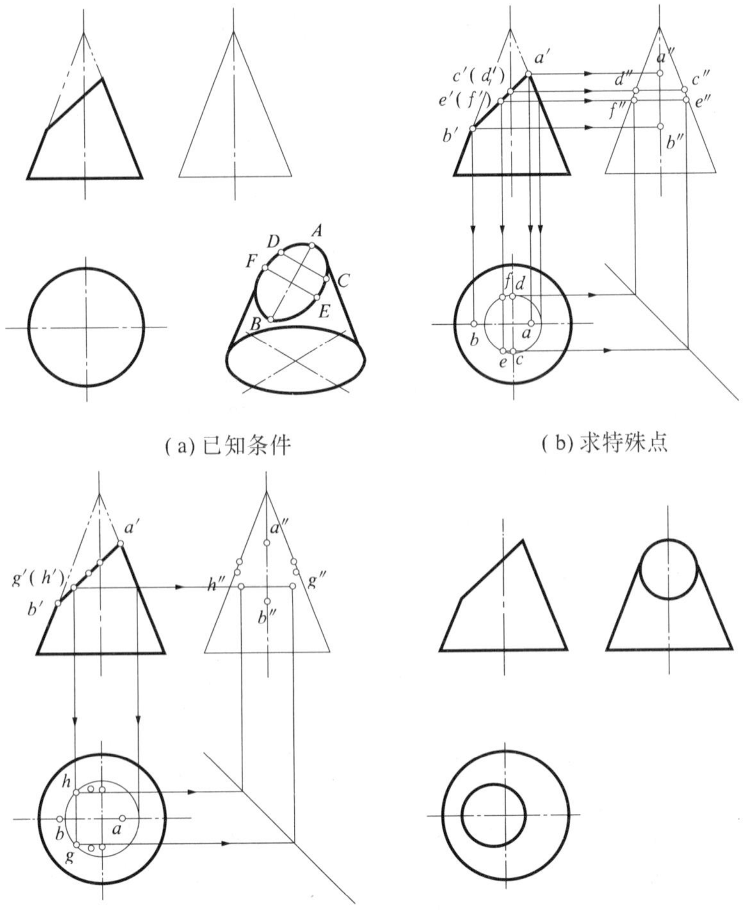

(a) 已知条件　　(b) 求特殊点

(c) 求中间点　　(d) 作图结果

图 6-12　正垂面截切圆锥体的截交线

点和截交线的最高、最低点；C、D 两点是圆锥最前、最后轮廓素线上的点；E、F 两点是椭圆短轴的两端点，又是截交线上最前、最后点。截交线的正面投影积聚为一条已知斜线，其水平投影与侧面投影为椭圆的类似形。

作图步骤：(1)求特殊点。在正面投影上确定六个特殊点 a'、b'、$c'(d')$、$e'(f')$ 的位置，用线上取点法求 A、B、C、D 的水平投影和侧面投影；用辅助圆法求出 E、F 的水平投影和侧面投影，如图 6-12(b)所示。

(2)求中间点。在正面投影上确定中间点 $g'(h')$，用辅助圆法求 G、H 的水平投影和侧面投影，如图 6-12(c)所示。

(3)依次光滑连接各点同面投影，擦去被切掉的部分，加深轮廓线，如图 6-12(d)所示。

【特别提示】　侧面投影中，最前、最后轮廓素线画至 C、D 两点。

【工程案例 6-10】　如图 6-13(a)所示，已知半球被截切后的正面投影，试完成其水平投影和侧面投影。

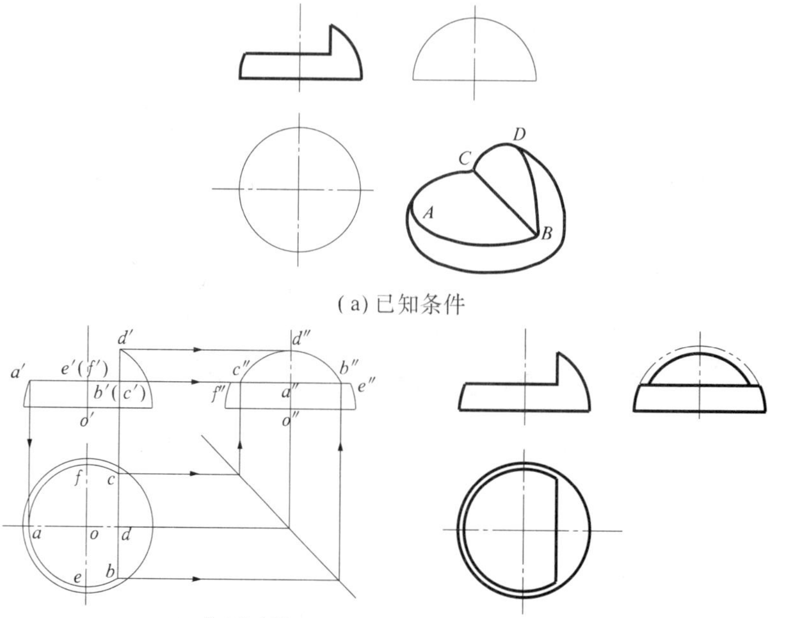

(a)已知条件

(b)作图过程

(c)作图结果

图6-13　平面截切半球体的截交线

分析:半球被两个平面截切。一个截平面是水平面,截交线为水平圆弧 $\overset{\frown}{CAB}$,水平投影反映实形,侧面投影积聚为一条直线;另一个截平面是侧平面,截交线为侧平圆弧 $\overset{\frown}{BDC}$,侧面投影反映实形,水平投影积聚为一条直线;两截平面交线 BC 为正垂线。

作图步骤:(1)求水平面与半球的截交线。在正面投影上确定 a'、$b'(c')$ 位置,过 a' 向下作垂线与水平中心线相交得 a;以 o 为圆心,以 oa 为半径画圆,过 $b'(c')$ 向下作垂线交圆于 b、c。根据"高平齐、宽相等"求得侧面投影 a''、b''、c'',圆弧 $\overset{\frown}{CAB}$ 的侧面投影积聚成一直线。

(2)求侧平面与半球的截交线。在正面投影上确定 d' 位置,过 d' 向右作水平线与竖直中心线相交得 d'';以 o'' 为圆心,以 $o''d''$ 为半径画圆,圆弧 $\overset{\frown}{BDC}$ 的水平投影积聚成直线。

(3)擦去被切掉的部分,加深可见轮廓线,如图6-13(c)所示。

第三节　立体表面相贯线

两个立体相交又称为相贯,两立体相贯时在立体表面产生的交线称为相贯线。在工程构件中,两立体相贯的情况比较常见。

相贯线的性质和特点如下:

(1)共有性:相贯线是两立体表面的共有线,也是两立体的分界线;相贯线上的点是两立体表面的共有点。

(2)封闭性:相贯线通常是封闭的空间折线或空间曲线,特殊情况下为平面曲线或折线。

一、平面体与平面体相贯

(一)相贯线形状

两平面体相交,相贯线一般情况下为空间折线,特殊情况下可为平面折线。每段折线均是一立体棱面与另一立体棱面的交线,每个转折点均是一立体棱线与另一立体棱面的交点,如图6-14所示。

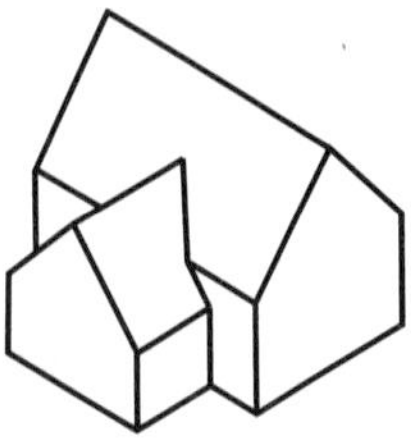

图6-14　两平面体相交

(二)相贯线画法

(1)求出一平面体棱线与另一平面体棱面的交点。

(2)将位于平面体同一棱面上的交点依次相连。

(3)判断相贯线各段的可见性。

【特别提示】 连线原则:位于平面体同一棱面上,同时又位于另一平面体同一棱面上的两点才能连接。判定可见性原则:参与相交的两个棱面均可见,相贯线亦为可见;两棱面中有一个棱面不可见,则相贯线也不可见。

【工程案例6-11】 如图6-15(a)所示,气窗与房屋坡面相交,已知 V 面、W 面投影,试完成其 H 面投影。

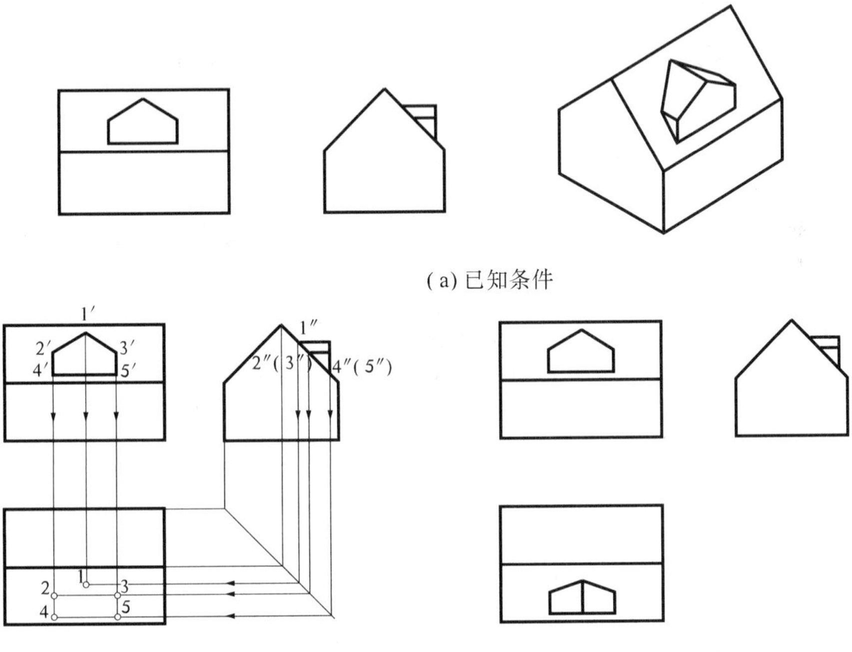

(a)已知条件

(b)作图过程

(c)作图结果

图6-15　气窗与房屋坡面的相贯线

分析:气窗与房屋前坡面相交。气窗可视为棱线垂直于 V 面的直五棱柱,相贯线的 V 面投影与气窗的 V 面投影五边形重合;房屋前坡面是侧垂面,W 面投影积聚成斜线,相贯线的 W 面投影落在此斜线上。

作图步骤:(1)根据"长对正、宽相等",作出房屋的 H 面投影。

(2)在 V 面上标注直五棱柱气窗与前坡面的交点 1′、2′、3′、4′、5′,在 W 面上标出相应的1″、2″(3″)、4″(5″)。

(3)根据点的投影规律作出水平投影1、2、3、4、5。

(4)依次连接12、24、45、53、31,并作出气窗屋脊(正垂线)的H面投影。相贯线位于房屋前坡面上,水平投影可见。

(5)检查、加深可见轮廓线,完成作图。

二、平面体与曲面体相贯

(一)相贯线形状

平面体与曲面体相交,相贯线是由若干个转折点所连接的平面曲线或平面曲线与直线的组合。每段平面曲线或直线,就是平面体上各棱面与曲面体表面的截交线;每个转折点,就是平面体的棱线与曲面体表面的交点。

(二)相贯线画法

求平面体和曲面体的相贯线,实际上就归结为求直线与曲面的交点和曲面体表面截交线的问题。

(1)利用求线、面交点的方法求出各个转折点。

(2)利用求曲面体表面截交线的方法求出每两个转折点之间的交线。

【工程案例6-12】 如图6-16(a)所示,已知圆锥薄壳基础的主要轮廓线,求作其相贯线。

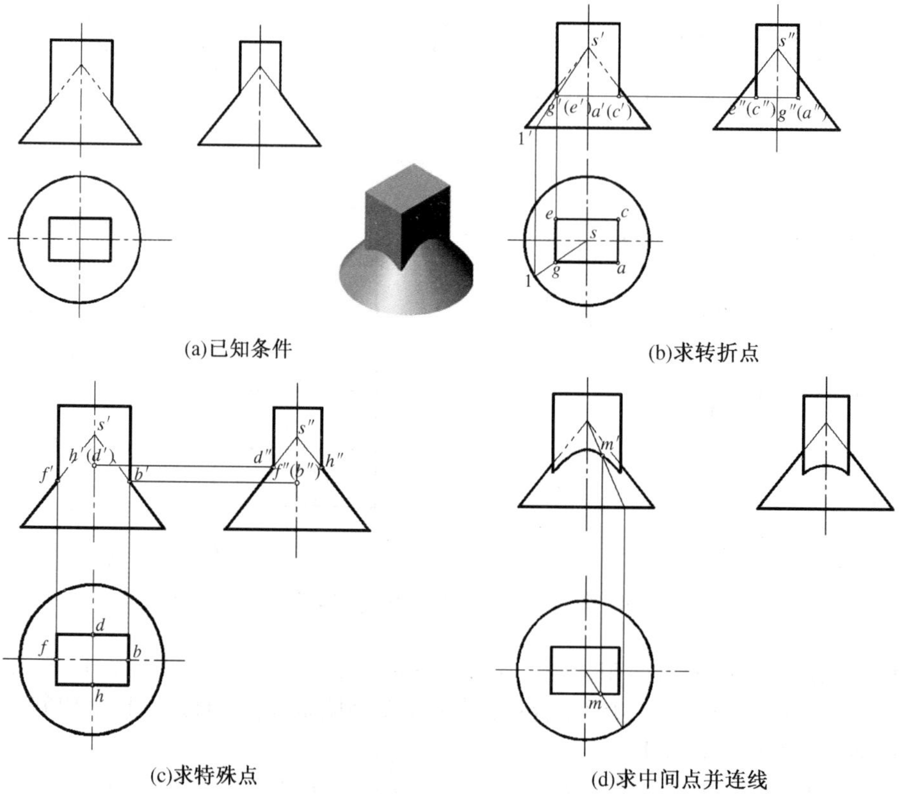

(a)已知条件　(b)求转折点　(c)求特殊点　(d)求中间点并连线

图6-16　圆锥薄壳基础的相贯线

分析：圆锥薄壳基础由直四棱柱与正圆锥相贯而成，其相贯线是由四条双曲线组成的空间曲线，这四条双曲线的转折点是四棱柱各棱线与圆锥面的交点 A、C、E、G，相贯线的水平投影已知，为四棱柱四个棱面的积聚性投影。

作图步骤：(1)作转折点投影。在水平投影上标出 a、c、e、g，连接 sg 与圆锥底面圆交于点 1，利用素线的投影作出 g'。四棱柱四条棱线与圆锥面的交点均位于同一高度，即可求出 $g'(e')$、$a'(c')$、$g''(a'')$、$e''(c'')$，它们既是各双曲线的转折点又是双曲线的最低点，如图 6-16(b)所示。

(2)前、后双曲线的最高点是圆锥面上的最前、最后轮廓素线与四棱柱前后棱面的交点 H、D；左、右双曲线的最高点是圆锥面上最左、最右轮廓素线与四棱柱左右棱面的交点 F、B，可利用轮廓素线上点的投影直接求出，如图 6-16(c)所示。

(3)利用圆锥表面上取点的方法求作双曲线上若干个中间点，如图中的点 M，如图 6-16(d)所示。

(4)光滑连接各点，判断可见性，加深图线，完成作图。

【特别提示】　在求出相贯线后应注意，凡相贯的立体的轮廓线都只画到相贯线为止。

三、曲面体与曲面体相贯

(一)相贯线形状

两曲面体相交，相贯线的形状一般为封闭的空间曲线。

(二)相贯线画法

两个相交的曲面立体中，如果其中一个是柱面立体(常见的是圆柱面)，且其轴线垂直于某投影面时，相贯线在该投影面上的投影一定积聚在柱面投影上，相贯线的其余投影可用表面取点法求出。

【工程案例 6-13】　如图 6-17(a)所示，两圆柱正交，求相贯线投影。

分析：两不等直径圆柱正交，相贯线是一条前后、左右对称的空间曲线，相贯线上有四个特殊点Ⅰ、Ⅲ、Ⅴ、Ⅶ(Ⅴ点是Ⅰ点的对称点，Ⅶ点是Ⅲ点的对称点)，如图 6-17(a)所示。相贯线在 H 面上的投影与小圆柱水平投影重合，在 W 面上的投影与大圆柱侧面投影重合，故只需求作相贯线的 V 面投影。

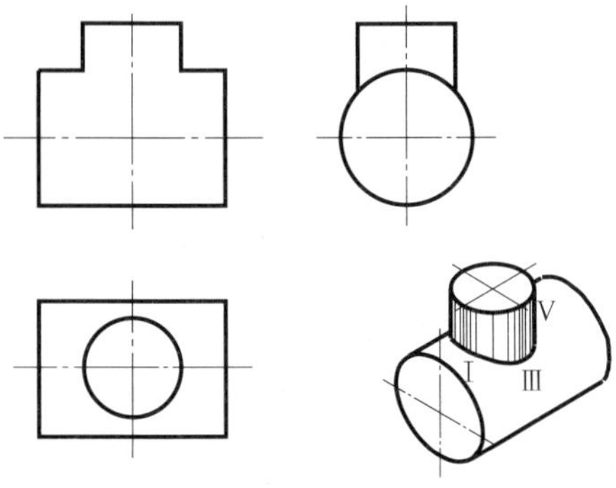

(a)已知条件

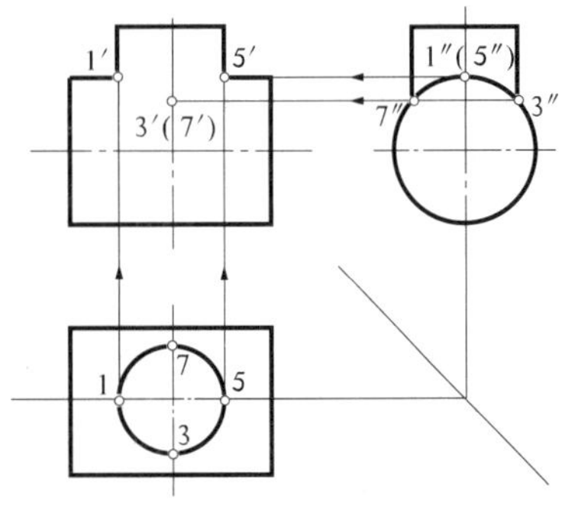

(b)求特殊点

图 6-17　两圆柱体正交的相贯线

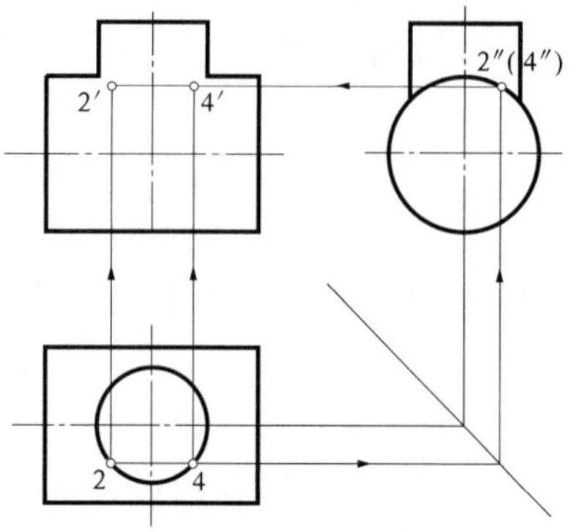

(c)求中间点

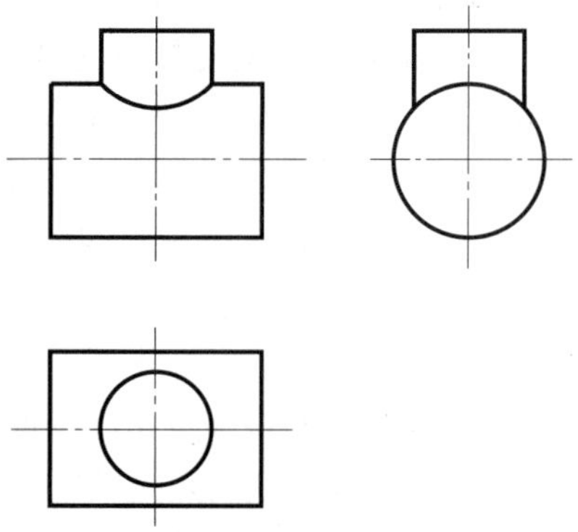
(d)作图结果

续图 6-17

作图步骤:(1)求特殊点。相贯线上的特殊点有四个,分别为Ⅰ、Ⅲ、Ⅴ、Ⅶ。Ⅰ、Ⅴ两点是相贯线上的最高点,同时也是相贯线上的最左点和最右点;Ⅲ、Ⅶ两点是相贯线上的最低点,同时也是相贯线上的最前点和最后点。标出它们的 *H* 面投影 1、3、5、7 和 *W* 面投影 1″(5″)、3″、7″,根据点的投影规律可作出 *V* 面投影 1′、5′、3′(7′),如图 6-17(b)所示。

(2)求中间点。在水平投影中标出 2、4(相贯线前后对称重影,可只求前半部的中间点),由"宽相等"标出侧面投影 2″(4″),再根据投影规律"长对正、高平齐"求出 2′、4′,如图 6-17(c)所示。

(3)依次光滑连接 1′、2′、3′、4′、5′。

(4)判断可见性。两圆柱的前半部分均为可见,可判定相贯线由 1、5 两点分界,前半部分 1′、2′、3′、4′、5′可见,后半部分不可见且与前半部分重合,如图 6-17(d)所示。

本章小结

本章主要介绍了立体表面的交线,通过本章学习,要求掌握如下内容:

(1)立体表面点的分类。当点在平面体棱线上或曲面体轮廓素线上时,可利用直线上点的从属性和点的投影规律直接求出;当点所在表面的投影具有积聚性时,可利用积聚性法直接求出;当点所在表面为一般位置面时,可利用辅助线法求出。

(2)立体被平面截切所产生的表面交线称为截交线。截交线为封闭图形;截交线是截平面与立体表面的共有线,截交线上的点是截平面与立体表面的共有点。掌握平面体、曲面体截交线的画法。

(3)两立体相交在立体表面上产生的交线称为相贯线。相贯线是两立体表面的共有线,相贯线上的点是两立体表面的共有点;相贯线通常是封闭的空间折线或空间曲线。掌握平面体与平面体相交、平面体与曲面体相交、曲面体与曲面体相交相贯线的画法。

第七章 组合体

【学习目标】

- 了解组合体的概念及组合形式。
- 熟悉形体分析法及线面分析法的适用条件。
- 掌握组合体视图的画法、识读和尺寸标注。

由若干个基本体组成的物体，称为组合体。任何复杂的建筑物都是由基本体按一定的方式组合而成的，研究组合体的投影是研究建筑形体投影的基础。

第一节 组合体的形体分析

一、形体分析法

形体分析法是以基本体为单元，先分解后综合的一种分析方法。

任何复杂的形体，都可以看成是由若干个简单的基本体组合而成的。在对组合体进行画图、读图和标注尺寸的过程中，一般都是运用形体分析法假想把组合体分解成若干基本体，然后弄清它们之间的组合方式、相对位置及表面连接关系。形体分析法是画图、读图和标注尺寸的常用方法。

二、组合体的组合形式

组合体按组合形式可分为叠加式、切割式和综合式三种。

（一）叠加式

由两个或两个以上的基本体叠加而形成的组合体称为叠加式组合体。如图 7-1(a) 所示的涵洞口，可看成是由棱柱、棱台等叠加而成的；如图 7-1(b) 所示的灯柱头则可看成

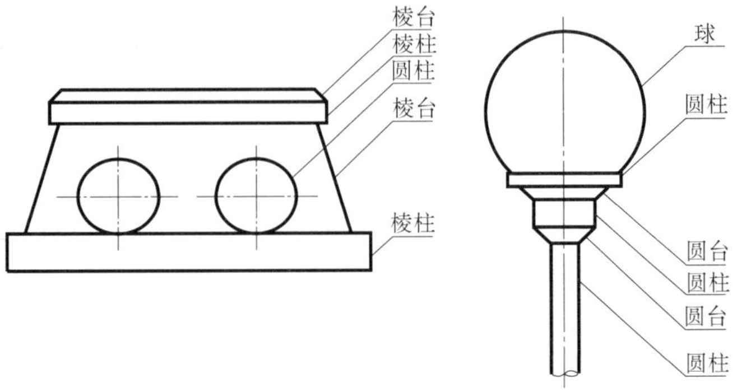

(a) 涵洞口　　(b) 灯柱头

图 7-1　叠加式组合体

是由圆柱、圆台、球等叠加而成的。

(二)切割式

由基本体切割而形成的组合体称为切割式组合体。如图7-2所示的支座,原体是直五棱柱,是在直五棱柱的前边中间切去一个梯形柱后形成的。

(三)综合式

既有形体叠加又含有形体切割成分的组合体称为综合式组合体。如图7-3所示,该形体是由长方体和直梯形柱上下叠加,再切去一个长方体后形成的。

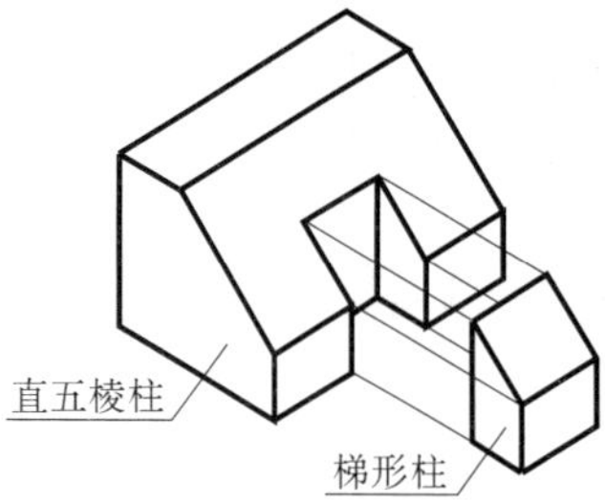

图7-2　切割式组合体

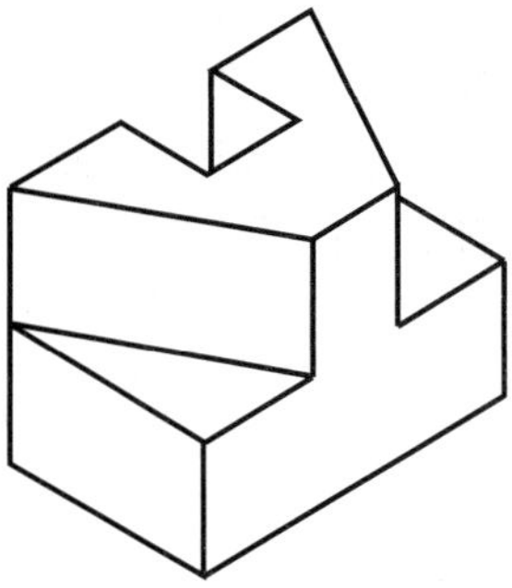

图7-3　综合式组合体

三、组合体各部分之间的表面连接关系

将组合体分解成多个基本体是假想的,组合体实际上是一个整体,所以在画组合体视图时,必须注意各部分之间的表面连接关系,才能不多画或漏画线;在读图时,也必须注意这些关系,才能想清楚整体的结构和形状。

组合体各部分之间的表面连接关系可分为相贴、相切和相交三种情况。

(一)相贴

相贴是指两基本体的平表面相互接触。两体相贴时,非相贴表面不平齐时有分界线,平齐时无分界线,如图7-4所示。

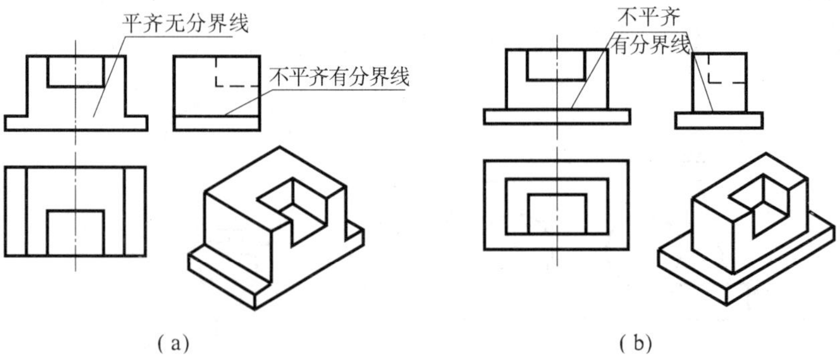

图7-4　两立体表面相贴

(二)相切

相切是指两基本体表面(平面与曲面、曲面与曲面)光滑过渡。平面与曲面、曲面与曲面相切时,在相切处无交线。如图7-5所示,该物体由空心圆柱与圆头组合柱两部分叠

加而成，组合柱的侧面与空心圆柱面相切，在相切处形成了光滑过渡，相切处无交线，因此在主视图和左视图的相切处不应画线，但应注意两个切点在主视图和左视图中的位置。

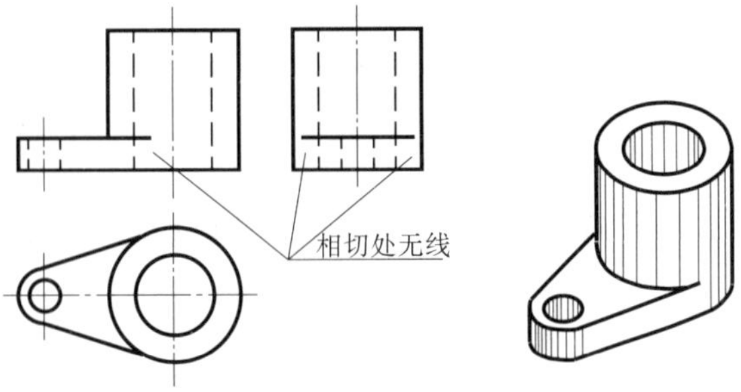

图 7-5　两立体表面相切

(三) 相交

相交是指两基本体表面彼此相交。两体相交时，相交处有交线即相贯线，相贯线应画出，如图 7-6 所示。

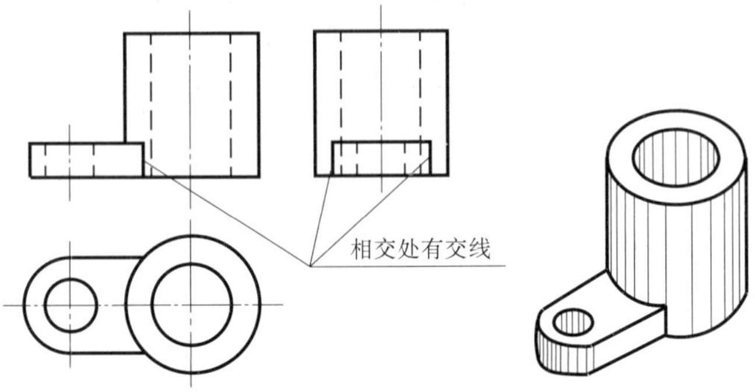

图 7-6　两立体表面相交

第二节　组合体视图的画法

由于组合体的形状一般比较复杂，所以画组合体视图，一般按照形体分析、视图选择、画图三步进行。

一、形体分析

画组合体视图之前应对组合体进行形体分析。首先分析组合体是属于哪一种组合形式(叠加、切割、综合)，由几部分组成，然后分析各部分之间的表面连接关系，从而对所要表达的组合体有一个总体认识。

二、视图选择

视图选择的原则是：用尽量少的视图把物体完整、清晰地表达出来。

(一) 确定物体的放置位置

物体通常按正常工作位置放置。为了作图方便，应尽量使物体的主要表面平行或垂直于投影面。

(二)选择主视图的投影方向

选择主视图的投影方向时,首先应考虑使主视图尽可能多地反映物体的形状特征以及各组成部分的相对位置,其次考虑尽可能减少视图中的虚线,另外,还要考虑合理地利用图纸。

(三)确定视图数量

确定视图数量的原则是:在准确、清晰地表达组合体形状、结构的前提下,视图数量应为最少。

三、画图

(一)选定比例、确定图幅

应根据组合体的大小和复杂程度,按制图标准规定选择适当的比例和图幅。选择原则是:表达清楚,易画、易读,图线不宜过密或过疏。

(二)布置视图

布置视图位置即画出各视图的基准线。基准线是画图和量取尺寸的起始线,基准线一般选用图形的对称线、较大平面的轮廓线或圆的中心线。

应使各视图均匀布局,不能偏向图纸的某一侧。各视图之间要留有适当的空隙,以便于标注尺寸。

(三)画底稿

画图时根据前面的形体分析,一个基本体一个基本体地画,且每个基本体都必须符合三视图的投影规律。

(四)检查、加深

底稿完成以后,应仔细检查是否有漏画或多画的图线,改正错误,最后加深图线,完成作图。

【特别提示】 注意各基本体之间的相对位置及各部分之间表面连接处的画法。

【工程案例 7-1】 绘制如图 7-7(a)所示组合体的视图。

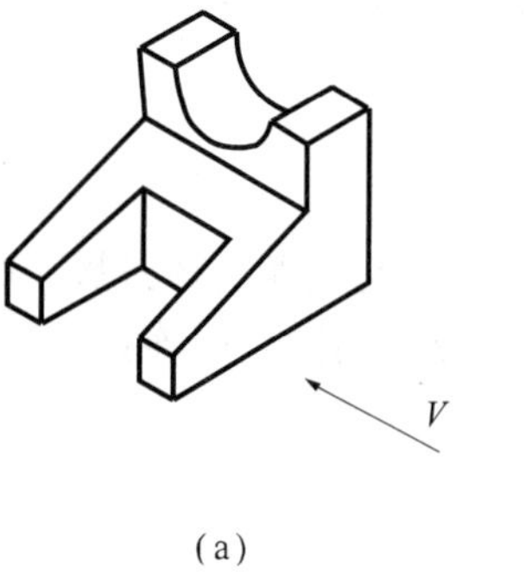

(a)

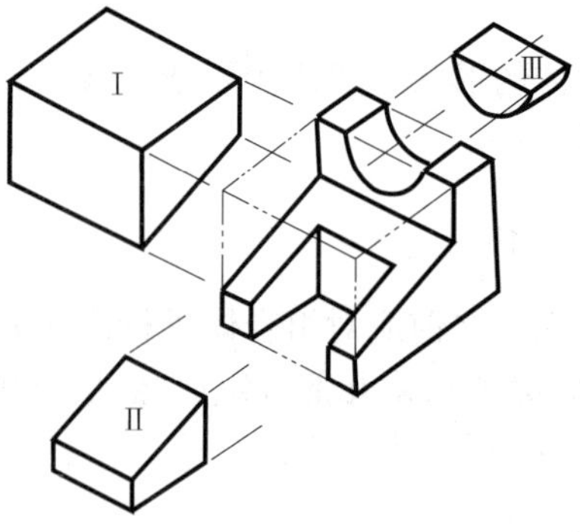

(b)

图 7-7 形体分析

分析:(1)形体分析。该形体由长方体切割而形成,如图 7-7(b)所示。先在长方体左上部切去梯形柱Ⅰ,再在形体的前边中间切去梯形柱Ⅱ,最后在形体右上部中间切去半圆柱Ⅲ。

(2)视图选择。将物体摆正放平,图7-7(a)中箭头所指方向能反映物体形状特征,选此方向为主视图投影方向。

(3)确定视图数量。梯形柱Ⅰ和Ⅱ需主视图和俯视图表达,半圆柱Ⅲ需主视图和左视图表达,因此该物体需画主视图、俯视图和左视图三个视图。

作图步骤:(1)画切割前的长方体,如图7-8(b)所示。

(2)画被切去的梯形柱Ⅰ,如图7-8(c)所示。

(3)画被切去的半圆柱Ⅲ,如图7-8(d)所示。

(4)画被切去的梯形柱Ⅱ,如图7-8(e)所示。

(5)检查、加深图线,完成作图,如图7-8(f)所示。

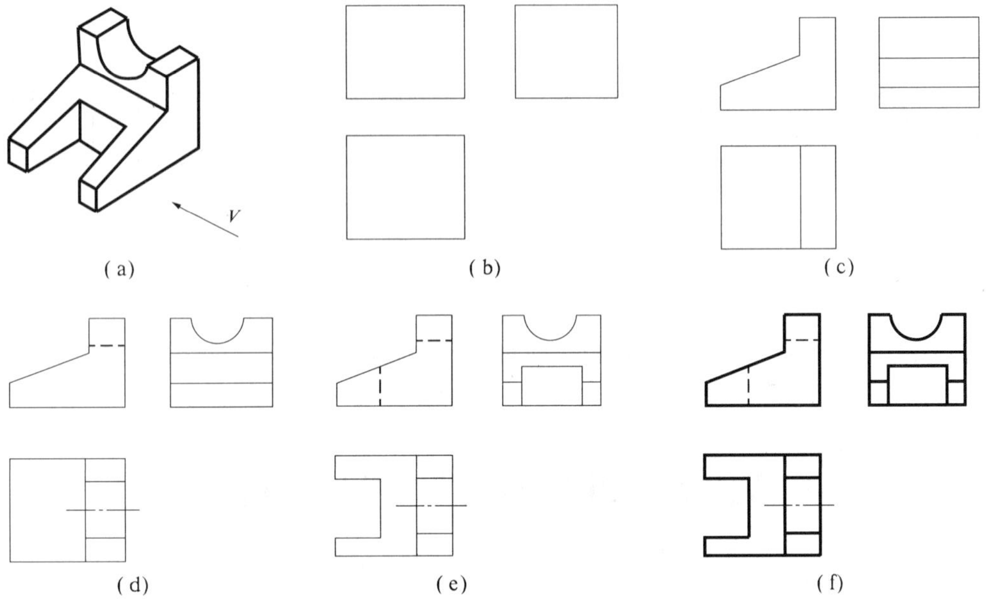

图7-8　画图步骤

【特别提示】　形体被切去梯形柱Ⅱ,在左视图中上边的轮廓线断开,而下边的轮廓线仍连续。

【工程案例7-2】　绘制如图7-9(a)所示房屋的视图。

分析:(1)形体分析。图7-9(a)所示房屋是叠加式组合体,由直五棱柱和长方体组成。直五棱柱Ⅰ和直五棱柱Ⅱ垂直相交,烟囱Ⅲ放置在直五棱柱Ⅰ前上棱面上,台阶Ⅳ放置在直五棱柱Ⅰ前棱面上。

(2)视图选择。按使用位置进行放置,主视图投影方向按图7-9(a)所示箭头所指方向。

(3)确定视图数量。直五棱柱Ⅰ需主视图和左视图表达,直五棱柱Ⅱ和烟囱Ⅲ、台阶Ⅳ需主视图和俯视图表达,因此选择主视图、俯视图和左视图三个视图来表达该房屋。

作图步骤:(1)选定比例、确定图幅。

(2)布置视图、画出各图基准线。

(3)先画直五棱柱Ⅰ,再画直五棱柱Ⅱ,最后画烟囱Ⅲ和台阶Ⅳ。作图步骤如图7-9(b)、(c)、(d)所示。

(4)检查、加深图线,如图7-9(e)所示。

【特别提示】 叠加式组合体按先大后小、先下后上、先整体后细节的顺序作图。

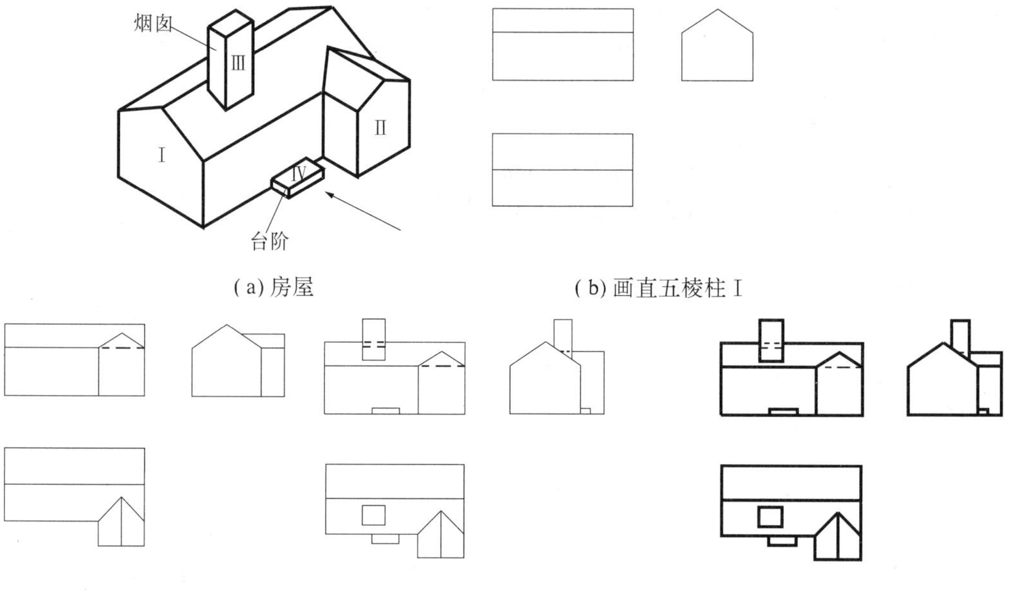

(a)房屋　(b)画直五棱柱Ⅰ

(c)画直五棱柱Ⅱ　(d)画烟囱Ⅲ和台阶Ⅳ　(e)检查、加深图线

图7-9　房屋画图步骤

第三节　组合体视图的尺寸标注

一、尺寸标注的基本要求

标注尺寸的基本要求是:正确、完整、清晰、合理。

正确指的是尺寸标注要符合制图标准的规定。

完整指的是所标注尺寸能够完全确定物体的大小及各部分的相对位置,即定形尺寸、定位尺寸、总体尺寸要标注齐全。

清晰是指所标注的尺寸清楚、整齐,便于读图。尺寸一般宜注写在反映物体形状特征的投影图上,尽量避免在虚线上标注尺寸;尺寸应尽可能标注在图形轮廓线外面,但某些细部尺寸允许标注在图形内;表达同一几何形体的定形、定位尺寸,应尽量集中标注;与两视图有关的尺寸最好注在两视图之间。

合理是指所标注的尺寸既能满足设计要求,又方便施工。

二、基本体的尺寸标注

组合体由基本体组成。要对组合体进行尺寸标注,首先应掌握基本体的尺寸注法。

标注基本体的尺寸时,应按照基本体的形状特点进行标注。图7-10所示是几种常见基本体的尺寸标注法。

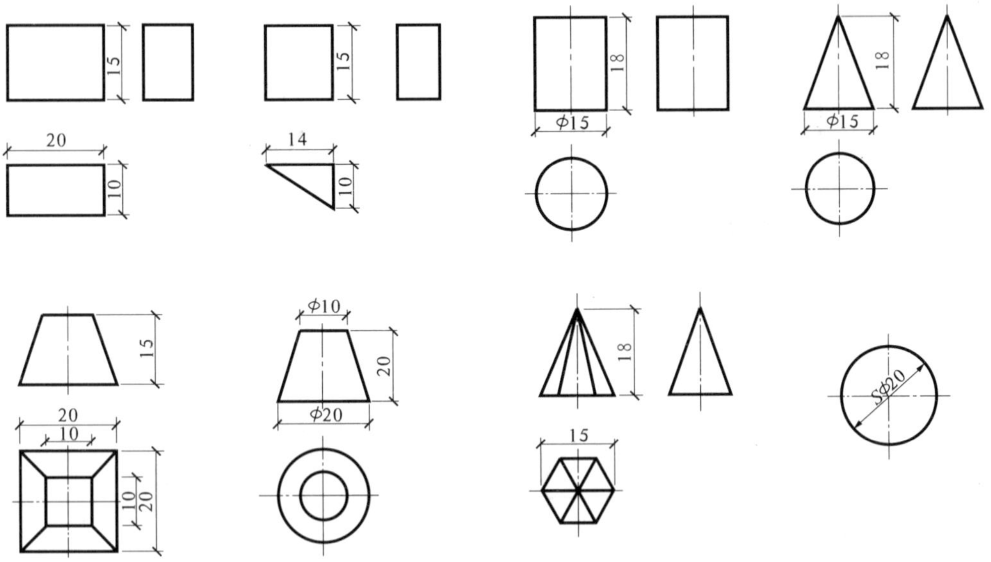

图 7-10　基本体的尺寸标注

(一)需要标注的尺寸

(1)柱体、台体需标注底面形状尺寸和两底面之间的距离尺寸。

(2)锥体需标注底面形状尺寸和底面与锥顶之间的距离尺寸。

(3)圆球体只需标注球面直径尺寸。

(二)需要注意的问题

基本体上同一处的尺寸在视图上只能标注一次。如圆柱底面直径φ 15 标注在主视图上,在俯视图圆上就不能再标注直径尺寸了。

三、切割式组合体尺寸标注

标注组合体尺寸,首先要进行形体分析。对于切割式组合体,在标注尺寸时,应分析该切割体原体是什么,是如何被切割的,然后确定尺寸基准,并依次进行尺寸标注。

(一)需要标注的尺寸

切割体需要标注的尺寸是原体尺寸和截平面的位置尺寸。

(二)需要注意的问题

切割体上截断面的形状不标注尺寸。因为截平面位置一旦确定,其截交线自然形成。

【工程案例 7-3】　标注如图 7-11 所示组合体的尺寸。

分析:该组合体是切割体,原体是直五棱柱,用三个截平面(两个侧平面,一个水平面)在直五棱柱上方正中切了一个通槽。

作图步骤:(1)标注原体尺寸。原体直五棱柱需标注底面形状尺寸(29、9、9、29)和两底面间距(46),如图 7-11(b)所示。

(2)标注截平面位置尺寸。水平截面位置只需标注尺寸 12,两侧平截面沿物体中心左右对称分布,所以只需标注两截面水平距离尺寸16,截平面位置尺寸应标注在主视图槽口上,如图7-11(c)所示。

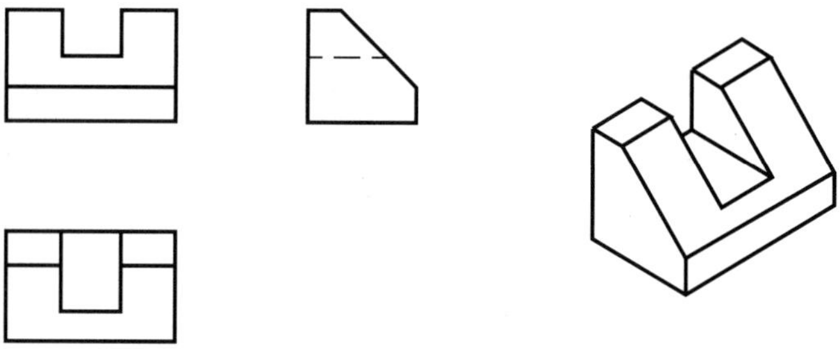

(a)已知条件

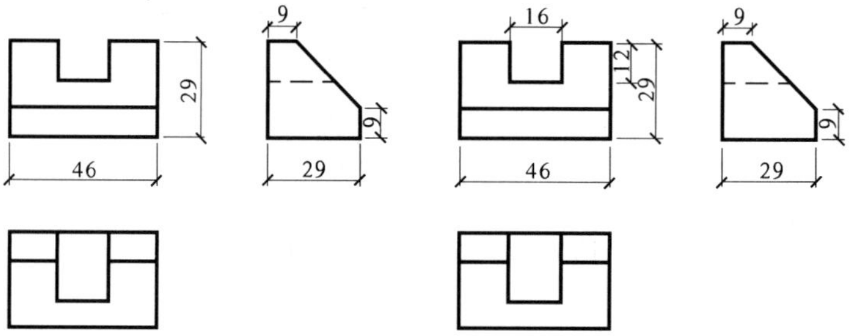

(b)原体尺寸　　　　(c)标注结果

图7-11　切割体的尺寸标注

【特别提示】 该切割体的形状和大小由这七个尺寸完全确定,俯视图中的截交线不能再标注尺寸。

四、叠加式组合体尺寸标注

标注叠加式(综合式)组合体的尺寸,也应先进行形体分析,分析该叠加体由几部分组成,各部分间的叠加方式及相对位置,然后按画图的思路逐部分进行标注。

(一)需要标注的尺寸

需要标注各部分的定形尺寸、定位尺寸及组合体的总体尺寸。

(二)需要注意的问题

相贯线形状不标注尺寸。因为两相交立体形状及位置一旦确定,其相贯线自然形成。

【工程案例7-4】 标注如图7-12(a)所示组合体的尺寸。

分析:该组合体由长方体Ⅰ、梯形柱Ⅱ和长方体Ⅲ三部分叠加而成,如图7-12(b)所示。

作图步骤:(1)标注各部分定形尺寸。长方体Ⅰ需标注长、宽、高三个定形尺寸,分别为a、b、c;梯形柱Ⅱ需标注四个定形尺寸,分别是d、e、f、d_2;长方体Ⅲ需标注三个定形尺寸,分别为b、e、g,如图7-12(c)所示。

(2)标注各部分定位尺寸。长方体Ⅲ放置在长方体Ⅰ上,前后对齐,所以只需标注左

右方向定位尺寸 k；梯形柱Ⅱ位于长方体Ⅰ的上方、长方体Ⅲ的左侧，前后位置对称，不需标注定位尺寸，如图 7-12(d)所示。

(3)标注总体尺寸。总长、总宽、总高分别为 a、b、h，如图 7-12(e)所示。

(4)检查核对。长度方向 d_2、d、g、k 与 a 形成重复尺寸，删去一个定形尺寸 d_2；高度方向 c、e 与 h 形成重复尺寸，删掉一个定形尺寸 e。标注结果如图 7-12(f)所示。

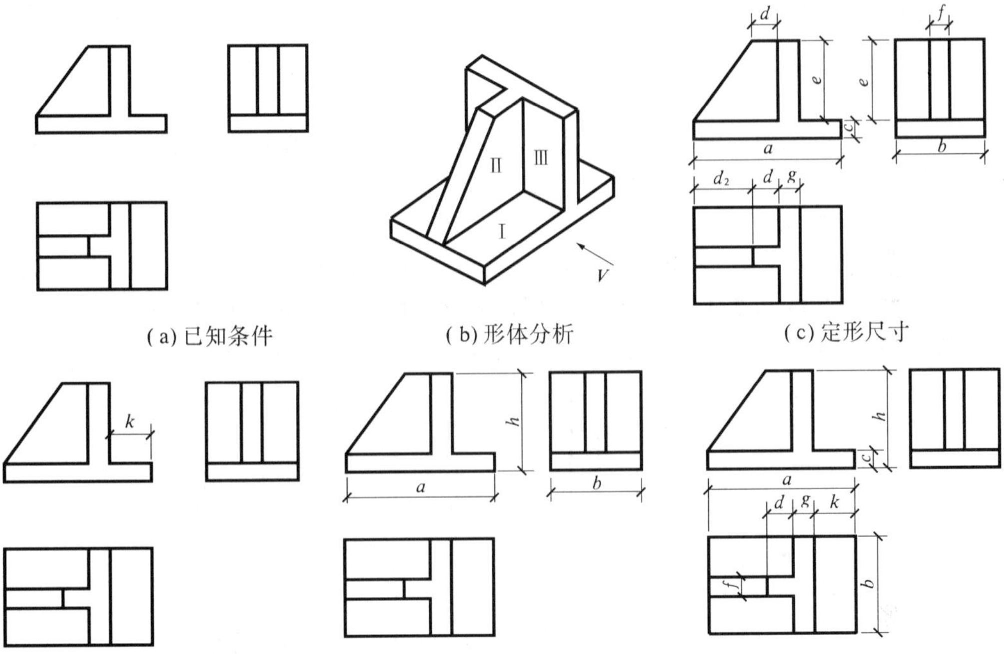

(a)已知条件　(b)形体分析　(c)定形尺寸

(d)定位尺寸　(e)总体尺寸　(f)标注结果

图 7-12　叠加体的尺寸标注

第四节　组合体视图的识读

读图是画图的逆过程。读图时根据已知视图，运用投影原理、三视图投影规律及基本体三视图的图形特征，正确分析视图中的每条图线、每个线框所表示的投影含义，综合想象出组合体的空间形状。

一、读图的基本知识

(一)掌握读图的准则

由于一个视图不能确定物体的形状，因此读图时应以主视图为中心，将各视图联系起来看。

(二)熟记读图的依据

三视图的投影规律、基本体三视图的图形特征和各种位置直线、平面的投影特性是读图的依据，只有熟练地掌握它们，才能读懂各类物体的图形。

(三)弄清图中线和线框所代表的含义

(1)视图中的图线可表示:面与面交线的投影,平面或柱面的积聚性投影,曲面轮廓素线的投影。

(2)视图中封闭的线框可表示:体的投影,孔洞的投影,面的投影。面可能是平面、曲面,也可能是平曲组合面。

两线框如有公共线,则两个面一定相交或错开;而线框里的线框,不是凸出的表面,就是凹进去的表面,或者是通孔。

二、读图的基本方法

读图是画图的反向思维过程,所以读图的方法与画图是相同的。读图的基本方法也是形体分析法,遇难点部分辅以线面分析法。

(一)形体分析法

形体分析法读图是以基本体为读图单元,将组合体视图分解为若干简单的线框,然后判断各线框所表达的基本体的形状,再根据各部分的相对位置综合想象整体。

【工程案例 7-5】 根据图 7-13(a)所示组合体三视图,想象其空间形状。

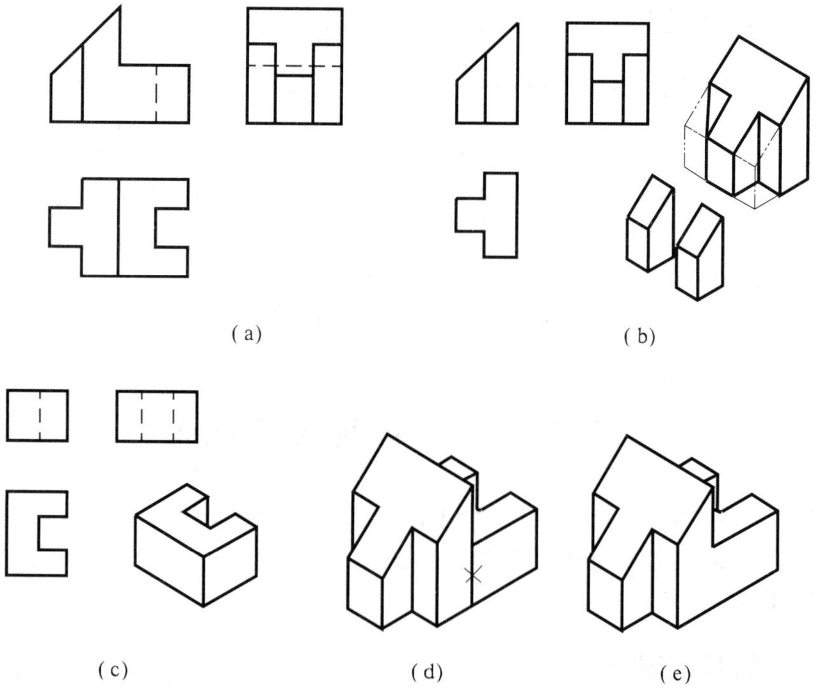

图 7-13 形体分析法

分析:(1)分析视图,划分线框。

首先弄清楚各视图名称、投影方向,建立起物图关系,然后划分线框。该物体是叠加体,从俯视图入手,结合其他视图可将其分为左、右两部分。

(2)对照投影,想出形状。

按投影规律在主视图和左视图中找出与俯视图中左、右两部分相对应的线框。左半部分如图 7-13(b)所示，主视图为梯形，左视图为矩形，俯视图为多边形(原体为矩形)，所以可判断该部分原体为梯形柱，分别在左前方和左后方被切去小梯形柱。右半部分如图 7-13(c)所示，主视图和左视图为矩形，俯视图为凹字形，所以可判断该部分为凹形柱。

(3)确定位置，想出整体。

由主视图可知，梯形柱与凹形柱底面平齐，梯形柱在左，凹形柱在右；由俯视图可知，梯形柱与凹形柱前后靠齐，整体形状如图 7-13(e)所示。

(二)线面分析法

线面分析读图是以线面为读图单元，一般不独立应用。当物体上的某部分形状与基本体相差较大，用形体分析法难以判断其形状时，这部分的视图可以采用线面分析法读图，即将这部分视图的线框分解为若干个面，根据投影规律逐一找全各面投影，然后按平面的投影特征判断各面的形状和空间位置，从而综合得出该部分的空间形状。

【工程案例 7-6】 根据图 7-14(a)所示组合体三视图，想象其空间形状。

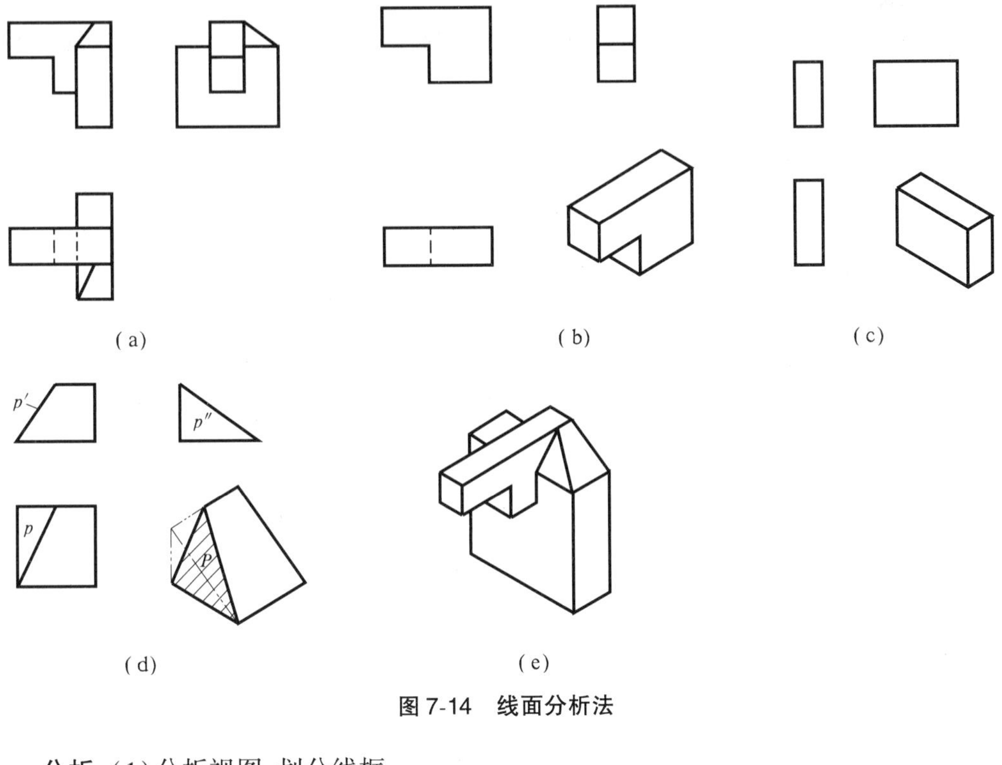

图 7-14　线面分析法

分析：(1)分析视图，划分线框。

该物体是叠加体，从主视图入手，可将其划分为三个封闭线框，分别为多边形、矩形和梯形。

(2)对照投影，想出形状。

根据“长对正、高平齐、宽相等”的投影规律，分别找出俯视图、左视图中与多边形、矩形、梯形线框相对应的部分。如图 7-14(b)所示，多边形线框对应的形体为棱柱；如图 7-14(c)所示，矩形线框对应的形体为长方体；如图 7-14(d)所示，主视图为梯形，俯视图为矩形,左视图为三角形,该形体与基本体差别较大,不易看懂,需作线面分析。

线面分析:主视图(梯形)可看作矩形的左上角被截切,结合俯视图(矩形)、左视图(三角形),该形体原体为三棱柱。俯视图中三角形线框 p 对应的主视图为斜线 p',对应的左视图为三角形线框 p'',可以判断 P 面为正垂面,形状为三角形。综合分析,该形体为被正垂面截切的三棱柱。

(3)确定位置,想出整体。

从主视图和俯视图可知,棱柱放在长方体上边,前后居中;被截切的三棱柱放在长方体上边、棱柱前边,三棱柱与长方体左右靠齐。整体形状如图7-14(e)所示。

本章小结

本章主要介绍了组合体视图的画法、组合体视图的尺寸标注、组合体视图的阅读方法等,通过本章学习:

(1)了解组合体是由基本体组合而成的。

(2)组合体的组合形式有叠加式、切割式和综合式,组合体各部分的表面连接方式有相贴、相切和相交。

(3)能用形体分析法正确绘制组合体视图。

(4)对组合体视图进行尺寸标注时,要做到正确、完整、清晰、合理。

(5)会用形体分析法和线面分析法正确识读组合体视图。

第八章　建筑图样画法

【学习目标】

- 熟悉基本视图、镜像视图、剖面图、断面图的概念。
- 掌握基本视图的配置。
- 掌握全剖、半剖、局部剖、阶梯剖的画法及标注。
- 掌握移出断面、重合断面的画法及标注。

第一节　视　图

视图是把物体向投影面作正投影时所得到的图形。在视图中一般用粗实线表示物体的可见轮廓,用虚线表示物体的不可见轮廓。本节主要介绍基本视图和镜像视图。

一、基本视图

(一)基本视图的形成

制图标准规定用正六面体的六个面作为六个基本投影面,分别记作 H、V、W、H_1、V_1、W_1,将物体放在其中,分别向六个基本投影面投影,即得到物体的六个基本视图。六个基本视图的名称及投射方向如下。

正立面图:自前向后投射所得到的投影图。

平面图:自上向下投射所得到的投影图。

左侧立面图:自左向右投射所得到的投影图。

底面图:自下向上投射所得到的投影图。

右侧立面图:自右向左投射所得到的投影图。

背立面图:自后向前投射所得到的投影图。

六个基本投影面的展开方法如图 8-1 所示。正立投影面不动,其余各投影面按图示方向旋转至与正立投影面共面,展开后,六个基本视图的位置关系见图 8-2(a)。

在工程实际中,一般不需要画出六个基本视图,而是根据物体的形状特点,选择其中的几个基本视图来表达物体的形状。

【特别提示】　正立面图应尽量反映物体的形状特征,在完整清晰地表达物体特征的情况下,视图数量越少越好。

(二)基本视图的投影规律

六个基本视图之间与三视图一样,仍应符合正投影规律,即正立面图、平面图、背立面图、底面图“长对正”;正立面图、左侧立面图、右侧立面图、背立面图“高平齐”;平面图、左侧立面图、右侧立面图、底面图“宽相等”。由基本视图的展开过程可知,除背立面图外,其他视图靠近正立面图的一边是物体的后面,远离正立面图的一边是物体的前面。

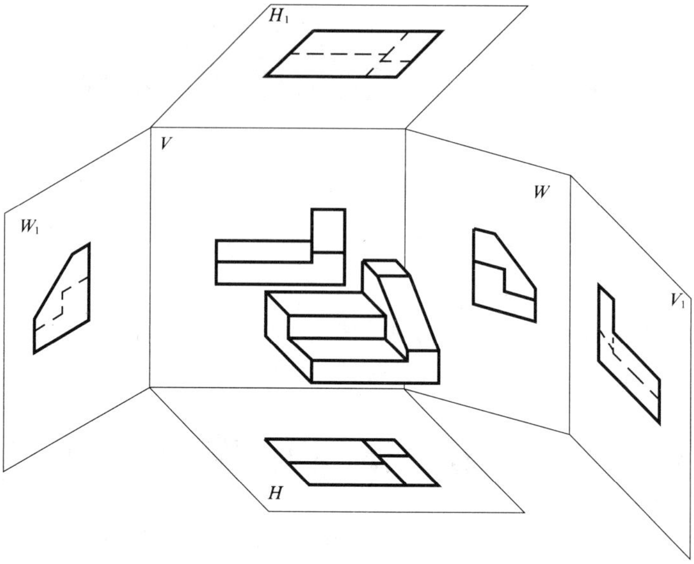

图 8-1　基本视图的展开

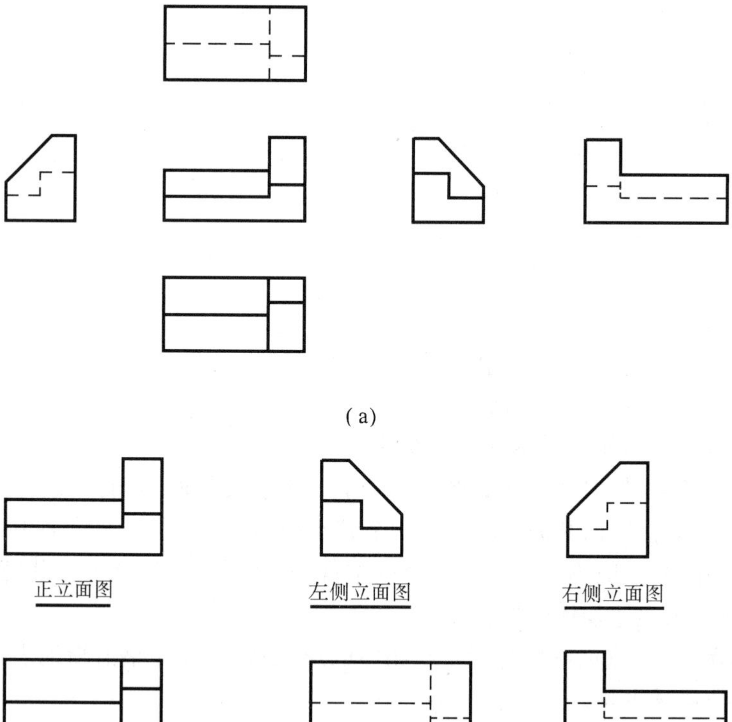

图 8-2　基本视图的布置

【特别提示】　正立面图和背立面图反映物体上、下位置关系是一致的,但左、右位置恰恰相反。

(三)基本视图的配置

如果六个基本视图画在一张图纸内,并且按图 8-2(a)所示位置排列时,一律不标注视图名称。在工程实际中为了合理利用图纸,在一张图纸上绘制六个基本视图或其中几个时,其位置宜按主次关系从左到右依次排列,如图 8-2(b)所示;一般每个视图均应在下方标注图名,并在图名下画一粗实线,其长度以图名所占长度为准。对于房屋建筑图,由于图形较大,受图幅限制,一般一张图纸上只画一个视图,因此在工程实际中均需标注出各视图的名称。

二、镜像视图

某些工程结构,直接用正投影法不易表达时,可用镜像投影法绘制。把镜面放在形体的下面,代替水平投影面,形体在镜面中反射得到的图像,称为镜像投影图。采用镜像投影法绘制的视图,应在图名后加注“镜像”二字,如图 8-3(c)所示,图 8-3(b)是直接用正投影法绘制的该物体的平面图,两者有所不同。

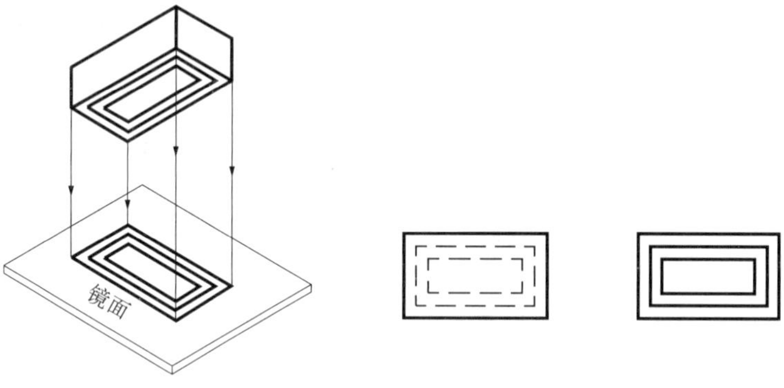

(a)镜像视图的形成　　(b)平面图　　(c)平面图(镜像)

图 8-3　镜像视图

在室内设计中,镜像投影常用来反映室内顶棚的装修、灯具或古代建筑中殿堂室内房顶上藻井(图案花纹)等的构造情况。

第二节　剖面图

物体的视图主要表示物体的外部形状。当物体的内部结构比较复杂时,视图中往往出现较多的虚线,使得图面虚实线交错,影响视图的清晰度,造成层次不清,给读图和尺寸标注带来不便,如图 8-4 所示。为了清楚地表示物体的内部构造,工程上通常用不带虚线的剖面图来代替视图。

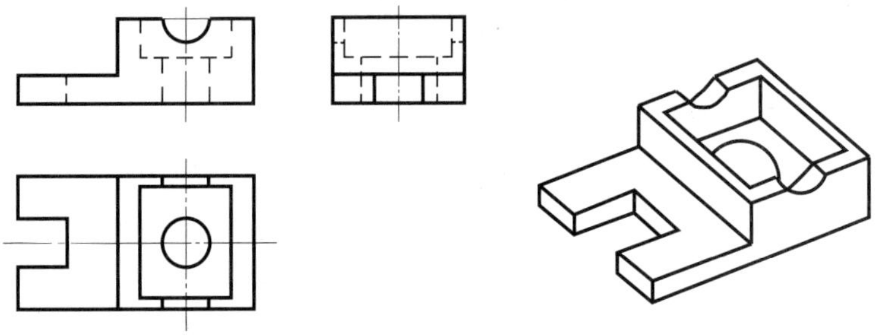

图 8-4　带有虚线的视图

一、剖面图的概念

假想用一个平行于投影面的剖切平面把物体剖开,将位于观察者和剖切平面之间的部分移去,其余部分向投影面作投影,所得到的图形称为剖面图,简称为“剖面”,如图 8-5 所示。剖面图用于表示物体的内部结构,是工程实际中广泛采用的一种图样。

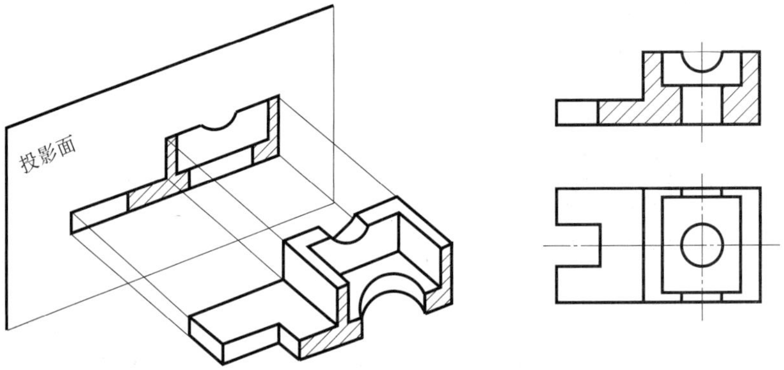

图 8-5　剖面图的形成

二、剖面图的画法

(一)确定剖切位置

为了表达物体内部结构的真实形状,剖切面一般应平行于投影面,且与物体内部结构的对称面或轴线重合。图 8-5 中剖切平面既平行于正立投影面,又通过物体前、后方向的对称平面。

(二)画剖面图轮廓线

剖切位置确定之后,即可将物体切开,移走观察者与剖切平面之间的部分,投影的是剖切平面之后的部分。它包括两项内容:一项是剖切平面与物体接触的切断面;另一项是断面后的可见轮廓。

先画剖切面与物体接触部分的轮廓线,然后画剖切面后可见轮廓线。在剖面图中凡剖切面切到的剖面轮廓以及剖切面后的可见轮廓,都用粗实线画出。

(三)画剖面材料符号

剖切平面与物体接触的切断面称为断面,国家标准规定在断面上应画出该物体的材料符号,如图 8-5 所示。这样便于想象出物体的内外形状,分清物体内部结构的层次,并可区别于视图。

三、剖面图的标注

为了说明剖面图与有关视图之间的投影关系,便于读图,剖面图一般应加以标注。标注中应注明剖切位置、投影方向和剖面图的名称,如图 8-6 所示。

(一)剖切符号

剖切符号由剖切位置线和投影方向线组成。剖切位置线用粗实线绘制,长度宜为 6~10 mm,剖切位置线不与物体轮廓线接触;投影方向线也用粗实线绘制,长度宜为 4~6 mm,投影方向线垂直地画在剖切位置线的外侧,指向投影方向。

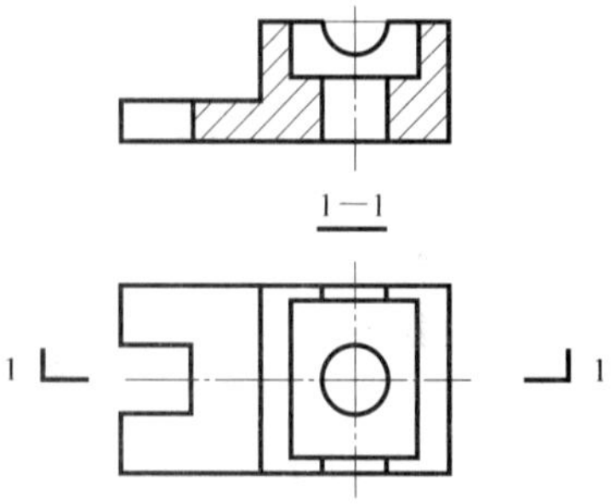

图 8-6 剖面图的标注

(二)剖切符号的编号

剖切符号的编号用阿拉伯数字或拉丁字母表示,注写在剖面图投影方向线的端部,水平书写。若有多个剖面图应按顺序由左到右,由上到下连续编号。

(三)剖面图的名称

剖面图的名称与剖切符号的编号相对应,如“*A*—*A*”或“1—1”,并在剖面图名称下画粗实线,注写在剖面图正下方。

以上三项内容都标出,称为全标注。

四、绘制剖面图应注意的问题

(1)剖切是假想的。

剖面图是把物体假想“切开”后所画的图形,而物体实际上是完整的,因此除剖面图外,其余视图仍应完整画出。

(2)不能漏线。

剖面图中不仅要画出断面部分的形状,还需画出剖切平面之后的可见轮廓线,应特别注意防止漏线,如图 8-7 所示。

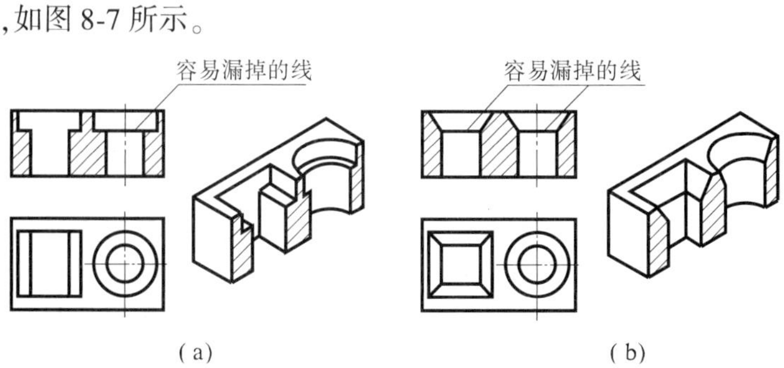

图 8-7 剖面图中容易被漏画的图线

(3)正确绘制剖面材料符号。

在剖面图上画剖面材料符号时,应注意同一物体各剖面图上的材料符号要一致,即斜线方向一致、间距相等,如图 8-8 所示。

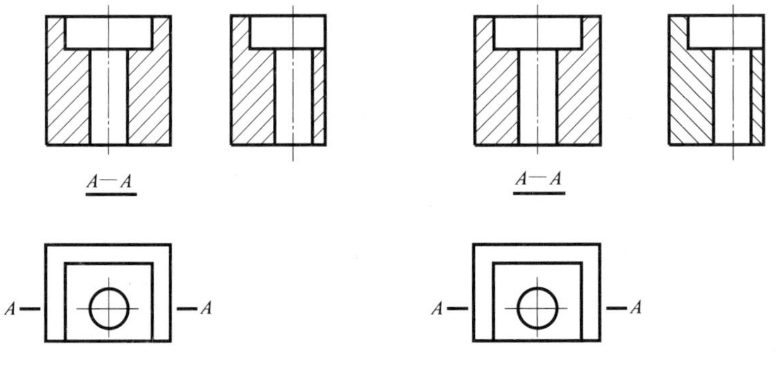

(a)正确　　(b)错误

图 8-8　同一物体剖面材料符号的画法

五、剖面图的种类

(一)全剖面图

用一个剖切平面将物体完全剖开所得到的剖面图,称为全剖面图。全剖面图通常用于表达外形简单、内部结构较为复杂的物体。

(1)全剖面图的标注如图 8-6 所示,由剖切位置线、投影方向线和编号组成。

(2)如果剖切平面经过物体的对称平面,且剖面图按投影关系配置,可省略标注,如图 8-9 中的左视图。

(3)当剖面图按投影关系进行配置,中间又没有其他视图隔开时,可省去投影方向线,如图 8-9 中的 A—A 剖面图。

(二)半剖面图

当物体具有对称平面时,以对称线为界,一半画成视图,另一半画成剖面图,这种组合的图形称为半剖面图,如图 8-10 中的 2—2 剖面图所示。

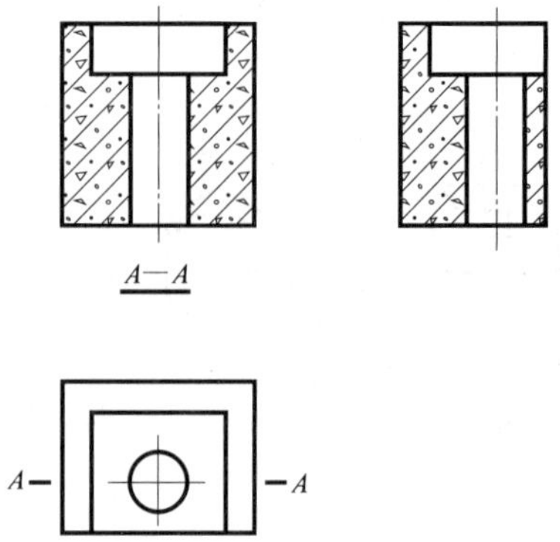

图 8-9　省略标注

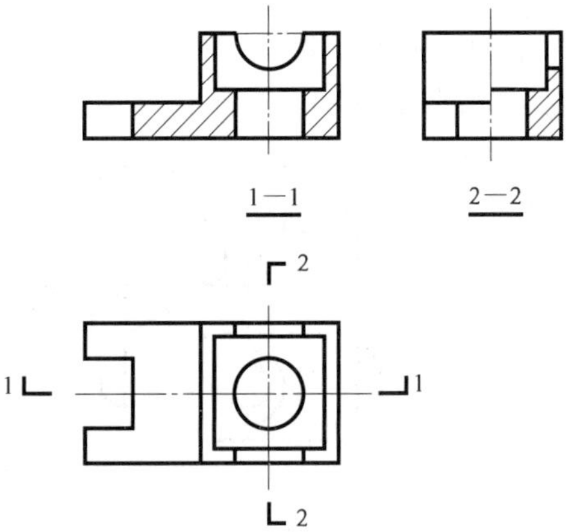

图 8-10　全剖面图和半剖面图

半剖面图主要用于表达内、外形状都比较复杂的对称物体。

画半剖面图时应注意：

(1)视图和剖面图的分界线是点画线，不能用其他线条。

(2)当对称线为竖直方向时，剖面图一般画在中心线右侧；当对称线为水平方向时，剖面图一般画在中心线下方。

(3)在半剖面图中虚线一般均省略不画。

(4)当物体的对称面上有结构(内、外结构)轮廓线时，不宜作半剖面图。

(5)半剖面图的标注与全剖面图相同。

(三)局部剖面图

假想用剖切平面局部地剖开物体所得到的剖面图，称为局部剖面图，如图 8-11 所示。局部剖面图主要用于表达物体的局部内部结构或不宜采用全剖面图或半剖面图的地方(如孔、槽等)。

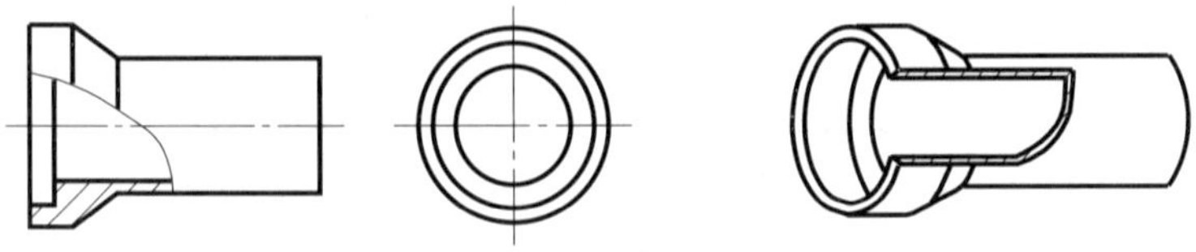

图 8-11　局部剖面图

局部剖面图中被剖切部分与未被剖切部分的分界线用波浪线表示。波浪线不能和图形上的其他线重合，不应超出剖开部分的外形轮廓线，波浪线不能穿孔、穿槽而过，如图 8-12 所示。

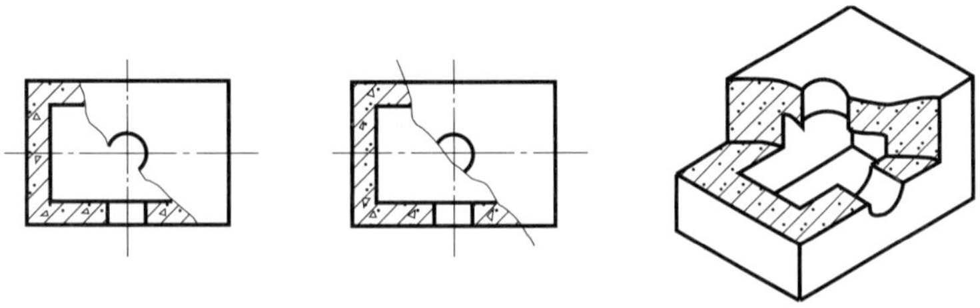

(a)正确　　(b)错误

图 8-12　波浪线画法

当采用单一剖切平面，且剖切位置明显时，局部剖面图的标注可以省略。

(四)阶梯剖面图

用两个或两个以上互相平行的剖切平面剖开物体所得到的剖面图称为阶梯剖面图。

如图 8-13 所示，台阶孔和圆柱孔的轴线不在同一平面上，假想用两个平行于基本投影面(正立面)的剖切平面分别通过两孔的轴线剖开物体，将剖切平面后的部分按全剖面的方法画出，即得阶梯剖面图。

画阶梯剖面图时应注意以下几点：

(1)剖切平面的转折处不应与视图中的轮廓线重合，如图 8-14(a)所示；在剖面图上不应画出两剖切平面转折处的投影，如图 8-14(b)所示。

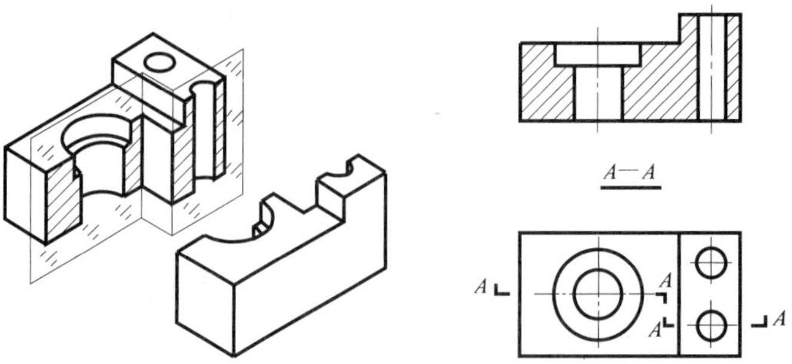

图 8-13　阶梯剖面图

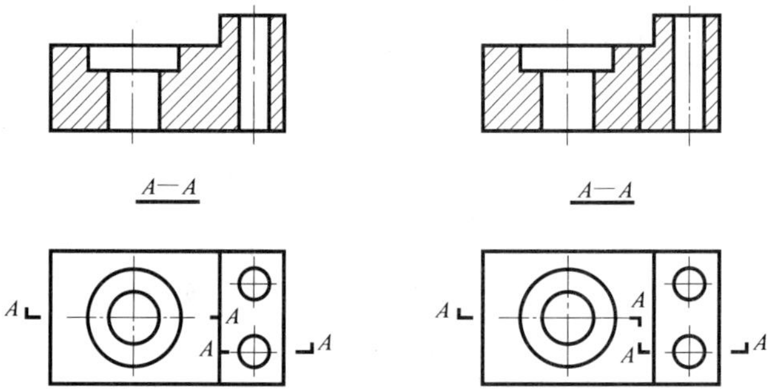

(a) 不应在轮廓线处转折　　(b) 不应画出剖切平面转折处投影

图 8-14　阶梯剖的错误画法

(2)阶梯剖面图必须进行标注,标注方法是:在剖面图下方标注名称"×—×",在邻近的视图上画出剖切位置线和转折线,在剖切位置线的最外端画出投影方向线,并注写剖切符号的编号,如图 8-13 所示。当剖切位置明显时,转折处允许省略字母;当剖面图按投影关系配置,中间又无其他图形隔开时,可省略投影方向线。

第三节　断面图

一、断面图的概念

假想用剖切平面将物体"切开"后,仅画出剖切平面与物体接触部分的图形,并画上剖面材料符号,这种图形称为断面图。

断面图常用于表达建筑物中梁、板、柱的某一部位的断面形状,也用于表达建筑形体的内部形状。为了表示断面实形,剖切平面一般应垂直于物体结构的主要轮廓线。

断面图与剖面图的区别:

(1)断面图只画出形体被剖开后断面的投影,而剖面图要画出形体被剖开后整个余下部分的投影。

(2)断面图只是一个截口的投影,是面的投影;而剖面图是被剖开形体的投影,是体的投影。被剖开的形体必有一个截口,所以剖面图必然包含断面图。

(3)标注不同。断面图的剖切符号只画出剖切位置线,不画投影方向线,而用编号的注写位置来表示投影方向。编号写在剖切位置线下侧,表示向下投射;注写在左侧,表示向左投射。断面图与剖面图的区别如图 8-15 所示。

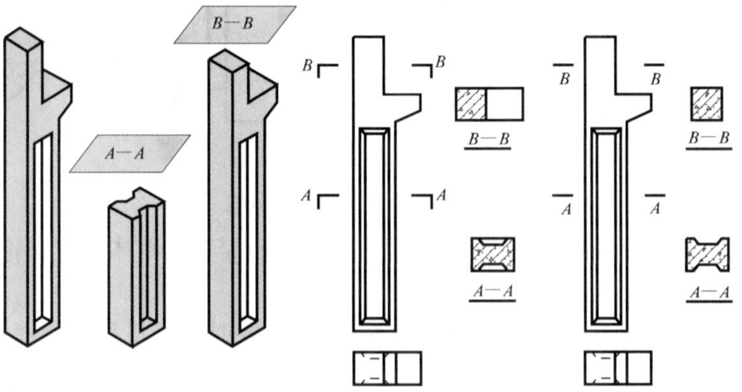

(a)剖切平面位置　(b)剖面图　(c)断面图

图 8-15　断面图与剖面图的区别

(4)断面图中的剖切平面不可转折,剖面图中的剖切平面可转折。

二、断面图的种类

断面图主要用于表达形体或构件的断面形状,根据其位置不同,一般可分为移出断面图和重合断面图两种形式。

(一)移出断面图

移出断面图是指将断面图画在视图以外适当位置,如图 8-16 所示。

1. 移出断面图的画法

移出断面图的轮廓线用粗实线画出。画移出断面图时,应注意以下几点:

(1)在一个形体上需作多个断面图时,可按次序依次排列在视图旁边,尽量画在剖切位置线的延长线上,如图 8-17 所示。必要时断面图也可改变比例放大画出。

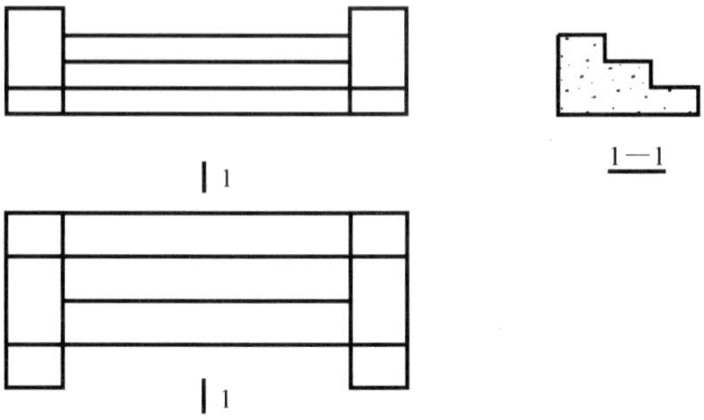

图 8-16　移出断面图

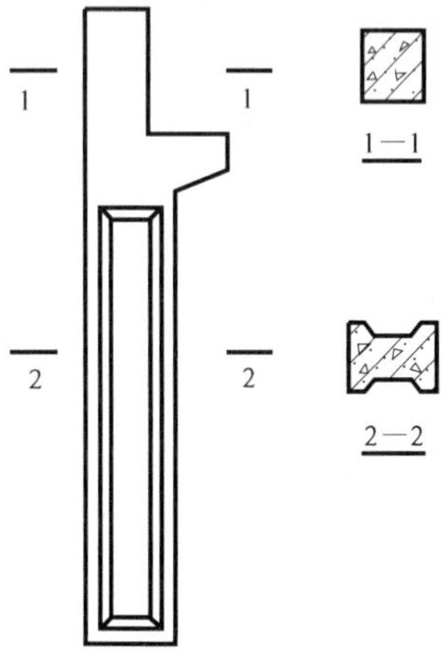

图 8-17　移出断面图的画法

(2)当剖切平面通过回转面形成的孔或凹坑的轴线时,这些结构按剖面图绘制,如图8-18所示。

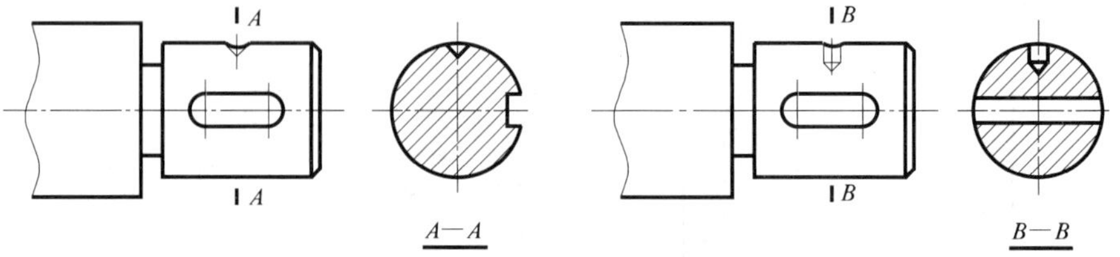

图8-18　断面图的特殊画法

(3)为了正确表达断面实形,剖切平面应垂直于所需表达物体的主要轮廓线或轴线。

2. 移出断面图的配置与标注

移出断面图尽量画在剖切位置线的延长线上,必要时也可将移出断面图配置在其他适当的位置。

(1)移出断面图配置在剖切位置线的延长线上。若图形对称,可不标注,如图8-19(a)所示;若图形不对称,应标注剖切位置线和编号,投影方向用编号的注写位置表示,如图8-19(b)所示。

(2)移出断面图配置在视图轮廓线的中断处,若图形对称,则不需标注,如图8-19(c)所示。

(3)移出断面图配置在图纸的其他位置。标注与剖面图基本相同,但不画投影方向线,编号应注写在剖切后的投影方向一侧,如图8-19(d)所示。

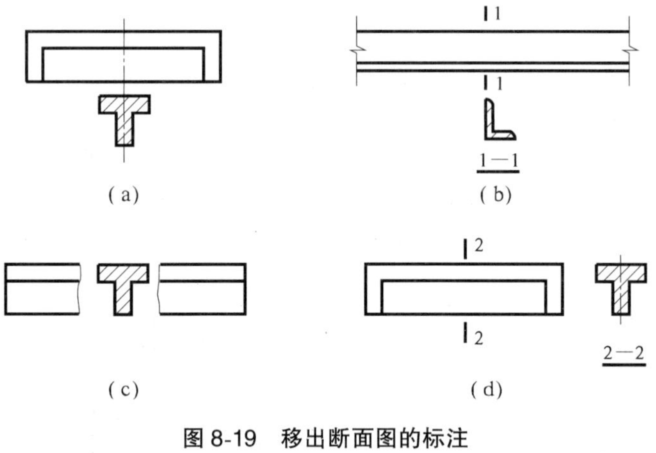

图8-19　移出断面图的标注

(二)重合断面图

重合断面图是指画在视图之内的断面图,如图8-20所示。

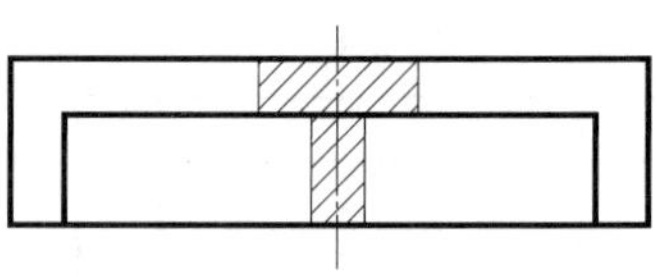

图8-20　重合断面图

1. 重合断面图的画法

(1)重合断面图的轮廓线规定用细实线绘制。

(2)当视图中的轮廓线与重合断面图重合时,视图中的轮廓线仍需完整地画出,不可断开,如图8-20所示。

2. 重合断面图的配置与标注

(1)对称的重合断面可不标注,如图 8-21(a)所示。

(2)重合断面不对称时,应标注剖切位置线,并用编号的位置表示投影方向,如图 8-21(b)所示。

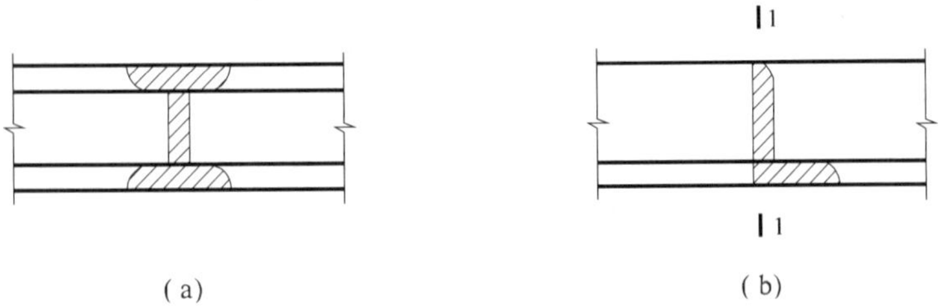

图 8-21　重合断面图的标注

(3)梁、板的断面图画在其结构平面布置图内时,断面涂黑,可省略标注,如图 8-22 所示。

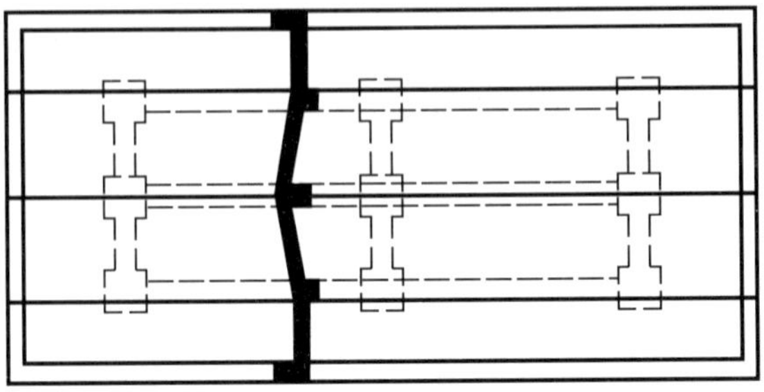

图 8-22　梁、板的结构断面图的省略画法

【特别提示】　剖面图和断面图应按下列方法剖切后绘制:

(1)用一个剖切面剖切,如图 8-23(a)所示。

(2)用两个或两个以上平行的剖切面剖切,如图 8-23(b)所示。

(3)用两个相交的剖切面剖切,如图 8-23(c)所示。

(4)用(2)和(3)法剖切时,应在图名后注明“展开”字样。

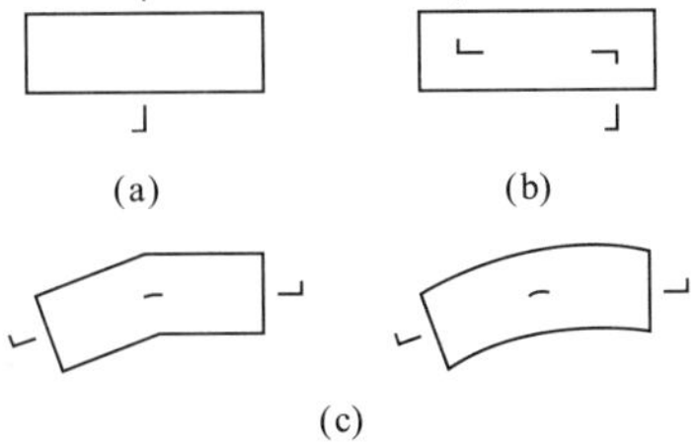

图 8-23　剖面图和断面图

本章小结

本章主要介绍了建筑图样的画法,通过本章学习,要求掌握如下内容:

(1)把物体向六个基本投影面投影所得到的视图叫基本视图,基本视图符合“长对正、高平齐、宽相等”的投影规律;物体在镜面中反射得到的图像,称为镜像视图,镜像投影常用来反映室内顶棚的装修情况。

(2)假想用平行于投影面的剖切平面,把物体剖开后投影所得到的图形称为剖面图。全剖通常用于表达内部结构复杂、外形简单的物体;半剖主要用于表达内、外形状都比较复杂的对称物体;阶梯剖适用于表达内部结构不在同一平面内的物体。

(3)假想用剖切平面将物体切开后,仅画出剖切平面与物体接触部分的图形称断面图,断面图常用于表达建筑物中梁、板、柱的某一部位的断面形状。移出断面图绘制在视图之外适当位置,轮廓线用粗实线;重合断面图绘制在视图之内,轮廓线用细实线。

第九章　钢筋混凝土结构图

【学习目标】

- 熟悉钢筋混凝土结构的基本知识。
- 掌握钢筋混凝土结构图的图示内容和图示方法，正确识读钢筋混凝土梁、柱结构图。
- 了解钢筋混凝土构件平面整体表示方法。

第一节　钢筋混凝土结构的基本知识

一、钢筋混凝土结构简介

混凝土是将水泥、石子、砂和水按一定比例组合，经拌和凝固而成的人工石料。混凝土的抗压强度较高，其强度等级可分为：C20、C25、C30、C35、C40、C45、C50、C55、C60、C65、C70、C75、C80，其中数字表示混凝土的强度等级，数字越大，抗压强度越高。但混凝土的抗拉、抗折强度偏低，一般仅为抗压强度的 1/20~1/10，因此混凝土构件在受到弯、折应力作用时容易断裂。

为了提高构件的抗拉强度，在混凝土构件的受拉区域加入一定数量的钢筋，使两种材料黏结成一个整体，共同承受外力。这种配用钢筋的混凝土，称为钢筋混凝土。用钢筋混凝土制作成的梁、板、柱、基础等构件，称为钢筋混凝土构件，如图 9-1 所示。

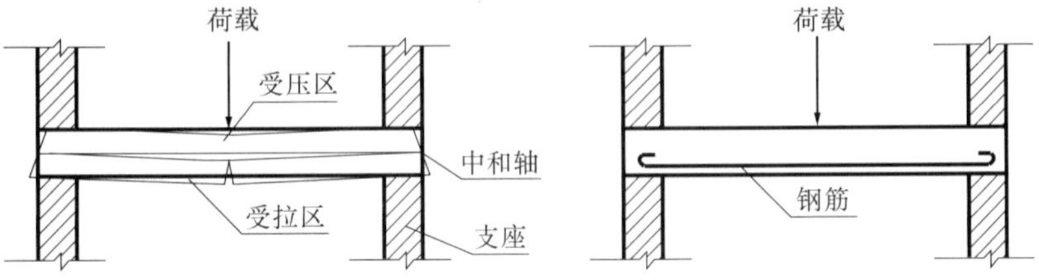

图 9-1　钢筋混凝土梁受力示意图

钢筋混凝土构件按制作工艺不同，可分为现浇钢筋混凝土构件和预制钢筋混凝土构件。前者指在建筑工地现场浇筑，后者指在工厂先预制好，再运到现场吊装。为了进一步提高构件的抗拉能力和抗裂性能，在构件制作过程中，可以先将钢筋张拉，给构件施加一定的压力，形成预应力钢筋混凝土构件。

二、钢筋的符号

目前，我国钢筋混凝土和预应力钢筋混凝土中常用的钢筋主要有热轧钢筋、冷拉钢筋、热处理钢筋和钢丝四大类。其中，热轧钢筋是建筑工程中用量最大的钢筋，主要用于钢筋混凝土结构和预应力钢筋混凝土结构中的配筋,又称普通钢筋。钢筋有光圆钢筋和带肋钢筋之分,热轧光圆钢筋的牌号为 HPB300,常用带肋钢筋的牌号有 HRB400、HRB500,其强度、符号、规格详见表 9-1。

表 9-1 普通钢筋强度标准值

牌号	符 号	公称直径 d/mm	屈服强度标准值 f_{yk}/(N/mm^2)	极限强度标准值 f_{stk}/(N/mm^2)
HPB300	Φ	6~14	300	420
HRB400 HRBF400 RRB400	Φ $Φ^F$ $Φ^R$	6~50	400	540
HRB500 HRBF500	Φ $Φ^F$	6~50	500	630

三、钢筋的分类和作用

钢筋混凝土中的钢筋有的是因为受力需要而配置的,有的则是因为构造需要而配置的,这些钢筋的形状及作用各不相同,一般分为以下几种:

(1)受力钢筋(主筋)。在构件中以承受拉应力和压应力为主的钢筋称为受力钢筋,简称受力筋。受力筋用于梁、板、柱等各种钢筋混凝土构件中,在梁、板中的受力筋,按形状可分为直筋和弯起筋,按受力情况可分为正筋(拉应力筋)和负筋(压应力筋)。

(2)箍筋。为固定受力筋、架立筋的位置所设的钢筋,并承受一部分斜拉应力(剪应力),箍筋一般用于梁和柱中。

(3)架立钢筋。又称架立筋,用以固定梁内钢筋的位置,把纵向的受力钢筋和箍筋绑扎成骨架。

(4)分布钢筋。简称分布筋,用于各种板内。分布筋与板的受力钢筋垂直设置,其作用是将承受的荷载均匀地传递给受力筋,并固定受力筋的位置以及抵抗由热胀冷缩所引起的温度变形。

(5)其他钢筋。除以上常用的四种类型的钢筋外,还会因构造要求或者施工安装需要而配置构造钢筋。如腰筋,用于高断面的梁中;预埋锚固筋,用于钢筋混凝土柱中,与墙砌在一起,起拉结作用,又称拉结筋;吊环,在吊装预制构件时使用。

各种钢筋的形式及在梁、板、柱中的位置及形状如图 9-2 所示。

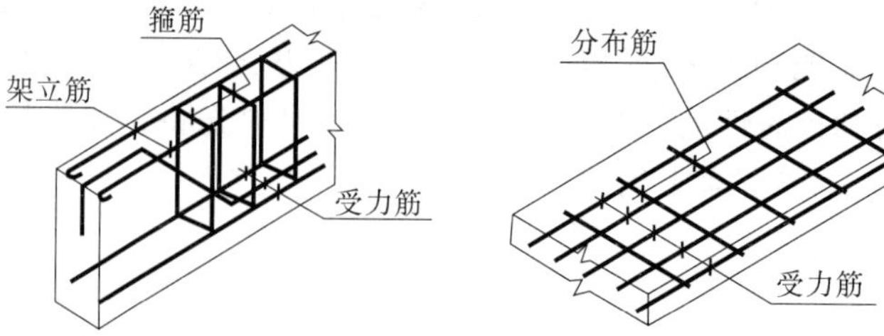

(a) 梁内配筋　　(b) 板内配筋

图 9-2 钢筋的分类

四、钢筋的弯钩

为了防止钢筋在受力时滑动，对光圆钢筋端部应设置弯钩，以增强钢筋与混凝土的黏结力。钢筋端部的弯钩有直弯钩和半圆弯钩两种形式，常见弯钩的形式及画法如图 9-3 所示。图中双点画线表示弯钩伸直后的长度，弯钩的大小由钢筋直径确定，半圆弯钩需增加长度为 6. 25d。直径为 20 mm 的钢筋，其弯钩长度为 6. 25×20 = 125（mm），一般取 130 mm。

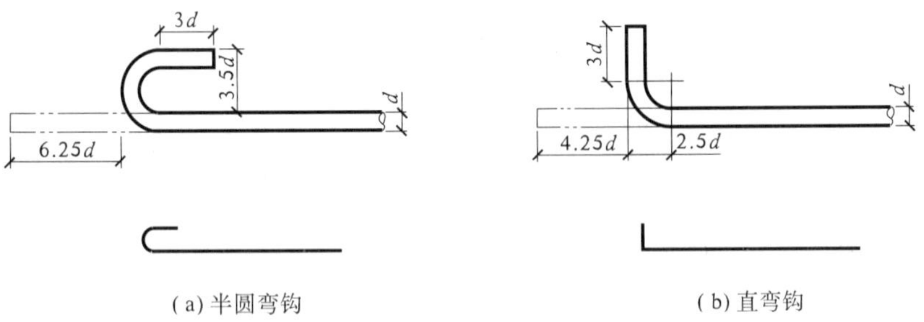

图 9-3 钢筋的弯钩

根据箍筋在构件中的作用不同，箍筋分为封闭式、开口式和抗扭式三种，如图 9-4 所示。封闭式和开口式箍筋弯钩的平直部分长度同半圆弯钩。抗扭式箍筋弯钩的平直部分长度按设计确定，有抗震设计要求的箍筋也采用抗扭箍筋。

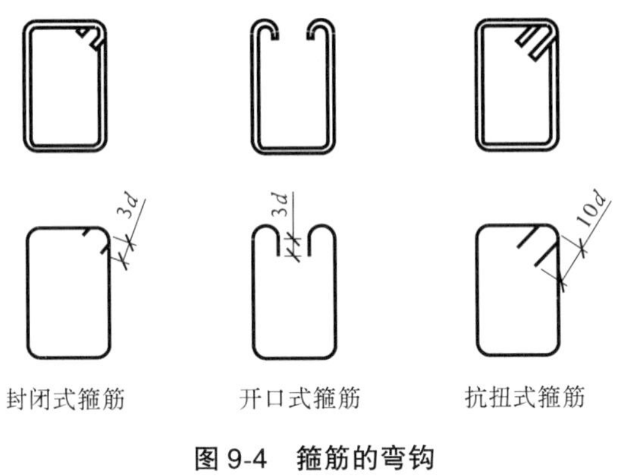

图 9-4 箍筋的弯钩

五、钢筋的保护层

为了防止钢筋锈蚀，并且加强混凝土与钢筋的黏结力，钢筋不应外露。钢筋外皮与构件表面之间留有一定厚度的混凝土，称为钢筋的保护层。各类构件的保护层厚度见表 9-2。

表 9-2　钢筋的保护层厚度

钢筋	构件种类		保护层厚度/mm
受力筋	板	断面厚度≤100 mm	10
		断面厚度>100 mm	15
	基础	有垫层	35
		无垫层	70
	梁、柱		25
钢箍	梁、柱		15
分布筋	板		10

第二节　钢筋混凝土结构图的图示内容和图示方法

一、钢筋混凝土结构图的图示内容

钢筋混凝土结构图包括模板图、配筋图、预埋件图和钢筋明细表。钢筋混凝土结构图充分表达了钢筋混凝土结构的外形、尺寸、钢筋的配置、预埋件和预留孔洞的大小及位置。在建筑结构中,主要钢筋混凝土构件是梁、板、柱。

(一)模板图

模板图就是钢筋混凝土构件的外形图,是模板制作和安装的主要依据。模板图表明钢筋混凝土构件的外部形状以及预埋件和预留孔洞的位置、标高和吊点位置等。结构形状复杂的构件应单独画模板图。

模板是钢筋混凝土工程中重要的施工工具,模板应按模板图设计要求制作,以使钢筋混凝土构件按规定的几何尺寸和位置成型。为了保障施工安全、保证施工质量、加快施工速度和降低工程成本,要合理选用模板结构。

(二)配筋图

配筋图是钢筋混凝土结构图中的重要图样,它是构件施工、钢筋下料以及绑扎钢筋骨架的主要依据。配筋图不仅表达构件的外部形状和尺寸,还表达钢筋在构件中的位置、形状、数量、直径和规格等。绘图时可假想钢筋混凝土构件为透明体,将钢筋混凝土构件中钢筋的配置情况投影成图。配筋图一般包括平面图、立面图、断面图和钢筋详图(钢筋表)等。

(三)预埋件图

在钢筋混凝土构件施工和运输时,需要对钢筋混凝土构件进行吊装和连接,这就需要在制作构件时,将一些铁件连接在钢筋骨架上,浇筑完混凝土后,使其一部分伸到钢筋混凝土构件的表面外,这就叫作预埋件。预埋件在其他图形中应表示出位置,自身用预埋件详图来表达。

(四)钢筋明细表

钢筋明细表应表明构件的编号,钢筋的编号、形状尺寸、规格尺寸、设计长度、根数、重量等。

二、钢筋混凝土结构图的图示方法

钢筋混凝土结构图的图示方法，应根据钢筋混凝土构件的具体特征，主要采用钢筋混凝土构件平面图、立面图和断面图等图示方法。

为了清楚地表示出构件的立面图和断面图，假想构件是透明的，即可在立面图上看到钢筋的立面形状和上下布置情况；在断面图上看到钢筋的上下布置情况、箍筋的形状及与其他钢筋的关系。一般在构件断面形状或钢筋数量、位置有变化时，均应画出断面图，通常在支座和跨中作出剖切，并在立面图上标出剖切位置。立面图和断面图上都应标出钢筋编号、数量、直径和间距，且应保持一致。

(一)图线的规定

在表达钢筋混凝土构件的配筋图时，为了突出钢筋的布置情况，标准规定：构件的外形轮廓用细实线绘制，构件中配置的钢筋用单根粗实线绘制，钢筋的断面用黑圆点表示，且在构件的断面图中不绘制钢筋混凝土材料图例。钢筋常见的表示方法如表 9-3 所示。

表 9-3　钢筋的图例

序号	名称	图例	说明
1	钢筋横断面	●	
2	无弯钩的钢筋端部		下图表示长、短钢筋投影重叠时，短钢筋的端部用 45°斜划线表示
3	带半圆形弯钩的钢筋端部		
4	带直钩的钢筋端部		
5	带丝扣的钢筋端部		
6	无弯钩的钢筋搭接		
7	带半圆弯钩的钢筋搭接		
8	带直钩的钢筋搭接		
9	花篮螺丝钢筋接头		
10	机械连接的钢筋接头		用文字说明机械连接的方式

(二)钢筋的编号

在钢筋混凝土构件的配筋图中，为了区分各种类型和不同直径的钢筋，钢筋必须编号。标准规定：同类型钢筋(形状、长度、规格、级别一样)只编一个号，编号用阿拉伯数字注写在直径为 6 mm 的圆内，圆和引出线均为细实线；编号顺序一般为自下而上，自左至右，先受力筋，再架立筋或分布筋，后箍筋。

除对同种类型的钢筋进行编号外,还应在引出线上注明该种钢筋的根数、规格、直径和间距,如图 9-5 所示。

图 9-5 中,①号筋是 2 根直径为 16 mm 的 HRB400 钢筋;②号筋是 1 根直径为 18 mm 的 HPB300 钢筋;③号筋是 2 根直径为 12 mm 的 HPB300 钢筋;④号筋是直径为 8 mm、间距为 200 mm 的 HPB300 钢筋。其中,①号筋、②号筋为受力筋,③号筋为架立筋,④号筋为箍筋。

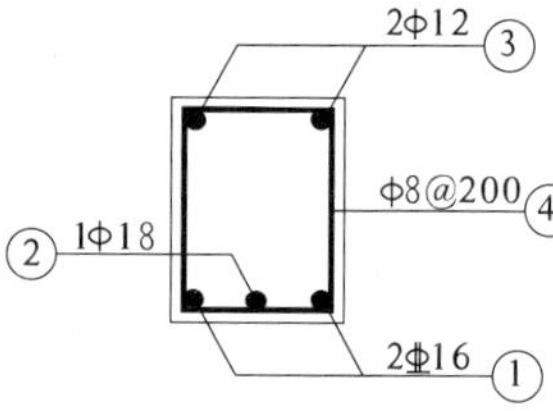

图 9-5　钢筋编号示意图

(三)钢筋的画法

为了将钢筋混凝土结构中各种钢筋表达清楚,《房屋建筑制图统一标准》(GB/T 50001—2017)中规定了钢筋的画法,如表 9-4 所示。

表 9-4　钢筋的画法

序号	说明	图例
1	在结构平面图中配置双层钢筋时,底层钢筋的弯钩应向上或向左,顶层钢筋的弯钩则向下或向右	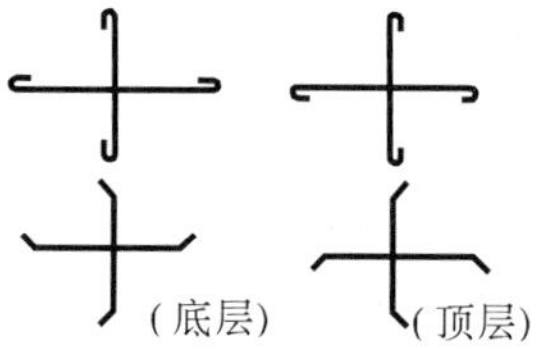
2	钢筋混凝土墙体配双层钢筋时,在配筋立面图中,远面钢筋的弯钩应向上或向左,而近面钢筋的弯钩向下或向右(JM 近面;YM 远面)	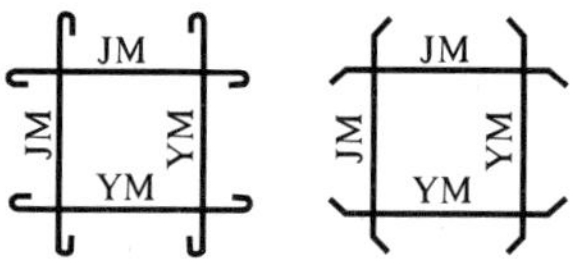
3	断面图中不能表达清楚的钢筋布置,应在断面图外增加钢筋大样图(如钢筋混凝土墙、楼梯等)	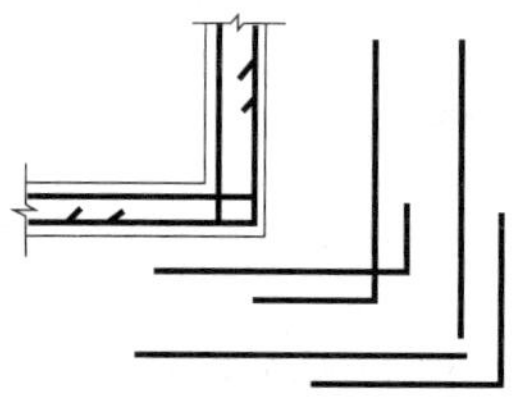
4	图中所表示的箍筋、环筋等若布置复杂,可加画钢筋大样图及注写说明	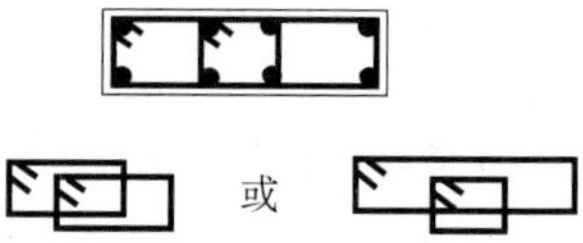
5	每组相同的钢筋、箍筋或环筋,可用一根粗实线表示,同时用一根两端带斜短画线的横穿细线,表示其余钢筋及起止范围	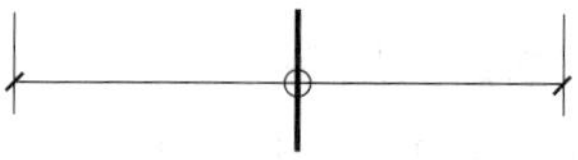

【特别提示】　掌握钢筋的编号与画法,为钢筋混凝土结构图的正确识读打下基础。

第三节　钢筋混凝土结构图的识读

一、钢筋混凝土梁

识读钢筋图，首先了解构件的名称、作用和外形，然后对照图表弄清各种钢筋的形状、直径、数量、长度、间距及位置，并注意图中说明，以便按图施工。

【工程案例 9-1】 识读图 9-6 所示钢筋混凝土承重梁。

(1)概括了解。

图 9-6 所示为某钢筋混凝土承重梁的配筋立面图、1—1 断面图和 2—2 断面图，另外还给出了钢筋详图和钢筋明细表。梁的外形尺寸为长 3540 mm、宽 150 mm、高 250 mm，主筋保护层厚度为 25 mm，横断面为矩形，梁的两端有支座。图形用两种比例绘制，立面图和钢筋详图用 1:40 绘制，断面图用 1:20 绘制，这样的图看上去比较协调。

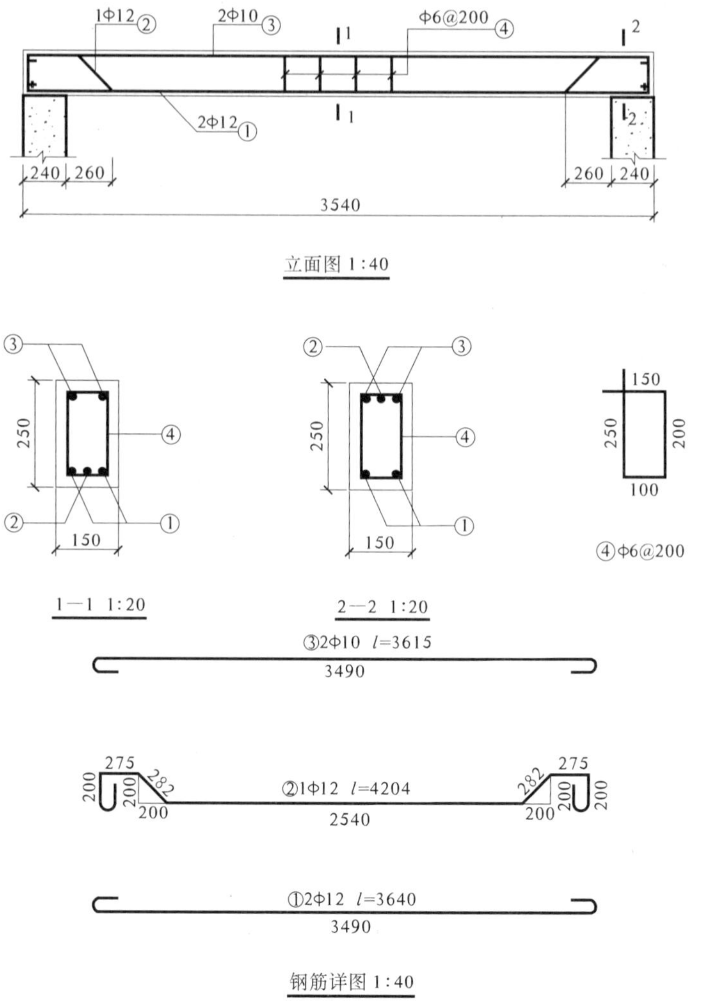

图 9-6　钢筋混凝土承重梁

钢筋明细表

部位	编号	直径/mm	型式	单根长/mm	根数	总长/m	备注
梁	①	12		3640	2	7.280	
	②	12		4204	1	4.204	
	③	10		3615	2	7.230	
	④	6		700	18	12.600	

续图 9-6

(2)弄清各种钢筋的规格、型式、数量和位置。

这是识读的重点,方法是由钢筋的编号看起,顺指引线查找钢筋的投影(立面图、断面图等)。由立面图可知各种钢筋的编号及其纵向位置、弯起筋的弯起部位、箍筋的排列及其间距等。

1—1 断面表达梁中间段钢筋的配置情况。①号筋是直径为 12 mm 的 HPB300 钢筋,数量为 2 根,设在梁的下部两角处;②号筋是直径为 12 mm 的 HPB300 钢筋,数量为 1 根,设在梁的下部中间。这两种钢筋均为受力筋。③号筋是直径为 10 mm 的 HPB300 钢筋,设在梁的上部两角处,为架立钢筋。④号筋是直径为 6 mm 的 HPB300 钢筋,它在断面图中是绕五个圆点的矩形线框,为箍筋,间距 200 mm。

2—2 断面表达梁两端钢筋的配置情况,它与 1—1 断面的不同之处是:②号钢筋的位置到了梁的上部,再结合立面图可知,②号钢筋在距离支座 500 mm 处斜向上弯,到梁端又铅垂弯向梁底,有半圆形弯钩。①、③号钢筋是直筋(各断面图中四个黑圆点位置不变),两端也是半圆形弯钩。

将以上分析所得四种钢筋的情况,结合钢筋详图,可进一步看清每种编号钢筋的形状和尺寸。

①号钢筋的长度应该是梁的长度减去两端保护层厚度,再加上两个弯钩的长度。①号钢筋为光圆钢筋,因此一个弯钩的长度为 $6.25d$, 即 $6.25\times12=75$(mm),所以①号钢筋的长度为 $3540+75\times2-25\times2=3640$(mm)。

②号钢筋也为光圆钢筋,一个弯钩的长度为 $6.25d$,计算方法如图 9-6 所示,即 $(200+275+282+6.25\times12)\times2+2540=4204$(mm)。

③号钢筋长度与①号钢筋的计算方法相同,一个弯钩的长度为 $6.25d$, 即 $6.25\times10=62.5$(mm),③号钢筋长度为 $3540+62.5\times2-25\times2=3615$(mm)。

④号钢筋长度为 $250+150+200+100=700$(mm)。

(3)检查核对,综合想象。

依读图所得的各种钢筋的形状、尺寸、数量等,再与钢筋表逐根逐项地进行核对,最后按各种钢筋的间距以及各种钢筋在构件中的相对位置,综合想象出整个梁内钢筋的配置情况。

二、钢筋混凝土柱

钢筋混凝土柱的图示方法与钢筋混凝土梁基本相同，对于比较复杂的钢筋混凝土柱，除画出构件的立面图和断面图外，还需画出模板图。

【工程案例 9-2】 识读图 9-7 所示现浇钢筋混凝土柱配筋立面图和配筋断面图。

分析：从立面图和断面图中可以看出，柱的下部与基础相连，上部与梁 L_3 连接在一起。柱的横断面为正方形，断面尺寸为 350 mm×350 mm。受力钢筋是 4 根直径为 22 mm 的 HRB400 钢筋，配置在柱的四角；箍筋是直径为 6 mm 的 HPB300 钢筋，与柱基础连接部分为加密区，间距 100 mm，其余为非加密区，间距 200 mm。

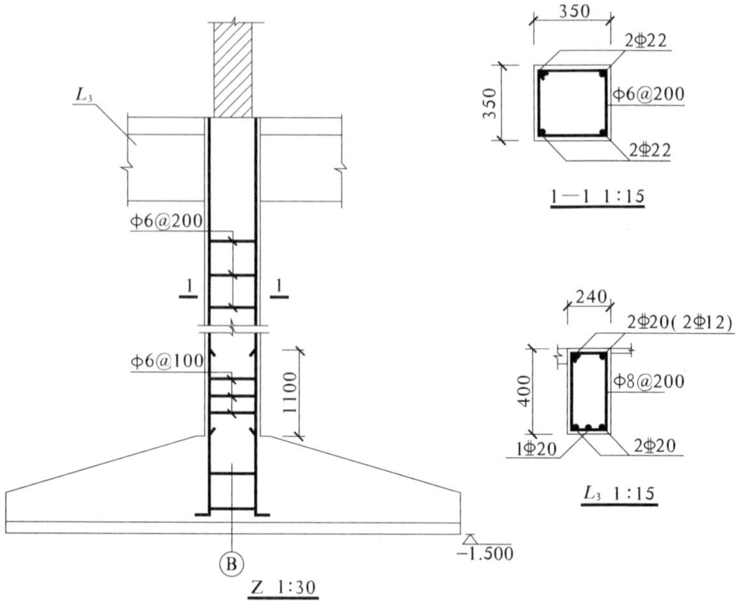

图 9-7 钢筋混凝土柱详图

【特别提示】 掌握钢筋混凝土梁、柱的表示和识读方法，并在以后的学习中逐步熟练，加深理解。

第四节 钢筋混凝土构件平面整体表示方法

一、平面整体表示法概述

（一）平面整体表示法的产生

当结构构件较多时，钢筋混凝土构件的传统表示方法十分烦琐。因此，建设部于 2003 年 1 月 20 日批准了《混凝土结构施工图平面整体表示方法制图规则和构造详图》

(简称《平法》),图集号为03G101-1,目前《平法》已在建筑设计中得到了广泛应用,国家标准图集16G101-1是2016年9月1日实施的现浇混凝土框架、剪力墙、梁、板平面整体表示方法制图规划和构造详图。

把结构构件的尺寸和配筋等,按照平面整体表示方法的制图规则,整体直接地表示在各类构件的结构平面布置图上,再与标准构造详图配合,就构成了一套新型完整的结构设计表示方法。《平法》表示图面简洁、清楚、直观,图纸数量少,改变了传统的那种将构件(柱、剪力墙、梁)从结构平面布置图中索引出来,再逐个绘制模板详图和配筋详图的烦琐方法。

平法适用的结构构件为柱、剪力墙、梁,内容包括平面整体表示图和标准构造详图。在平面布置图上表示各种构件尺寸和配筋方式,表示方法分平面注写方式、列表注写方式、截面注写方式三种。

(二)常用构件代号

建筑结构构件种类繁多,为了绘图和施工方便,国家标准规定了各种构件的代号,代号一般是该构件名称汉语拼音前两个大写字母,代号后的阿拉伯数字表示该构件的型号或编号,也可为构件的顺序号。常用的构件代号见表9-5。

表9-5 常用构件代号

名称	代号	名称	代号	名称	代号
板	B	圈梁	QL	承台	CT
屋面板	WB	过梁	GL	设备基础	SJ
空心板	KB	连系梁	LL	桩	ZH
槽形板	CB	基础梁	JL	挡土墙	DQ
折板	ZB	楼梯梁	TL	地沟	DG
密肋板	MB	框架梁	KL	柱间支撑	ZC
楼梯板	TB	框支梁	KZL	垂直支撑	CC
盖板或沟盖板	GB	屋面框架梁	WKL	水平支撑	SC
挡雨板或檐口板	YB	檩条	LT	梯	T
吊车安全走道板	DB	屋架	WJ	雨篷	YP
墙板	QB	托架	TJ	阳台	YT
天沟板	TGB	天窗架	CJ	梁垫	LD
梁	L	框架	KJ	预埋件	M-
屋面梁	WL	刚架	GJ	天窗端壁	TD
吊车梁	DL	支架	ZJ	钢筋网	W
单轨吊车梁	DDL	柱	Z	钢筋骨架	G
轨道连接	DGL	框架柱	KZ	基础	J
车挡	CD	构造柱	GZ	暗柱	AZ

二、柱平面整体表示法

柱平面整体表示法是在柱平面布置图上采用截面注写方式或列表注写方式表达。柱平面布置图可采用适当比例单独绘制，也可与其他构件合并绘制。

（一）柱的截面注写方式

柱的截面注写方式是在柱平面布置图的柱截面上，分别在同一编号的柱中选择一个截面，以直接注写方式注写截面尺寸和配筋具体数值。

【工程案例 9-3】　识读图 9-8 所示柱平法施工图。

分析：(1)柱的代号为 KZ1、KZ2、KZ3、LZ1 等。KZ1 为 1 号框架柱，KZ2 为 2 号框架柱，KZ3 为 3 号框架柱，LZ1 为 1 号梁上柱。

(2)650×600、250×300 表示柱的截面尺寸。4Φ22、22Φ22、24Φ22、6Φ16 表示柱中纵筋的数量、级别和直径。

(3)KZ1、KZ2、KZ3 的断面形状为矩形，与轴线的关系为偏轴线和柱的中心线与轴线重合两种形式。b 方向（水平方向）中心线与轴线重合，左右都为 325 mm；h 方向（垂直方向）偏心，h_1 为 150 mm，h_2 为 450 mm。

(4)KZ1 中 4Φ22 表示四个角的钢筋为 4 根直径为 22 mm 的 HRB400 钢筋。当纵筋采用两种直径时，须再注写截面各边中部筋的具体数值，对于采用对称配筋的矩形截面柱，可仅在一侧注写中部筋，对称边省略不注。b 边（水平边）一侧中部钢筋为 5Φ22，即 b 边两侧中部共配 10 根直径为 22 mm 的 HRB400 钢筋。h 边（垂直边）一侧中部钢筋为 4Φ20，即 h 边两侧中部共配 8 根直径为 20 mm 的 HRB400 钢筋。所以，在 19.470～37.470 m 范围内一共配有Φ22 的钢筋 14 根和Φ20 的钢筋 8 根。

(5)ϕ10@100/200 表示柱中箍筋的级别、直径和间距，用“/”区分加密区和非加密区的间距。加密区的箍筋为ϕ10@100，即直径为 10 mm 的 HPB300 钢筋，间隔 100 mm。非加密区的箍筋为ϕ10@200，即直径为 10 mm 的 HPB300 钢筋，间隔 200 mm。

（二）柱的列表注写方式

柱的列表注写方式是在柱平面布置图上，分别在同一编号的柱中选择一个或几个截面标注几何参数代号，在柱表中注写柱号、柱段起止标高、几何尺寸与配筋的具体数值，并配以各种柱截面形状及其箍筋类型图来表达的一种方式。

柱表中注写的内容规定如下：

(1)柱编号。柱编号由类型代号和序号组成。

(2)各段柱的起止标高。自柱根部往上以变截面位置或截面未变但配筋改变处为界分段注写。

(3)各段柱的截面尺寸。

(4)柱的纵筋。包括根数、级别、直径。

(5)柱箍筋级别、直径、间距及箍筋肢数。

具体注写方式可查阅有关的标准图集。

层号	标高/m	层高/m
屋面2	65.670	
塔层2	62.370	3.30
屋面1 (塔层1)	59.070	3.30
16	55.470	3.60
15	51.870	3.60
14	48.270	3.60
13	44.670	3.60
12	41.070	3.60
11	37.470	3.60
10	33.870	3.60
9	30.270	3.60
8	26.670	3.60
7	23.070	3.60
6	19.470	3.60
5	15.870	3.60
4	12.270	3.60
3	8.670	3.60
2	4.470	4.20
1	-0.030	4.50
-1	-4.530	4.50
-2	-9.030	4.50

结构层楼面标高
结构层高

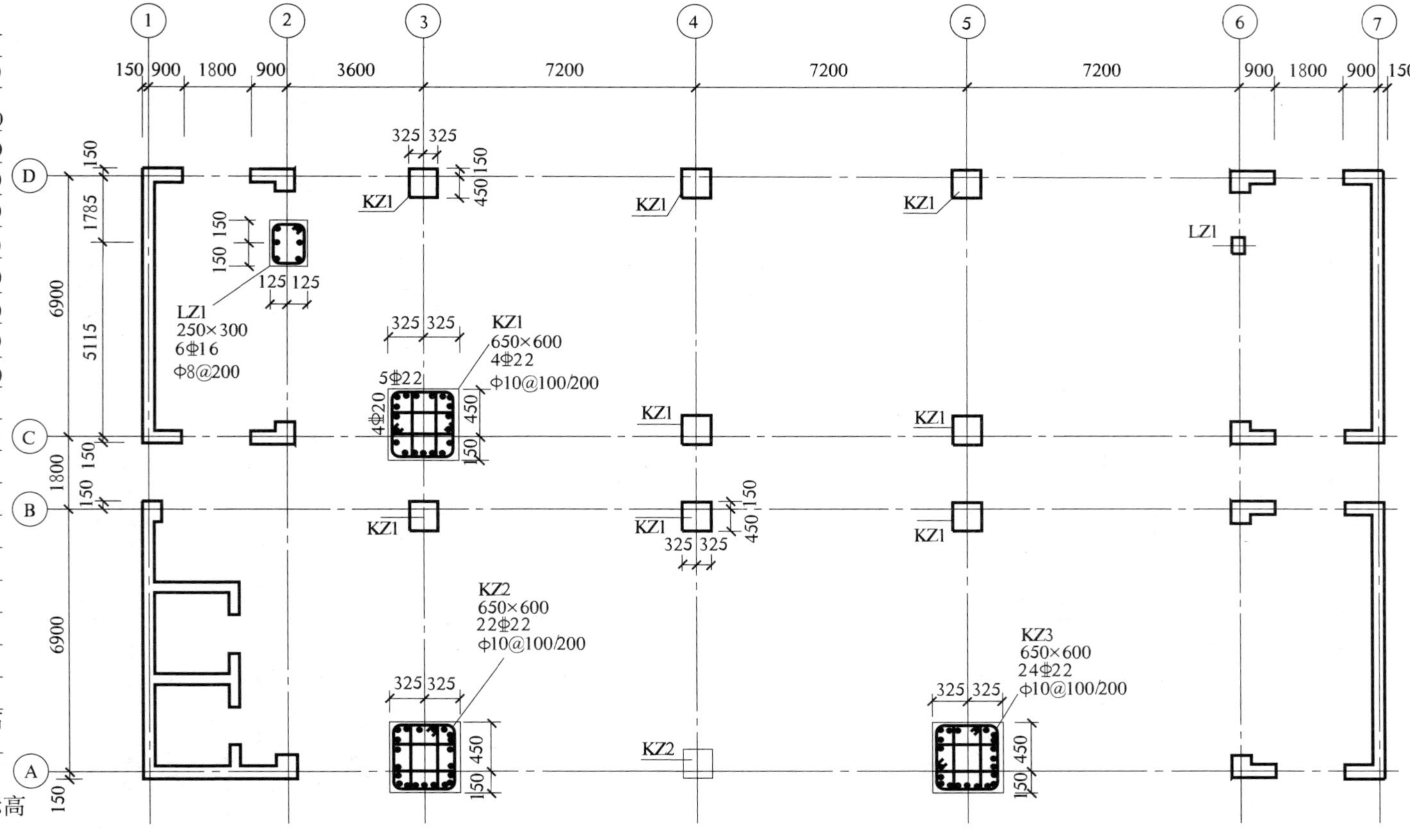

19.470~37.470柱平法施工图

图 9-8 柱平法施工图截面注写方式示例

三、梁平面整体表示法

梁平面整体表示法是在梁平面布置图上采用平面注写方式或截面注写方式表达。

(一)梁的平面注写方式

平面注写方式是在梁平面布置图上,分别在不同编号的梁中各选一根梁,在其上注写截面尺寸和配筋的具体数值。平面注写包括集中标注和原位标注。

梁编号由梁类型、代号、序号、跨数及有无悬挑几项组成,应符合表 9-6 的规定。

表 9-6　梁编号

梁类型	代号	序号	跨数及是否有悬挑
楼层框架梁	KL	××	(××)、(××A)或(××B)
屋面框架梁	WKL	××	(××)、(××A)或(××B)
框支架	KZL	××	(××)、(××A)或(××B)
非框架梁	L	××	(××)、(××A)或(××B)
悬挑梁	XL	××	
井字梁	JZL	××	(××)、(××A)或(××B)

1. 集中标注

集中标注表达梁的通用数值,包括五项必注值和一项选注值。五项必注值是梁编号、梁截面尺寸 $b \times h$(宽×高)、梁箍筋配置、梁上部通长筋或架立筋配置、梁侧面纵向构造钢筋或受扭钢筋配置,一项选注值是梁顶面标高高差。

【工程案例 9-4】　识读图 9-9 所示梁的集中标注。

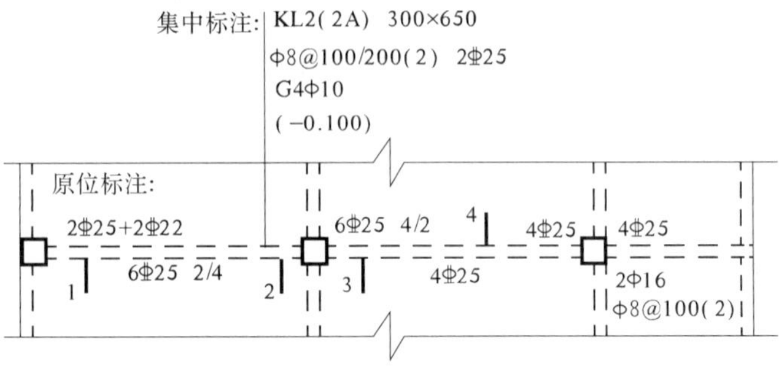

图 9-9　梁平面注写方式

分析:(1)KL2(2A)　300×650 表示梁的名称及截面尺寸。KL2 表示 2 号框架梁。(2A)表示该梁 2 跨,字母 A 表示一端悬挑(若为 B 则表示两端悬挑)。300×650 表示梁的截面尺寸(若为 300×650/500 则表示变截面梁,高端为 650 mm,矮端为 500 mm;若为 Y500×200 则表示加腋梁,加腋长为 500 mm,加腋高为 200 mm)。

(2)Φ 8@ 100/200(2)　2 Φ 25 表示箍筋及梁上部通长筋配置情况。Φ 8@ 100/200(2)表示箍筋为 HPB300 钢筋,直径为 8 mm,加密区间距为 100,非加密区间距为 200,均为两肢箍;2Φ25 表示梁上部有 2 根直径为 25 mm 的通长筋,通长筋为 HRB400 钢筋。

(3)G4ϕ10 表示腰筋配置,用于高度≥450 mm 的梁。“G”表示按构造要求配置的钢筋;若为“N”则表示按计算配置的抗扭钢筋。G4ϕ10 表示梁的两个侧面共配置 4 根直径为 10 mm 的纵向构造钢筋,规格为 HPB300 钢筋。

(4)(-0.100)表示梁的顶面标高高差。梁的顶面标高高差,是指相对于结构层楼面标高的高差值。有高差时须将其写入括号内,无高差时则不用标注。如(0.100)表示梁顶面标高比本层楼的结构层楼面标高高出 0.100 m;(-0.100)表示梁顶面标高比本层楼的结构层楼面标高低 0.100 m。

2. 原位标注

原位标注表达梁的特殊数值,内容包括上部纵筋、下部纵筋、附加箍筋或吊筋。

【工程案例 9-5】 识读图 9-9 所示梁的原位标注。

分析:(1)梁支座上部纵筋。

同排纵筋有两种直径时,用“+”将两种直径的纵筋相连,注写时将角部纵筋写在前面。2Φ25+2Φ22 表示梁支座上部有两种直径钢筋共 4 根,其中 2Φ25 放在角部,2Φ22 放在中部。

纵筋多于一排时,用“/”将各排纵筋自上而下分开。6Φ25 4/2 表示梁上部纵筋为两排,上一排纵筋为 4Φ25,下一排纵筋为 2Φ25。

梁中间支座两边的上部纵筋不同时,须在支座两边分别标注;如相同,可仅在支座的一边标注,另一边可省略不注。4Φ25 表示梁支座上部配置 4 根直径为 25 mm 的钢筋。

(2)梁支座下部纵筋。

纵筋多于一排时,用“/”将各排纵筋自上而下分开 。6Φ25 2/4 表示梁下部纵筋为两排,上一排纵筋为 2Φ25,下一排纵筋为 4Φ25。

4Φ25 表示梁下部中间配置 4 根直径为 25 mm 的钢筋。

ϕ8@100(2)表示箍筋为 HPB300 钢筋,直径为 8 mm,间距为 100,两肢箍。

【特别提示】 读图时,当集中标注与原位标注不一致时,原位标注取值优先。

采用传统表示方法绘制的四个梁截面见图 9-10。

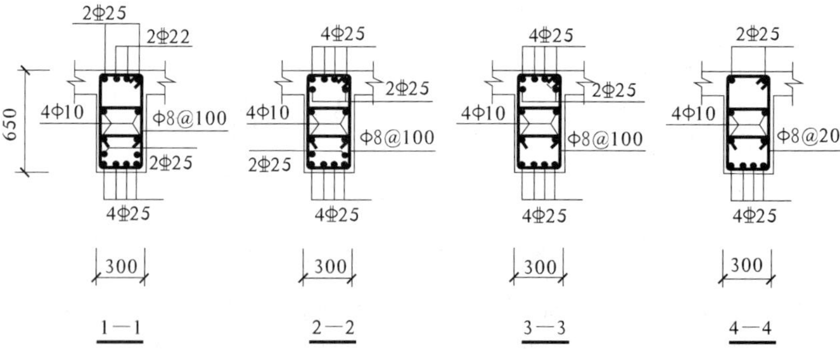

图 9-10 采用传统表示方法绘制的四个梁截面

(二)梁的截面注写方式

截面注写方式,是在梁的平面布置图上,分别在不同编号的梁中各选择一根梁用剖切符号引出截面配筋图,并在截面配筋图上注写截面尺寸和配筋的具体数值,如图 9-11 所示。

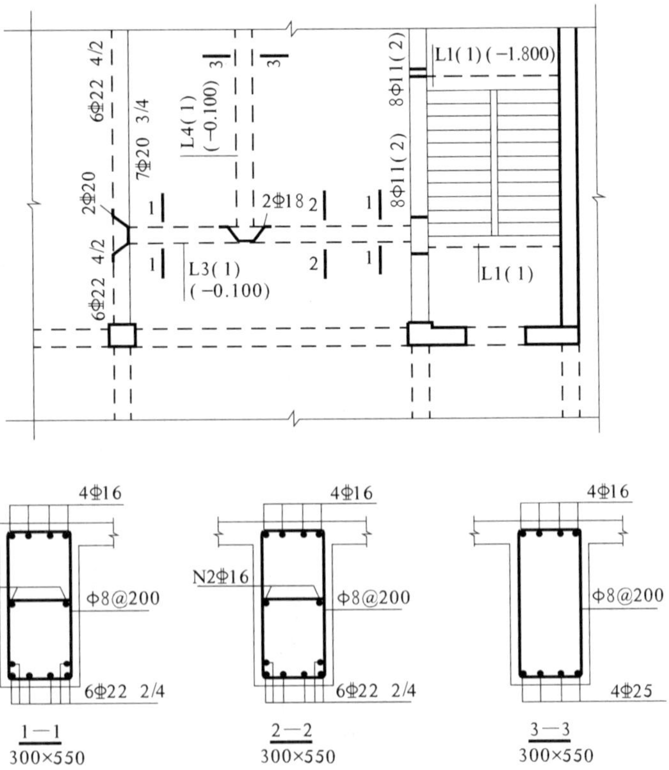

图 9-11　梁的截面注写方式

截面注写方式与平面注写方式大同小异。梁的代号、各种数字符号的含义均相同，只是平面注写方式中的集中注写方式在截面注写方式中用截面图表示，截面图的绘制方法与常规方法一致。

图 9-12 是梁平法施工图，读者可自行阅读。

本章小结

本章主要介绍了钢筋混凝土结构图的图示内容和图示方法，通过本章学习，要求掌握如下内容：

(1) 了解钢筋的符号、分类、端部的弯钩和保护层。

(2) 熟悉钢筋的编号、画法和常用构件代号。

(3) 正确识读钢筋混凝土梁、柱的立面图、断面图。

(4) 平面注写方式是在梁平面布置图上，分别在不同编号的梁中各选一根梁，在其上注写截面尺寸和配筋的具体数值。平面注写包括集中标注和原位标注。

(5) 柱平面整体表示法是在柱平面布置图上采用列表方式或截面注写方式表达。

层号	标高/m	层高/m
层面2	65.670	
塔层2	62.370	3.30
层面1（塔层2）	59.070	3.30
16	55.470	3.60
15	51.870	3.60
14	48.270	3.60
13	44.670	3.60
12	41.070	3.60
11	37.470	3.60
10	33.870	3.60
9	30.270	3.60
8	26.670	3.60
7	23.070	3.60
6	19.470	3.60
5	15.870	3.60
4	12.270	3.60
3	8.670	3.60
2	4.470	4.20
1	-0.030	4.50
-1	-4.530	4.50
-2	-9.030	4.50

结构层楼面标高
结构层高

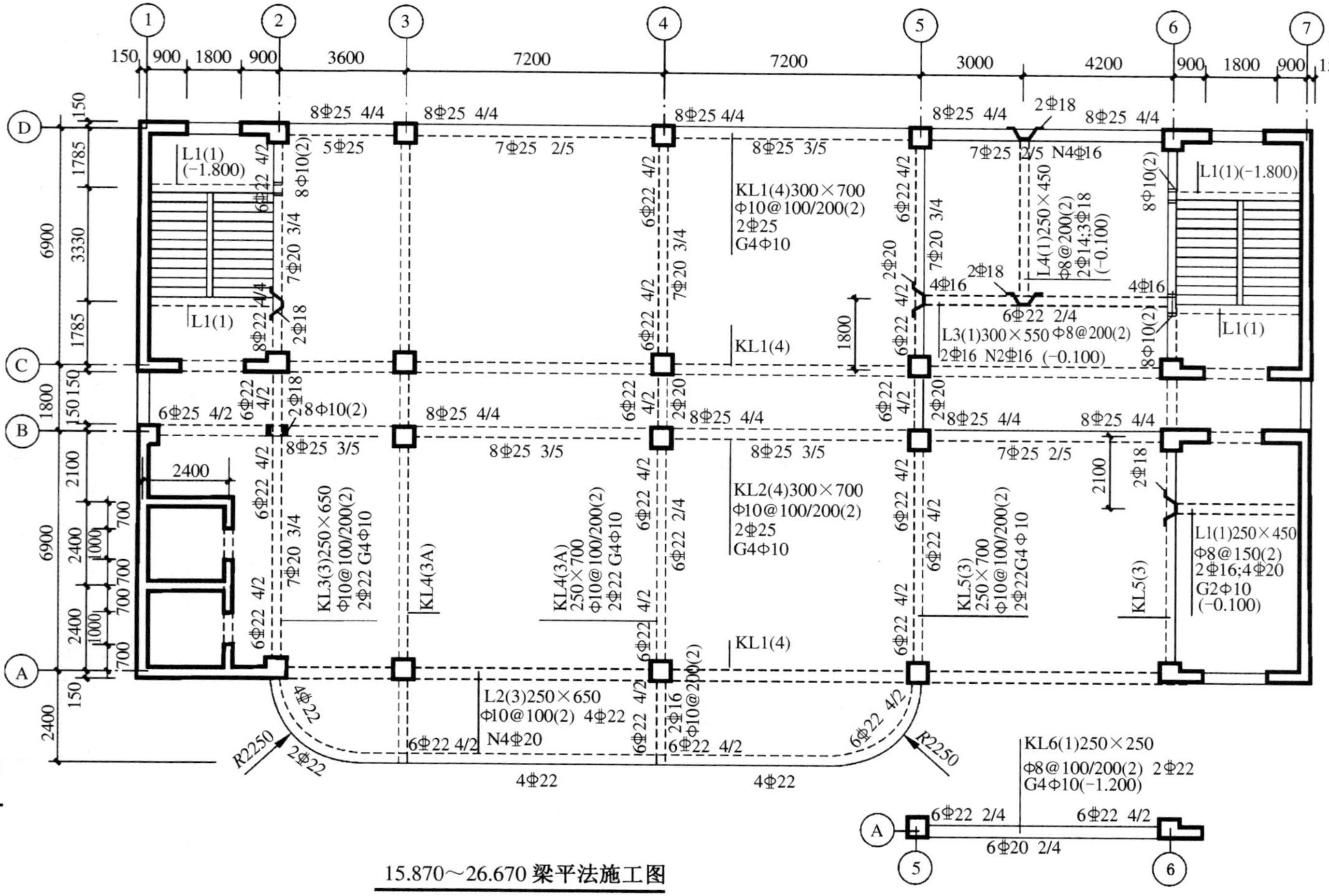

15.870～26.670 梁平法施工图

图 9-12　梁平法施工图平面注写方式示例

第十章　建筑施工图

【学习目标】

- 了解房屋的基本组成和建筑施工图的内容。
- 熟悉建筑施工图的图示内容和图示方法。
- 掌握建筑平面图、立面图、剖面图的识读方法。

第一节　概　述

建筑是指人工建造的供生产、生活或其他活动的空间场所。建筑按其使用功能的不同分为三类：

(1)工业建筑，如机械制造厂的各种厂房、仓库等。

(2)农业建筑，如粮仓、饲养场等。

(3)民用建筑，又分为居住建筑(如住宅、宿舍、公寓等)和公用建筑(如学校、商场、医院、体育馆等)。

一、房屋建筑的组成

各种不同功能的建筑，虽然它们的使用要求、空间组合、外形、规模等各不相同，但是构成建筑物的主要部分一般都有基础、墙、柱、梁、楼板、楼梯、屋顶、门、窗等。此外，还有阳台、雨篷、台阶、窗台、雨水管、明沟或散水以及其他一些构配件，如图 10-1 所示。

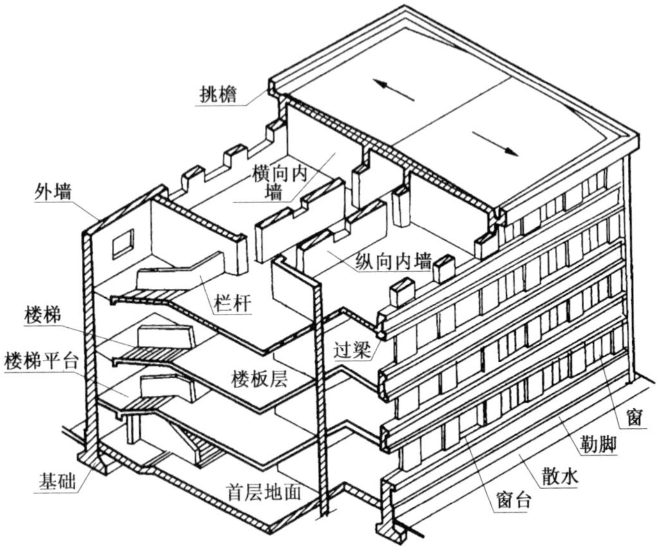

图 10-1　建筑的组成

二、建筑设计程序

建造房屋的全过程,包括编制计划、选择和勘测基地、设计(包括室内设计)、施工(包括室内装修施工),以及验收、交付使用等几个阶段。

设计又可分为初步设计和施工图设计两个阶段。

初步设计的主要任务是根据建设单位提出的设计任务和要求,进行调查研究、收集资料,并提出设计方案,其内容包括方案设计说明书、方案剖析图、建筑总平面图、主要立面图、效果图以及工程概预算书等。初步设计的工程图纸和有关文件只是作为提供方案研究和审批之用,不能作为施工的依据。

施工图设计的主要任务是满足工程施工各项具体技术要求,提供一切准确可靠的施工依据,其内容包括工程施工所有专业的基本图、详图及说明书、计算书等。施工图是设计人员的最终成果,是施工单位进行施工的依据,所以施工图必须详细完整、前后统一、尺寸齐全、正确无误,符合国家建筑制图标准。

三、建筑施工图的分类及编排顺序

(一)分类

建筑施工图根据专业分工的不同,可分为建筑施工图、结构施工图和设备施工图。

建筑施工图包括建筑总平面图、各层平面图、立面图、剖面图和建筑施工详图及其说明书等。

结构施工图包括基础平面图、基础详图、结构平面图、楼梯结构图和结构构件详图及其说明书等。

设备施工图包括给水排水、采暖通风、电气照明等设备的平面布置图、系统图和施工详图及说明书等。

由此可见,各工种的施工图又分为基本图和详图两部分。基本图表明全局性的内容;详图则表示某些构配件和局部节点构造的详细情况。

(二)编排顺序

施工图应按图纸内容的主次关系系统地排列。一般基本图在前,详图在后;总体图在前,局部图在后;主要部分在前,次要部分在后;布置图在前,构件图在后;先施工的图在前,后施工的图在后。

(1)首页图,包括封面、图纸目录和设计说明。

(2)建筑施工图(简称建施图),包括总平面图、平面图、立面图、剖面图和构造详图等。

(3)结构施工图(简称结施图),包括基础图、结构平面图和各种构件的结构详图。

(4)设备施工图(简称设施图),包括给水排水(又简称水施)、电气照明(又称电施)、采暖通风(又称暖通)等设备的平面图和详图。

(5)装饰施工图(简称装饰图),包括表现房屋外观造型、门厅、室内装饰布置的平面图、立面图、剖面图、构造详图和室内外效果图。

四、建筑施工图的图示方法

绘制和识读房屋建筑施工图,不仅要符合正投影原理,还应遵守有关标准。建筑专业制图的现行标准是《房屋建筑制图统一标准》(GB/T 50001—2017)、《总图制图标准》(GB/T 50103—2010)和《建筑制图标准》(GB/T 50104—2010)等。

(一)比例

建筑专业制图所选用的比例宜符合表10-1的规定。

表10-1　比例

图名	比例
建筑物或构筑物的平面图、立面图、剖面图	1∶50、1∶100、1∶150、1∶200、1∶300
建筑物或构筑物的局部放大图	1∶10、1∶20、1∶25、1∶30、1∶50
配件及构造详图	1∶1、1∶2、1∶5、1∶10、1∶15、1∶20、1∶25、1∶30、1∶50

(二)图线

图线的基本线宽 b,宜按照图纸比例及图纸性质从1.4 mm、1.0 mm、0.7 mm、0.5 mm线宽系列中选取。每个图样,应根据复杂程度与比例大小,先选定基本线宽 b,再选用表10-2中相应的线宽组。

表10-2　线宽组

线宽	线宽组			
b	1.4	1.0	0.7	0.5
$0.7b$	1.0	0.7	0.5	0.35
$0.5b$	0.7	0.5	0.35	0.25
$0.25b$	0.35	0.25	0.18	0.13

注:1.需要缩微的图纸,不宜采用0.18 mm及更细的线宽。

2.同一张图纸内,各不同线宽中的细线,可统一采用较细的线宽组的细线。

建筑专业制图采用的各种线型,应符合《建筑制图标准》(GB/T 50104—2010)中关于图线的规定,表10-3摘录了常用线型规定。

表 10-3　常用线型

名称		线型	线宽	用途
实线	粗		b	1. 平、剖面图中被剖切的主要建筑构造(包括构配件)的轮廓线; 2. 建筑立面图或室内立面图的外轮廓线; 3. 建筑构造详图中被剖切的主要部分的轮廓线; 4. 建筑构配件详图中的外轮廓线; 5. 平、立、剖面的剖切符号
	中粗		$0.7b$	1. 平、剖面图中被剖切的次要建筑构造(包括构配件)的轮廓线; 2. 建筑平、立、剖面图中建筑构配件的轮廓线 3. 建筑构造详图及建筑构配件详图中的一般轮廓线
	中		$0.5b$	小于 $0.7b$ 的图形线、尺寸线、尺寸界线、索引符号、标高符号、详图材料做法引出线、粉刷线、保温层线、地面、墙面的高差分界线等
	细		$0.25b$	图例填充线、家具线、纹样线等
虚线	中粗		$0.7b$	1. 建筑构造详图及建筑构造配件不可见的轮廓线; 2. 平面图中的起重机(吊车)轮廓线; 3. 拟建、扩建建筑物轮廓线
	中		$0.5b$	投影线、小于 $0.5b$ 的不可见轮廓线
	细		$0.25b$	图例填充线、家具线等
单点长画线	粗		b	起重机(吊车)轨道线
	细		$0.25b$	中心线、对称线、定位轴线
折断线	细		$0.25b$	部分省略表示时的断开界线
波浪线	细		$0.25b$	1. 部分省略表示时的断开界线,曲线形构间断开界线; 2. 构造层次的断开界线

注:地平线宽可用 $1.4b$。

(三)标高

标高是标注建筑物高度的一种尺寸形式,表示建筑物某一部位相对于基准面(标高的零点)的竖向高度,是竖向定位的依据。标高符号的画法和标高数字的注写应符合《房屋建筑制图统一标准》(GB/T 50001—2017)的规定。

单个建筑物图样上的标高符号应按图 10-2(a)所示的形式以细实线绘制,如标注位置不够,可按图 10-2(b)所示形式绘制。

(a)　　(b)

图 10-2　标高符号

总平面图上的标高符号,宜涂黑表示,其形式和画法如图 10-3(a)所示。标高符号的尖端应指向被注的高度,尖端宜向下,也可向上,如图 10-3(b)所示。在图样的同一位置需表示几个不同标高时,标高数字可按图 10-3(c)所示的形式注写。标高数字以 m 为单位,注写到小数点以后第三位;在总平面图中,可注写到小数点以后第二位。零点标高应注写成±0.000,正数标高不注“+”,负数标高应注“-”,例如:6.000、-0.600。

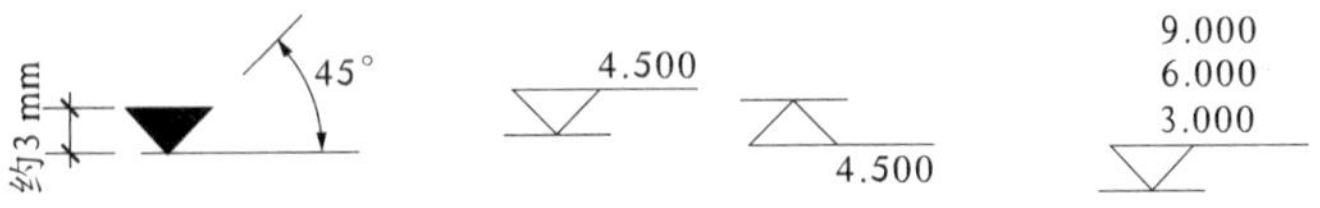

(a)　　(b)　　(c)

图 10-3　标高符号的其他规定

标高按基准面选取的不同分为绝对标高和相对标高。绝对标高是以我国青岛附近黄海多年平均海平面作为基准的标高;相对标高是将房屋底层的室内地坪高度作为基准的标高。在相对标高中,凡是包括装饰层厚度的标高,称为建筑标高,注写在构件的装饰层面上;凡是不包括装饰层厚度的标高,称为结构标高,注写在构件的底部,是构件的安装或施工高度。

(四)定位轴线

在施工图中通常将房屋的基础、墙、柱、墩和屋架等承重构件的轴线画出,并进行编号,以便于施工时定位放线和查阅图纸。

定位轴线用 0.25*b* 线宽的单点长画线表示,编号注写在轴线端部的圆内,圆用 0.25*b* 线宽的实线绘制,直径为 8~10 mm。平面图上定位轴线的编号宜标注在图样的下方与左侧。横向编号用阿拉伯数字从左至右顺序编写,竖向编号用大写英文字母从下至上顺序编写(字母 I、O、Z 不得用作轴线编号),如图 10-4 所示。

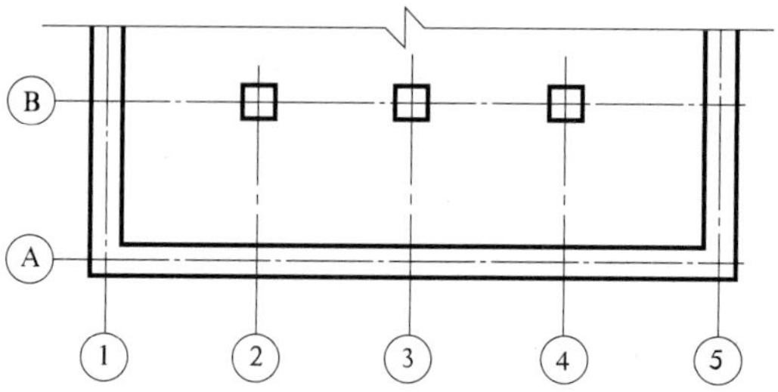

图 10-4 定位轴线编号顺序

标注非承重的隔墙或次要承重结构时,可在两根轴线之间附加轴线。附加轴线的编号,应以分数形式表示,以分母表示前一轴线的编号,分子表示附加轴线的编号;1 号轴线或 A 号轴线之前的附加轴线的分母应以 01 或 0A 表示,如图 10-5 所示。

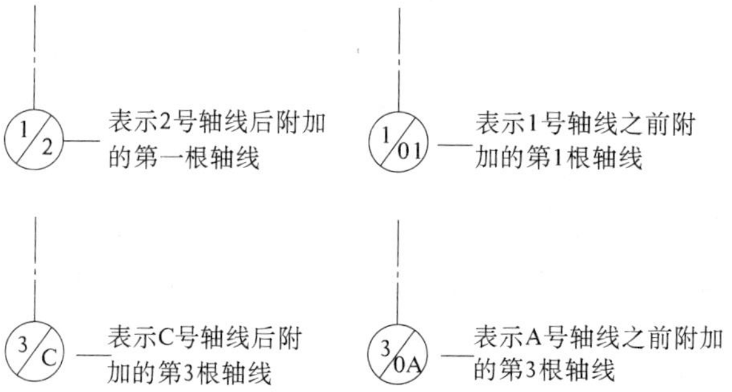

图 10-5 附加轴线编号

在画详图时,通用详图的轴线号,只用圆圈,不注写编号,如图 10-6(a)所示;如一个详图适用于几根轴线时,应同时将各有关轴线的编号注明,如图 10-6(b)、(c)、(d)所示。

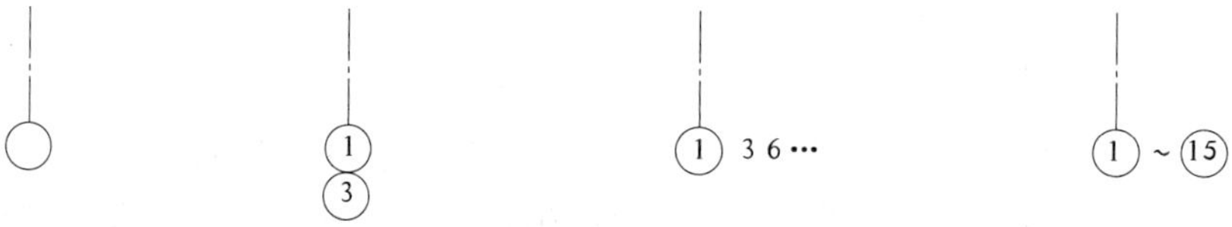

(a)通用详图轴线号 (b)详图用于 2 根轴线 (c)详图用于 3 根或 3 根以上轴线 (d)详图用于3根以上连续编号的轴线

图 10-6 详图的定位轴线编号

(五)索引符号与详图符号

1. 索引符号

为方便施工时查阅图纸,图样中的某一局部或构件,如需另见详图,常用索引符号索引。索引符号的圆及引出线均用 0.25b 线宽的实线绘制,圆的直径为 8~10 mm;引出线应对准圆心,圆内过圆心画一水平线,在索引符号中应注明详图的编号及其所在图纸的编号,具体编写规则如下:

(1)详图与被索引的图样在同一张图纸内,应在索引符号的上半圆中用阿拉伯数字注明该详图的编号,在下半圆中间画一条水平细实线,如图 10-7(a)所示。

(2)详图与被索引的图样不在同一张图纸内,应在索引符号的下半圆中用阿拉伯数字表明详图所在图纸的编号,如图 10-7(b)所示。

(3)详图如采用标准图,应在索引符号水平直径的延长线上加注该标准图集的编号,如图 10-7(c)所示。

(4)当索引符号用于索引剖面详图时,应在被剖切的部位绘制剖切位置线,引出线所在一侧应为剖视方向,如图 10-8 所示。

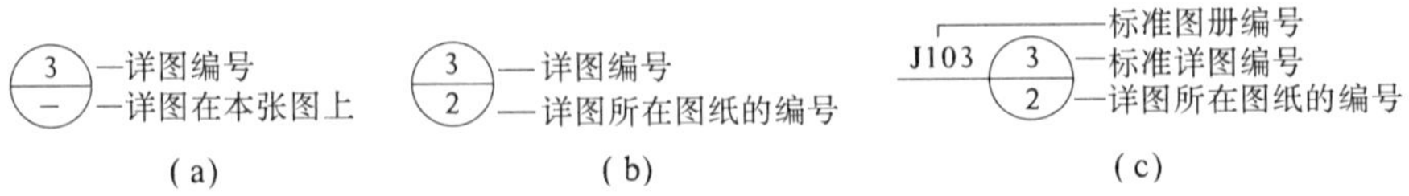

图 10-7 索引符号

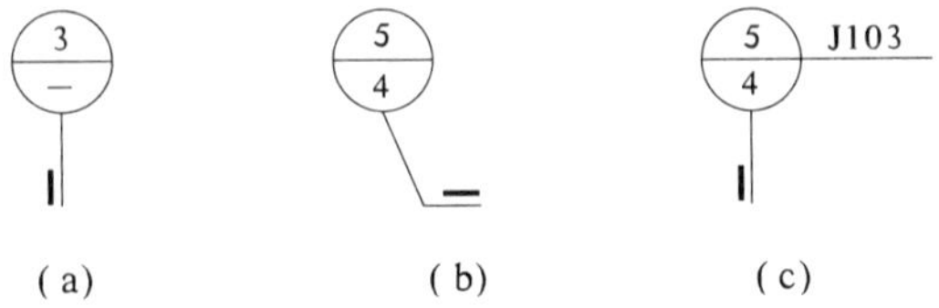

图 10-8 索引剖面详图的索引符号

2. 详图符号

详图符号表示详图的位置和编号,用线宽为 b 的实线圆绘制,直径为 14 mm。

详图与被索引的图样在同一张图纸上,在详图符号内用阿拉伯数字注明详图编号,如图 10-9(a)所示;如不在同一张图纸上,可用细实线在符号内画一水平直径,在上半圆中注明详图编号,在下半圆中注明被索引图纸的编号,如图 10-9(b)所示。

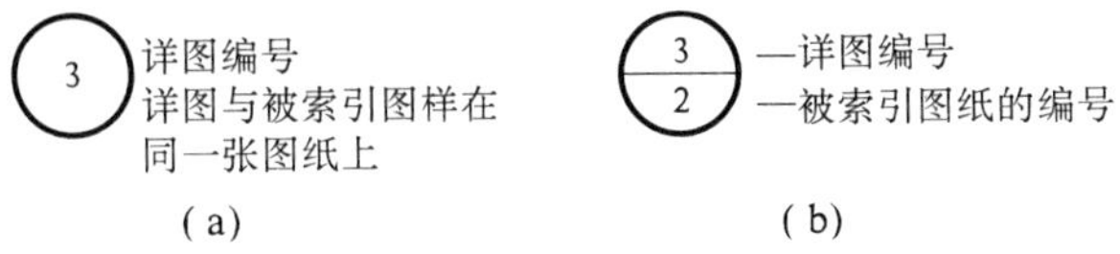

图 10-9 详图符号

(六)常用图例

表 10-4 摘录了部分建筑构造及配件的图例,其余详见《建筑制图标准》(GB/T 50104—2010)。

表 10-4　常用建筑配件图例

名称	图例	说明	名称	图例	说明
单面开启单扇门(包括平开或单面弹簧)	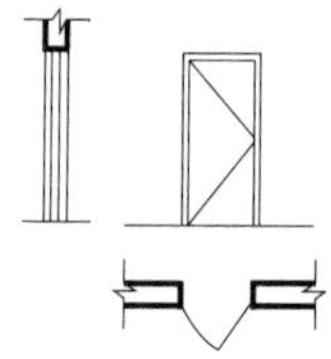	1. 门的名称代号用 M 表示； 2. 平面图中，下为外，上为内，门开启线为 90°、60°或 45°，开启弧线宜绘出； 3. 立面图中，开启线实线为外开，虚线为内开；开启线交角的一侧为安装合页一侧；开启线在建筑立面图中可不表示，在立面大样图中可根据需要绘出； 4. 剖面图中，左为外，右为内； 5. 附加纱扇应以文字说明，在平、立、剖面图中均不表示； 6. 立面形式应按实际情况绘制	固定窗	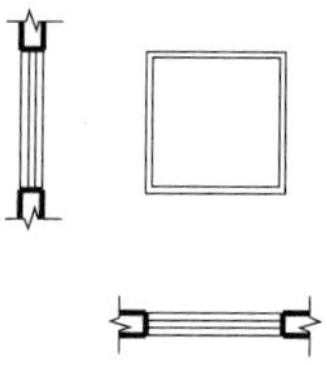	1. 窗的名称代号用 C 表示； 2. 平面图中，下为外，上为内； 3. 立面图中，开启线实线为外开，虚线为内开；开启线交角的一侧为安装合页一侧；开启线在建筑立面图中可不表示，在门窗立面大样图中需绘出； 4. 剖面图中，左为外，右为内，虚线仅表示开启方向，项目设计不表示； 5. 附加纱窗应以文字说明，在平、立、剖面图中均不表示； 6. 立面形式应按实际情况绘制
双面开启单扇门(包括双面平开或双面弹簧)	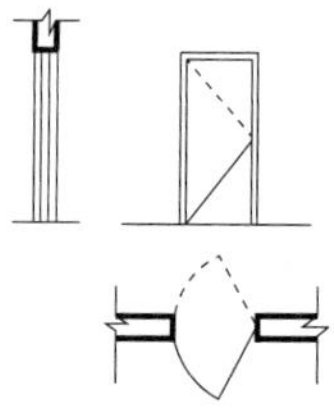		上悬窗	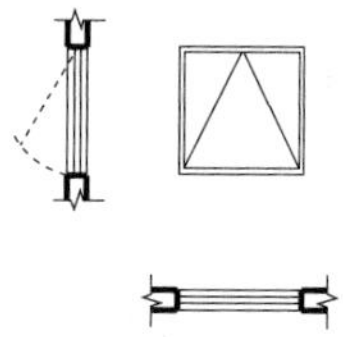	
双层单扇平开门	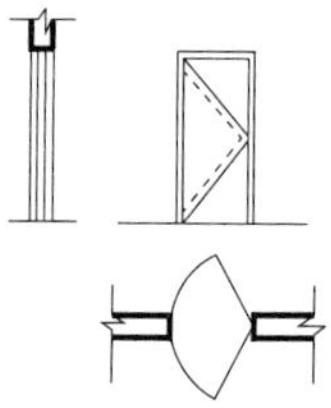		单层外开平开窗	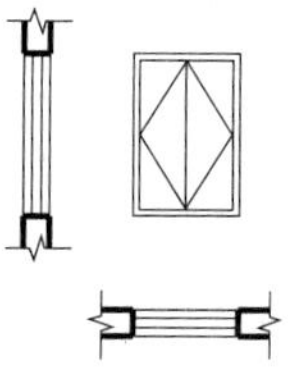	
单面开启双扇门(包括平开或单面弹簧)	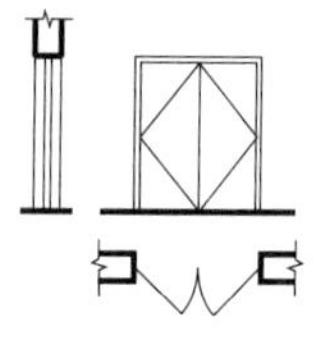		单层内开平开窗	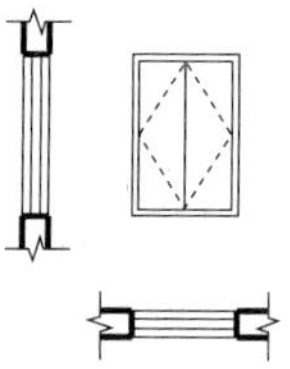	
双面开启双扇门(包括双面平开或双面弹簧)	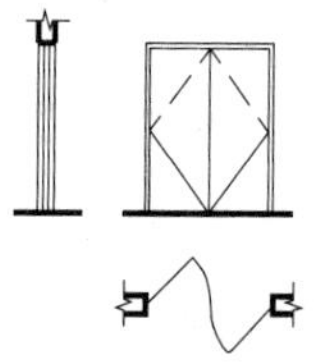		楼梯	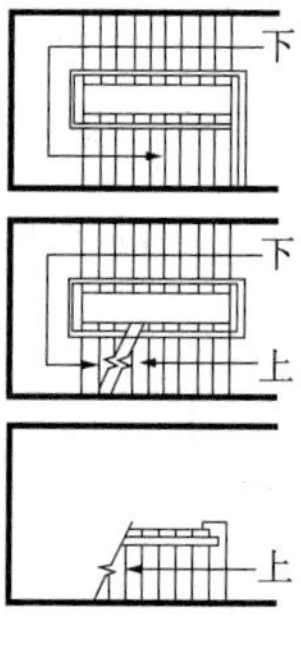	1. 上图为顶层楼梯平面，中图为中间层楼梯平面，下图为底层楼梯平面； 2. 需设置靠墙扶手或中间扶手时，应在图中表示
双层双扇平开门	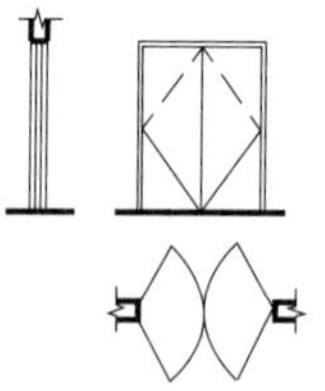				

【特别提示】 必须熟练掌握比例、图线、标高、轴线、各种符号及图例的有关规定，为正确识读和绘制建筑施工图打好基础。

第二节 总平面图及总说明

将拟建工程四周一定范围内的原有和拆除的建筑物、构筑物连同其周围的地形地物状况，用水平投影方法和相应的图例所画出的图样，即为总平面图（或称总平面布置图）。总平面图表示新建房屋的平面形状、位置、朝向和与周围地形、地物的关系，是新建房屋定位、施工放线、土石方施工的重要依据。

一、总平面图图示特点

（1）总平面图包括的地方范围较大，绘制时采用较小的比例，如1:500、1:1000、1:2000等。

（2）总平面图上标注的尺寸，一律以m为单位。

（3）由于比例较小，总平面图上的内容一般按图例绘制。《总图制图标准》（GB/T 50103—2010）分别列出了总平面图例、道路与铁路图例、管线与绿化图例，常用图例符号如表10-5所示。

表10-5 常用总平面图例

名称	图例	说明
新建建筑物	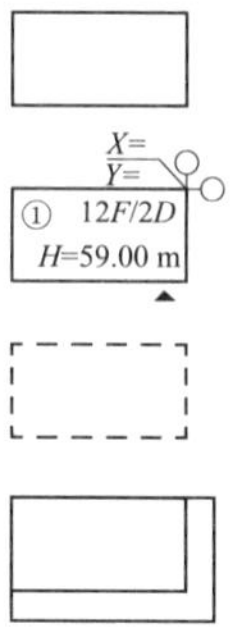	1. 新建建筑物以粗实线表示与室外地坪相接处±0. 00外墙定位轮廓线； 2. 建筑物一般以±0. 00高度处的外墙定位轴线交叉点坐标定位；轴线用细实线表示，并标明轴线号； 3. 根据不同设计阶段标注建筑编号，地上、地下层数，建筑高度，建筑出入口位置（两种表示方法均可，但同一图纸应采用一种表示方法）； 4. 地下建筑物以粗虚线表示其轮廓； 5. 建筑上部（±0. 00以上）外挑建筑用细实线表示； 6. 建筑物上部连廊用细虚线表示并标注位置
原有建筑物	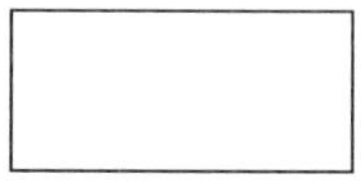	用细实线表示

续表 10-5

名称	图例	说明
计划扩建的预留地或建筑物		用中粗虚线表示
拆除的建筑物	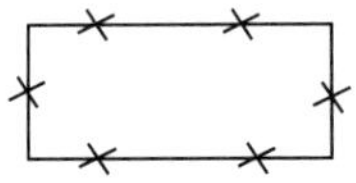	用细实线表示
围墙及大门	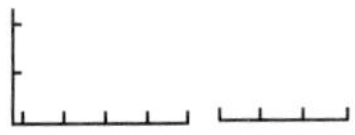	
原有道路	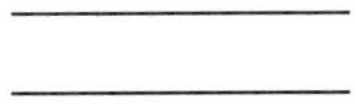	
计划扩建的道路		
新建的道路	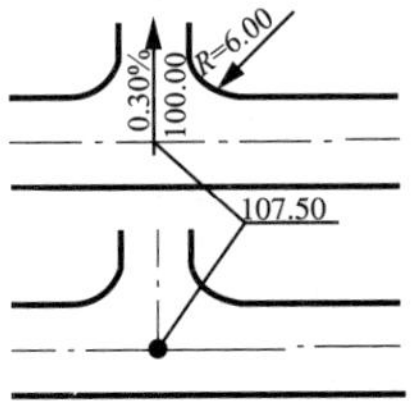	“R=6.00”表示道路转变半径;“107.50”为道路中心线交叉点设计标高,两种表示方式均可,同一图纸采用一种方式表示;“100.00”为变坡点之间距离,“0.30%”表示道路坡度,一表示坡向
拆除的道路	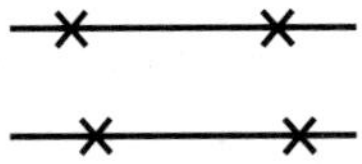	
人行道	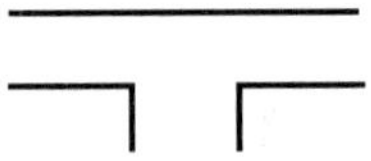	

二、总平面图图示内容

(1)新建区的总体布局。如用地范围、原有建筑物或构筑物的位置、道路等。

(2)新建房屋的平面布置。确定新建建筑物的位置,通常用原有建筑物、道路等来定位;拟建房屋,用粗实线表示,并在线框内,用数字或点数表示建筑层数。

(3)新建房屋的室内外标高。

(4)指北针和风向频率玫瑰图。指北针表示房屋的朝向。指北针用细实线圆绘制,直径为 24 mm,指针尖为正北方向,指针尾部宽度为 3 mm,如图 10-10(a)所示。风向频率玫瑰图,可确定本地区常年风向频率和风速。风向频率玫瑰图一般画出 16 个方向的长短线来表示该地区常年的风向频率,有箭头的方向为北向,如图 10-10(b)所示。

(5)附近的地形地物。如等高线、道路、水沟、河流、池塘、土坡等。

(6)绿化规划、管道布置。

图 10-11 所示是某小区总平面图。

(a)

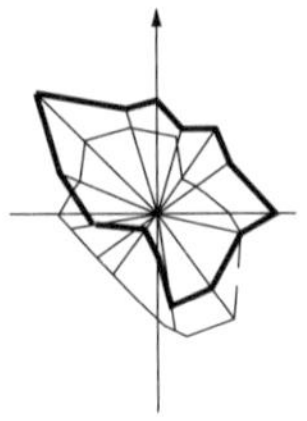

(b)

图 10-10　指北针和风向频率玫瑰图

三、设计总说明

在建筑施工图中,对某些项目如尺寸单位、一般构造的用料及做法等,若首先作一个总说明,不仅省略了在每一张图纸上都作重复标注的麻烦,而且还可以让施工人员对该建筑物的施工要求有一个概括的了解。因此,常在建筑施工图册的首页上用文字或表格的方式介绍本工程概况,如新建工程的位置、层数、建筑面积、结构形式以及各部分构造做法(包括基础、墙体、楼地面、屋面、楼梯、勒脚、散水、踢脚板、墙裙、门窗及顶棚等)。

目前,部分构配件已采用标准构件,因此在首页应注明所采用标准构件的页数和编号,以便查阅。首页除设计说明外,还常列门窗表。

四、施工总说明

施工总说明主要用来说明图样的设计依据和施工要求。中小型房屋的施工总说明常与总平面图一起放在建筑施工图内,或者施工总说明与结构总说明合并,成为整套施工图的首页,放在施工图的最前面。

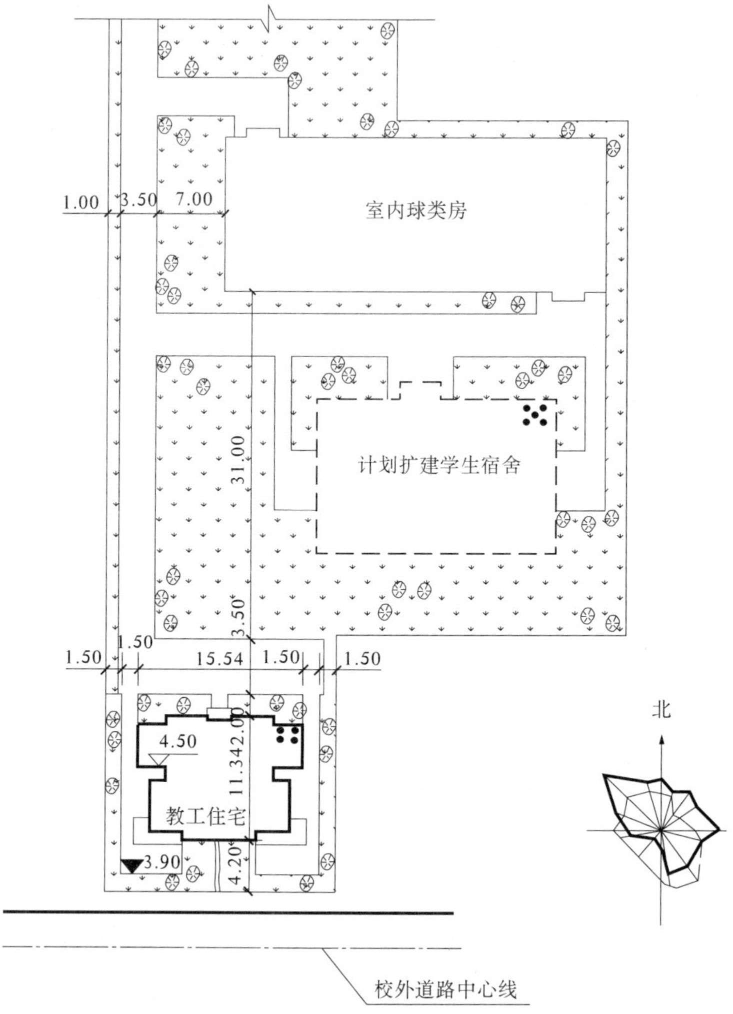

图 10-11　某小区总平面图　(单位:m)

第三节　建筑平面图

一、平面图的形成

建筑平面图是假想用一水平的剖切平面沿门窗洞口位置将房屋剖切后,对剖切面以下部分向水平面投影所得到的图形,如图 10-12 所示。

建筑平面图反映了房屋的平面形状、大小和布置,墙、柱的位置、尺寸和材料,门窗的类型和位置等。建筑平面图是建筑施工图中最基本的图样之一,是施工放线、砌筑、安装门窗、做室内外装修以及编制预算、备料等工作的依据。

多层房屋一般应每层画一个平面图,并注明相应的图名,如"底层平面图""二层平面图"等。对于相同的楼层可以画一个"标准层平面图"。除楼层平面图外,还应画屋顶平面图。屋顶平面图是屋面在水平面上的投影,不需剖切。

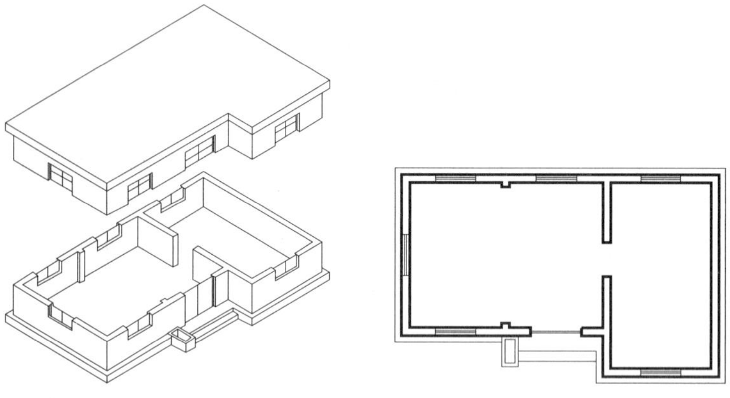

(a) (b)

图 10-12 平面图的形成

二、平面图的图示内容

建筑平面图一般采用 1:100~1:200 的比例绘制,局部平面图根据需要,可采用 1:100、1:50、1:20、1:10 等比例绘制。平面图主要包括以下内容:

(1)图名、比例、朝向。

(2)定位轴线及其编号。

(3)各房间的名称、布置和分隔,门窗的位置,墙、柱的断面形状和大小。

(4)楼梯的位置及梯段的走向与级数。

(5)其他构配件如台阶、雨篷、阳台等的位置。

(6)平面图的轴线尺寸、各建筑构配件的定形尺寸、定位尺寸以及楼地面的标高。

(7)剖面图的剖切符号,表示房屋朝向的指北针(这些仅在底层平面图中表示)。

(8)详图索引符号。

三、平面图的图示要求

(一)定位轴线及编号

定位轴线用细点画线绘制,墙体内可以断开不画。轴线编号的圆圈应大小一致、排列整齐。

(二)图线

建筑平面图中被剖切到的墙、柱断面轮廓用粗实线画出;没有剖切到的可见轮廓线,如窗台、台阶、散水、楼梯等用中实线画出;尺寸线、标高符号等用细实线画出。

(三)图例

在平面图中,门、窗、卫生设施及建筑材料均应按规定的图例绘制,并在图例旁注写代号和编号。代号"M"表示门,"C"表示窗,不同大小的门、窗以不同的编号区分。此外,还应以列表的方式表示门窗的类型、制作材料等。

比例大于 1:50 的平面图中,宜画出材料图例;比例为 1:100~1:200 时,可画简化的材料图例(如砖墙涂红、钢筋混凝土涂黑);比例小于 1:200 的平面图,可不画材料图例。

此外,还应标注剖切符号及其编号以表示相应剖面图的剖切位置和投影方向。

(四)尺寸标注

平面图中的外墙尺寸一般有三层。最内层是细部尺寸,表示门、窗的大小和位置;中间层为定位轴线的间距尺寸,它是承重构件的定位尺寸,也是房间的开间和进深尺寸;最外层为总尺寸,表示房屋的总长和总宽。

此外,还须标注某些局部尺寸,如台阶、墙厚、散水等,以及室内、外等处的标高。

(五)图名和比例

图样均应标注图名,图名注写在图形下方,并在图名下画一粗实线。比例注写在图名的右侧,比例的字高比图名字高小一号或二号。

四、平面图的识读

【工程案例10-1】 识读图10-13~图10-7所示某单位职工宿舍楼平面图。

(1)从图10-13的图名可了解到该图是底层平面图,比例是1:100。指北针表明了房屋的朝向,说明房屋坐北朝南(上北下南)。入口有两处,分别位于建筑的东西两侧。房屋总长29.04 m,总宽18.24 m。

(2)从轴线网和墙体可看出,该宿舍楼平面图呈长方形,横向轴线为1~9,竖向轴线为A~F;走廊宽2.4 m,东西走向,将建筑平分为南北两部分;南北两面各6间宿舍,宿舍的开间为3.6 m,进深为6.3 m;地面标高是±0.000 m。

(3)入口处向北是楼梯,向南是公用卫生间,卫生间地面标高是-0.020 m。

(4)从最内层尺寸可了解门窗洞口尺寸、墙的厚度、柱的大小和位置等。如墙厚240 mm,窗C-1的宽度为1800 mm,窗边距离轴线900 mm;窗C-2的宽度为1500 mm,窗边距离轴线1050 mm。

(5)在平面图中还可了解到阳台、壁柜、隔断、床、卫生设备的位置,了解室外台阶、散水的大小和位置,另外还画出了剖切符号1—1、2—2,以便与剖面图对照查阅。

图10-14所示为该宿舍楼二~四层平面,图10-15所示为该宿舍楼五层平面图、图10-16所示为屋顶平面图,图10-17所示为屋顶排水平面图,可自行识读。

五、平面图的绘制

建筑平面图可以按照以下步骤进行绘制:

(1)选定比例和图幅。

首先,根据房屋的大小按国标的规定选择一个合适的比例,通常用1:100,进而确定图幅的大小,选定图幅时应考虑标注尺寸、符号和有关说明的位置。

(2)绘制轴线。

均匀布置图面,根据房屋开间和进深尺寸绘制定位轴线。

(3)绘制墙体线。

根据墙厚尺寸绘制墙体,可以暂不考虑门窗洞口,画出全部墙线草图。草图线要画得细而轻,以便修改。

(4)绘制门窗。

根据门窗的大小及位置,确定门窗洞口,按规定绘制门窗图例。

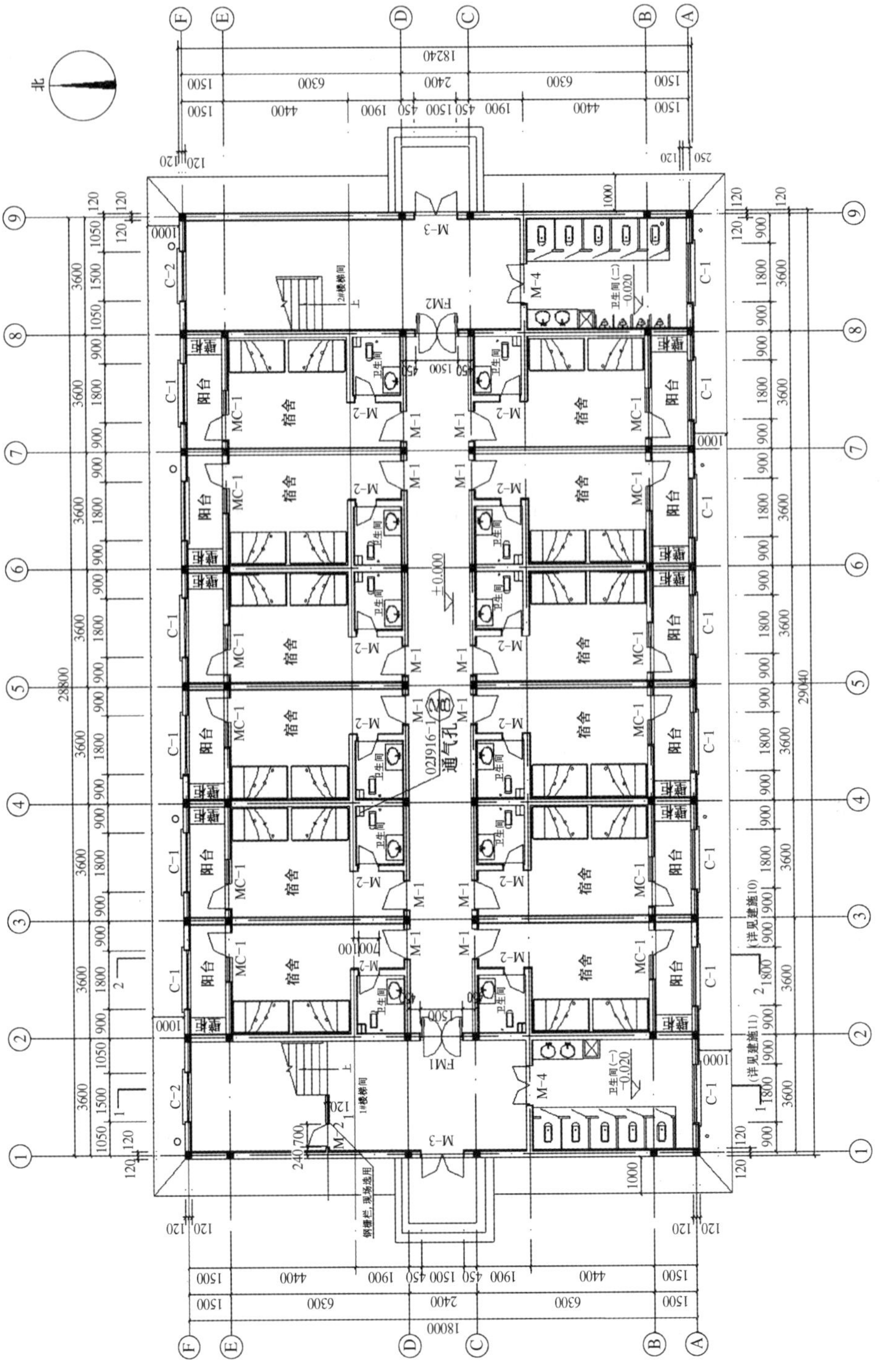

一层平面图 1∶100

图 10-13　底层平面图

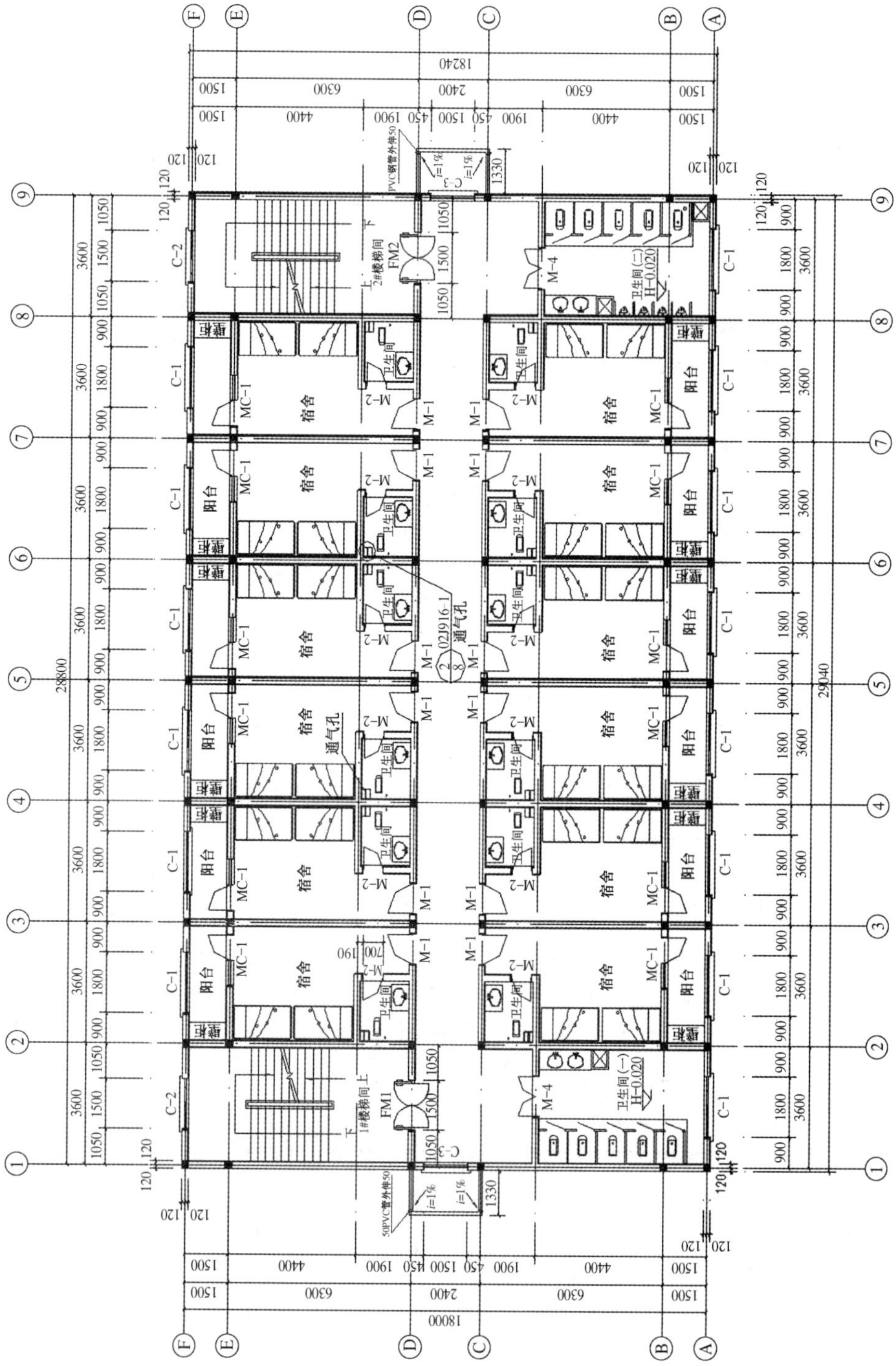

二～四层平面图 1:100

图 10-14　二～四层平面图

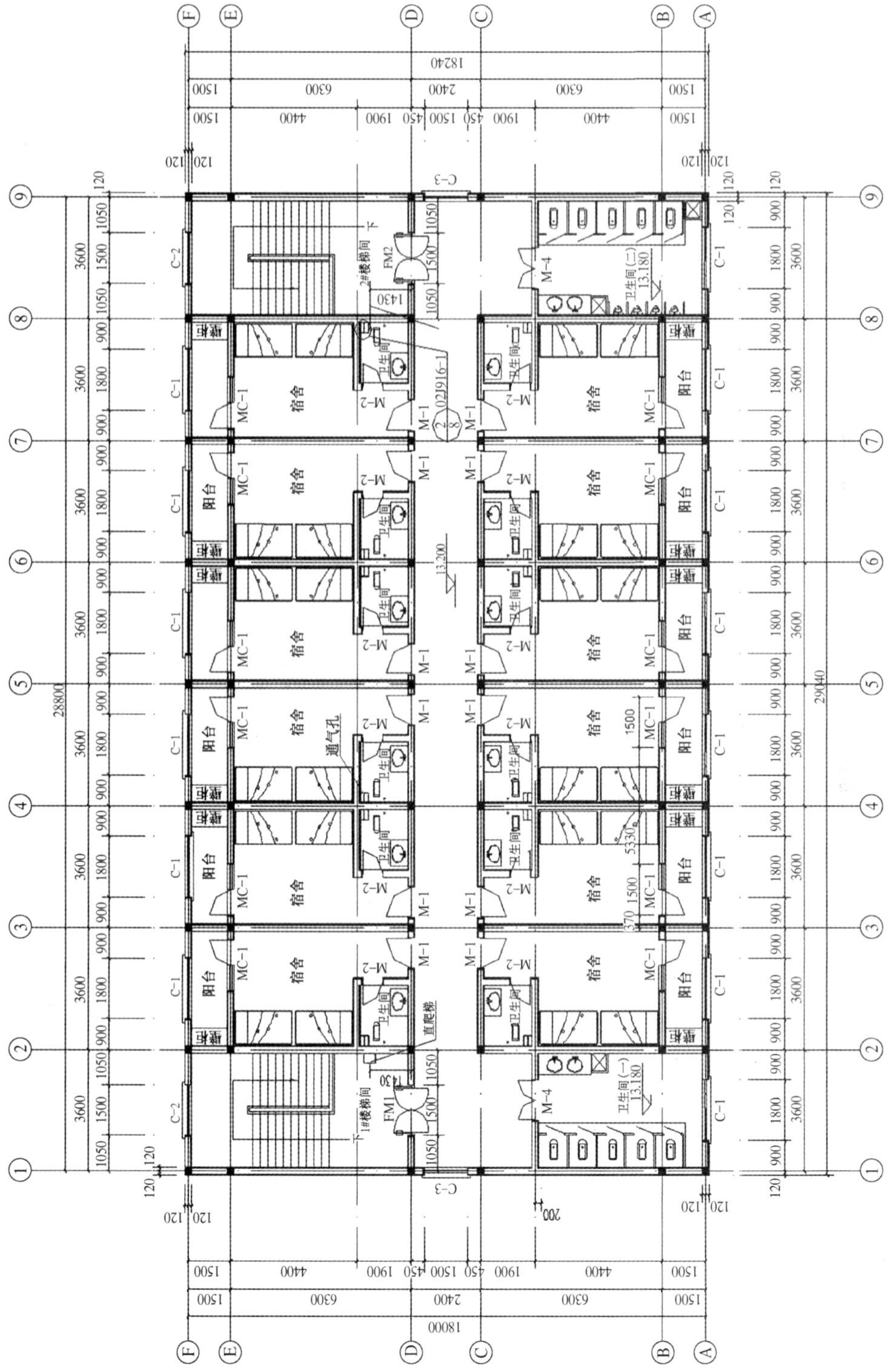

五层平面图 1:100

图 10-15 五层平面图

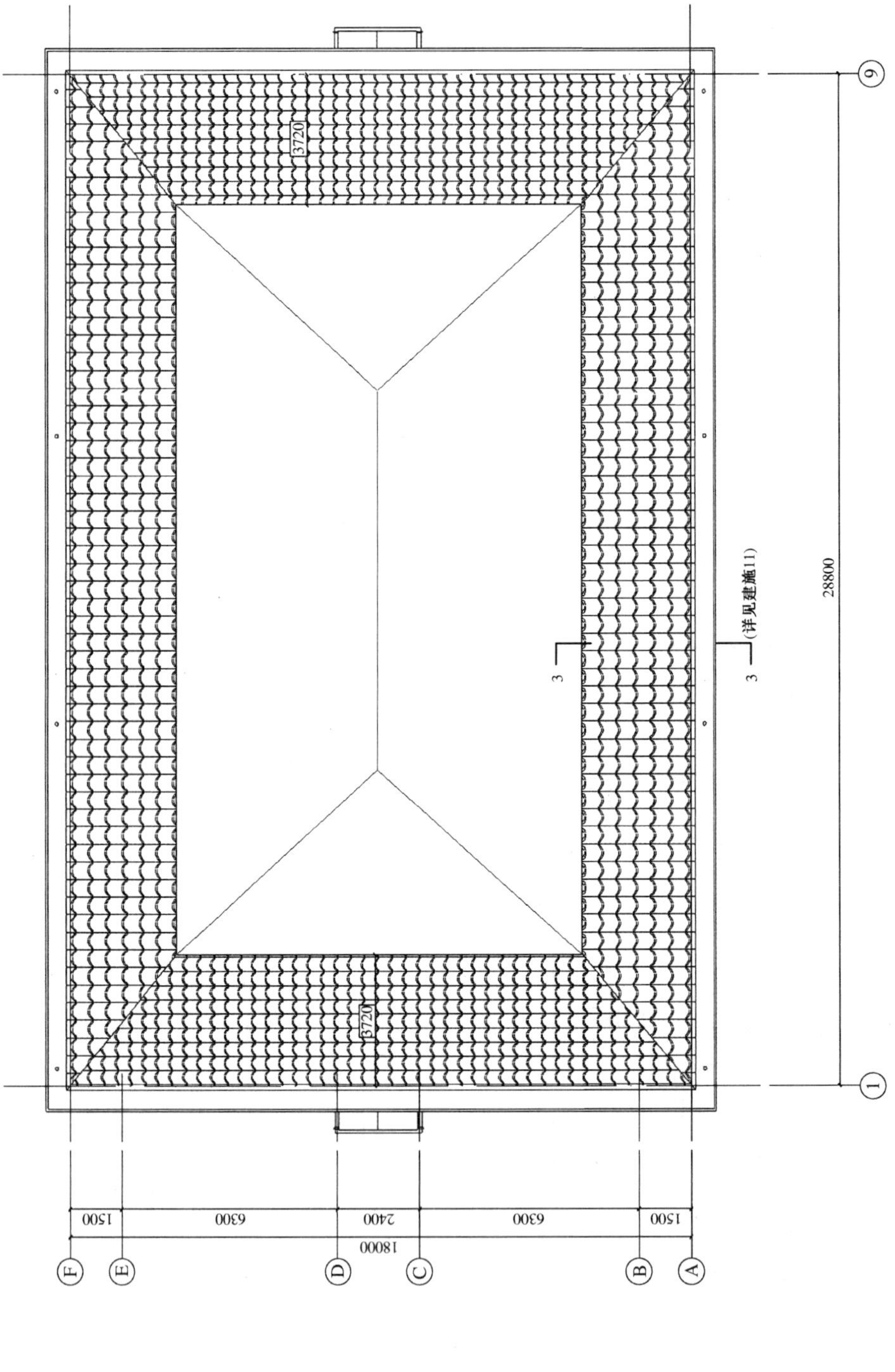

屋顶平面图 1∶100

图10-16 屋顶平面图

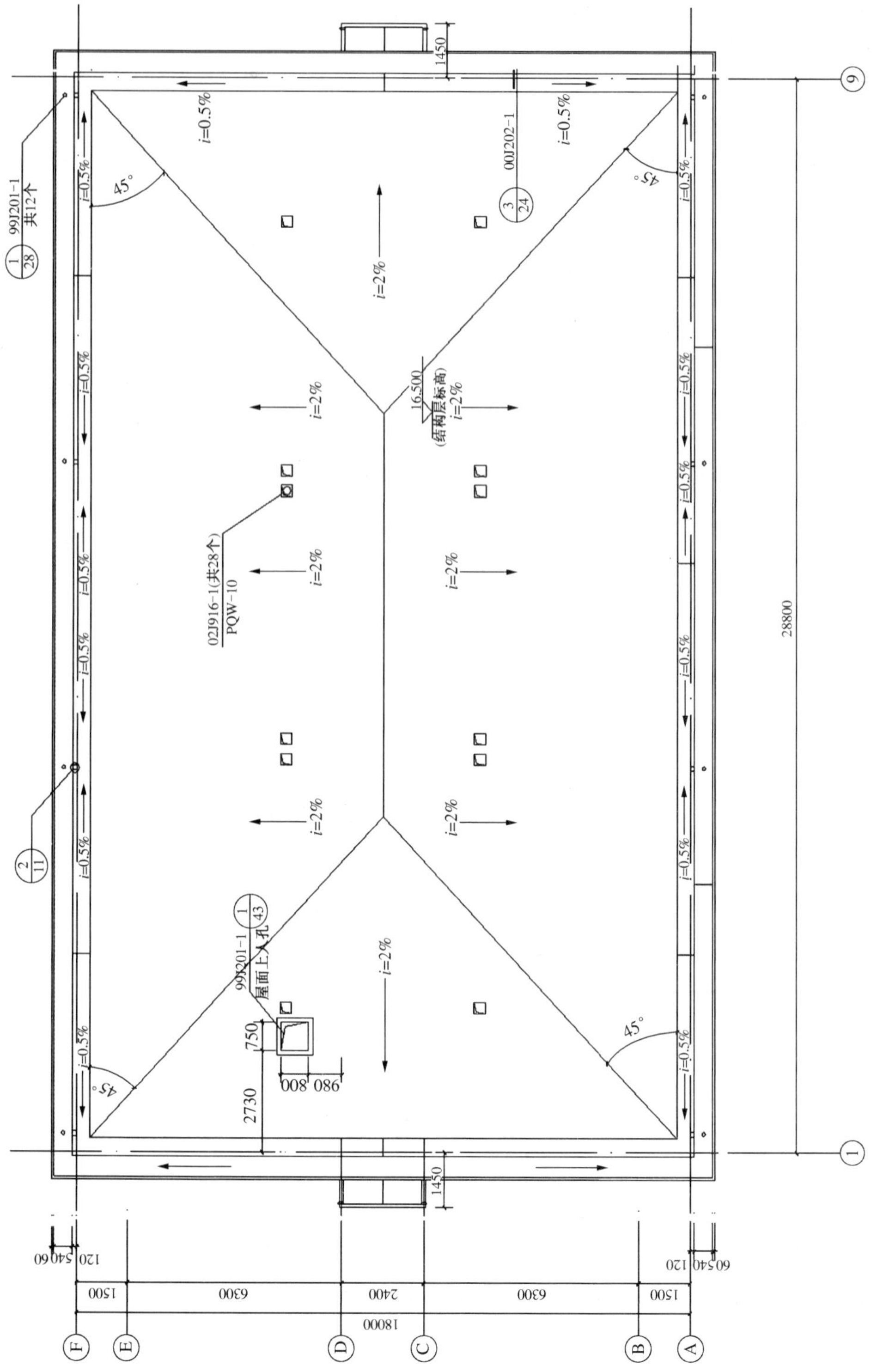

屋顶排水平面图 1：100

图 10-17　屋顶排水图

(5)其他。

包括室内家具、壁柜、卫生隔断,室外阳台、台阶、散水等。

(6)加深墙体线。

(7)标注。

标注尺寸、房间名称、门窗名称及其他符号,完成全图。

【特别提示】 布置图面时,应考虑图框、标题栏、图名、轴线编号、标注尺寸及其他文字说明等。

第四节 建筑立面图

一、立面图的形成

立面图是房屋在与外墙面平行的投影面上的投影,如图10-18所示。

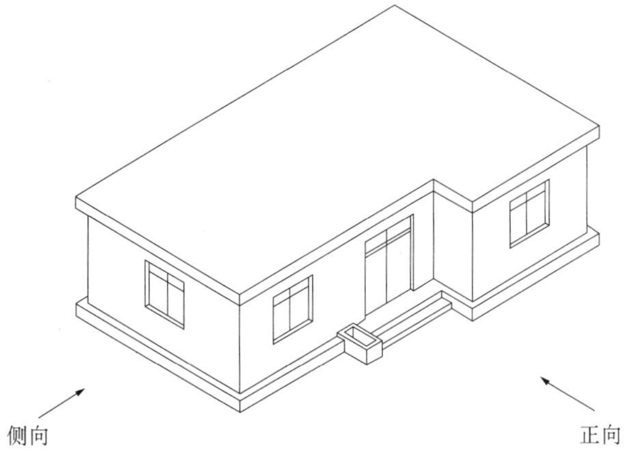

(a)投影方向

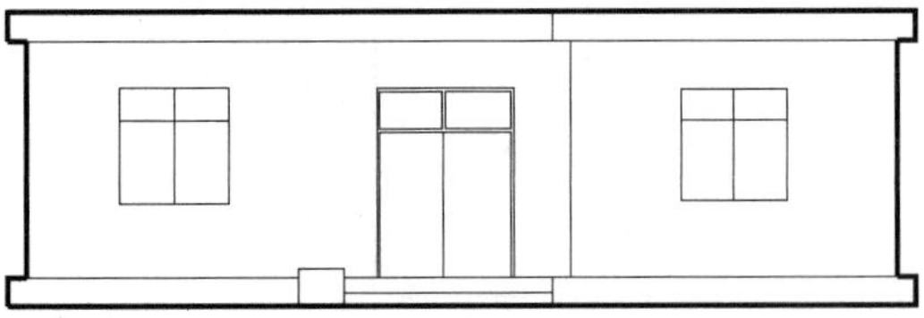

(b)正立面图

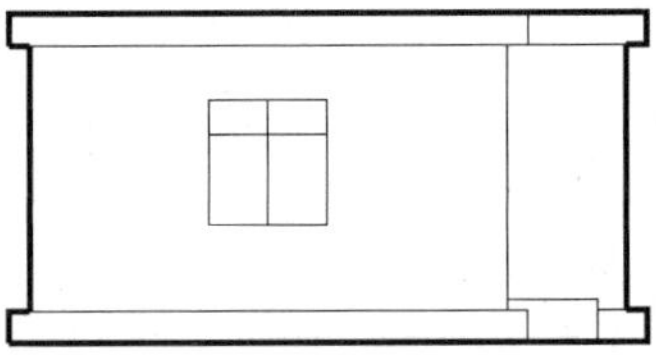

(c)侧立面图

图10-18 立面图的形成

房屋有多个立面,通常把房屋主要入口的立面图画为正立面图,从而确定背立面图和侧立面图。有定位轴线的建筑物,根据两端定位轴线编号确定立面图名称;无定位轴线的建筑物,则可按房屋的朝向来确定立面图的名称,如南立面图、东立面图。

建筑立面图主要表明建筑物的体型和外貌,外墙面的材料、色彩,女儿墙的形式,线脚、腰线、勒脚等饰面的做法,阳台的形式及门窗布置,雨水管位置等。

二、立面图的图示内容

立面图一般包含以下内容：

(1)图名、比例。

(2)立面两端的定位轴线及其编号。

(3)门窗的位置和形状。

(4)屋顶的外形。

(5)外墙面的装饰及做法。

(6)台阶、雨篷、阳台等的位置、形状和做法。

(7)标高及必需标注的局部尺寸。

(8)详图索引符号。

三、立面图的图示要求

(一)定位轴线及编号

立面图上可只标出两端的轴线及其编号(注意编号与平面图上是相对应的),用以确定立面图的朝向。

(二)图线

为了使立面图外形清晰、重点突出、层次分明,往往用不同的线型表示各部分的轮廓线。立面图的最外轮廓线画成粗实线,室外地坪线画成 1.4 倍的粗实线;建筑立面凹凸之处的轮廓线、门窗洞以及较大的建筑构配件的轮廓线,如雨篷、阳台、楼梯等均用中实线绘制;较细小的建筑构配件或装饰线,如勒脚、窗台、门窗扇、各种装饰、墙面上引条线、文字说明指引线等均用细实线绘制。

(三)图例

立面图上的门窗也按规定的图例绘制,但不注门、窗代号。门窗中的斜线表示开启方向,细实线表示外开,细虚线表示内开,开启线交点表示门窗转轴的位置。

(四)尺寸标注

在立面图中,一般不标注门、窗洞口的大小尺寸及房屋的总长和总高尺寸。但一般应标注室内外地坪、阳台、门、窗等主要部位的标高。

(五)图名和比例

图名和比例的标注与平面图的标注要求相同。有定位轴线的建筑物,根据两端定位轴线号标注立面图名称(如:①~⑦立面图);无定位轴线的建筑物,可按平面图各面的方向确定名称。

四、立面图的识读

【工程案例 10-2】 识读图 10-19 所示某单位职工宿舍楼正立面图。

(1)从图名和轴线的编号可知该图是房屋的南向立面图,比例与平面图一致(1:100)。入口在东西两侧,入口处设有雨篷,入口前有三级台阶。

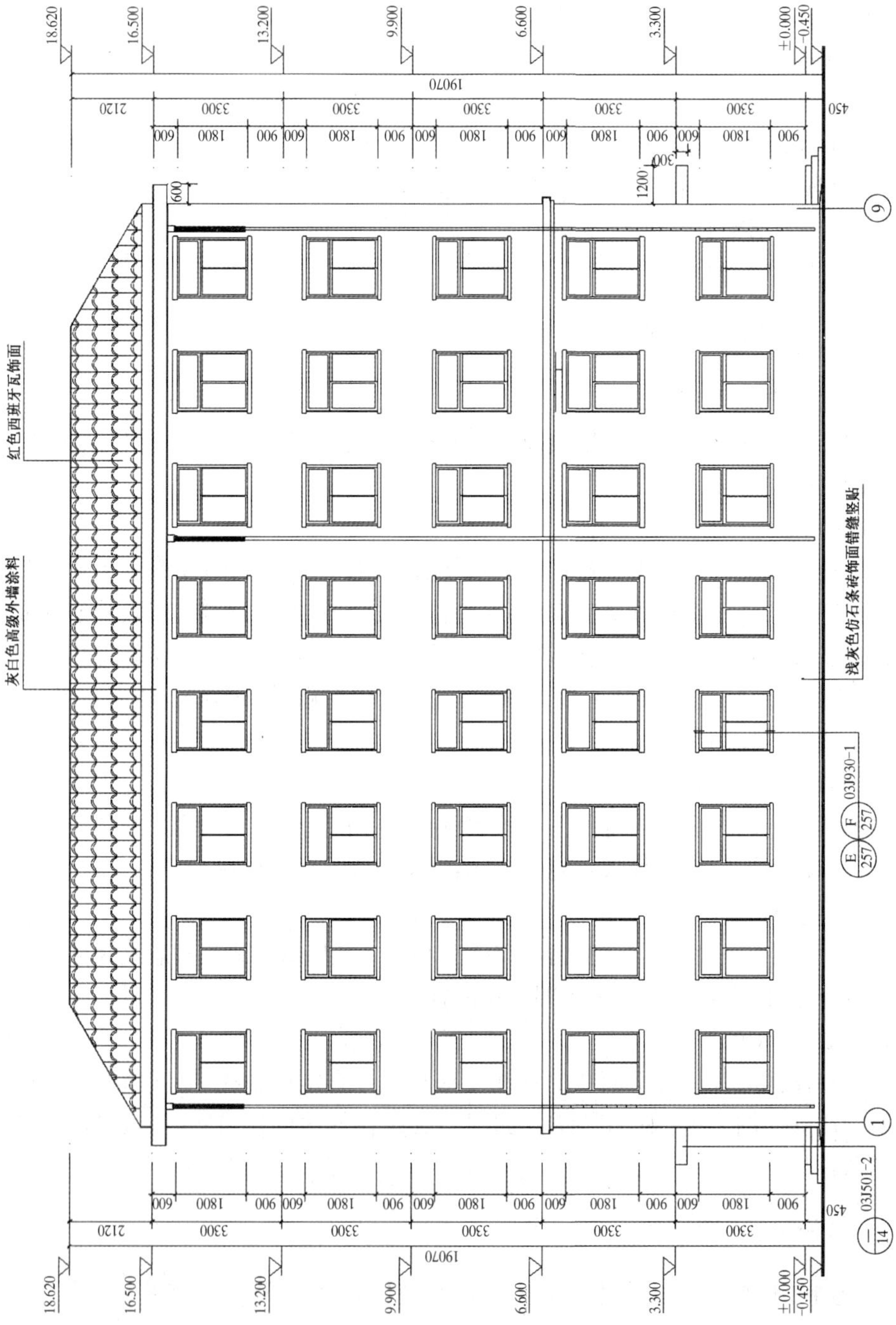

①~⑨立面图 1:100

图 10-19　正立面图

(2)立面图的外轮廓线所包围的范围显示出这幢房屋的总高为 18.62 m,室外地坪 -0.450 比室内±0.000 低 450 mm。

(3)外轮廓线之内的图形主要是门窗、阳台的构造图例。从门窗的分布可以知道这幢宿舍楼共五层,层高 3.3 m,立面左右对称。为了加强立面的效果,外墙面上还设有水平的引线。

(4)从图中的文字说明可了解外墙面及屋顶的装修做法。外墙面下部为浅灰色仿石条砖饰面错缝竖贴,上部为灰白色高级外墙涂料;屋顶为红色西班牙瓦饰面。

图 10-20 是该职工宿舍楼背立面图,读者可自行阅读。

五、立面图的绘制

立面图采用与平面图相同的图幅和比例。

(1)画主要轮廓线。考虑好图面的布置后,画室外地坪线、屋面线和外墙轮廓线。

(2)画次要轮廓线。绘制檐口、门窗洞、窗台、雨篷、阳台、雨水管、台阶等。

(3)标注。经检查无误后,擦去多余图线,按施工要求加深图线,标注标高、图名、比例及有关文字说明。

第五节　建筑剖面图

一、剖面图的形成

假想用一个或多个垂直于外墙轴线的铅垂剖切平面将房屋剖开,移去靠近观察者的部分,对留下部分所作的正投影图称为建筑剖面图,如图 10-21 所示。剖面图的剖切位置一般选择在能反映建筑全貌和构造特征的位置,一般取楼梯间、门窗洞口及构造比较复杂的典型部位。

剖面图的数量应根据房屋的复杂程度和施工需要而定,剖切平面可平行于房屋的宽度方向,形成横剖;也可平行于房屋的长度方向形成纵剖。若一个剖切平面不能满足要求,可作阶梯剖。

建筑剖面图用来表达建筑内部垂直方向构件布置、上下分层情况、层高、门窗洞口尺寸以及房屋内部的结构形式。它与建筑平面图、立面图相配合,是建筑施工图中不可缺少的重要图样之一。

二、剖面图的图示内容

建筑剖面图一般包括:

(1)图名、比例。

(2)外墙的定位轴线及其编号。

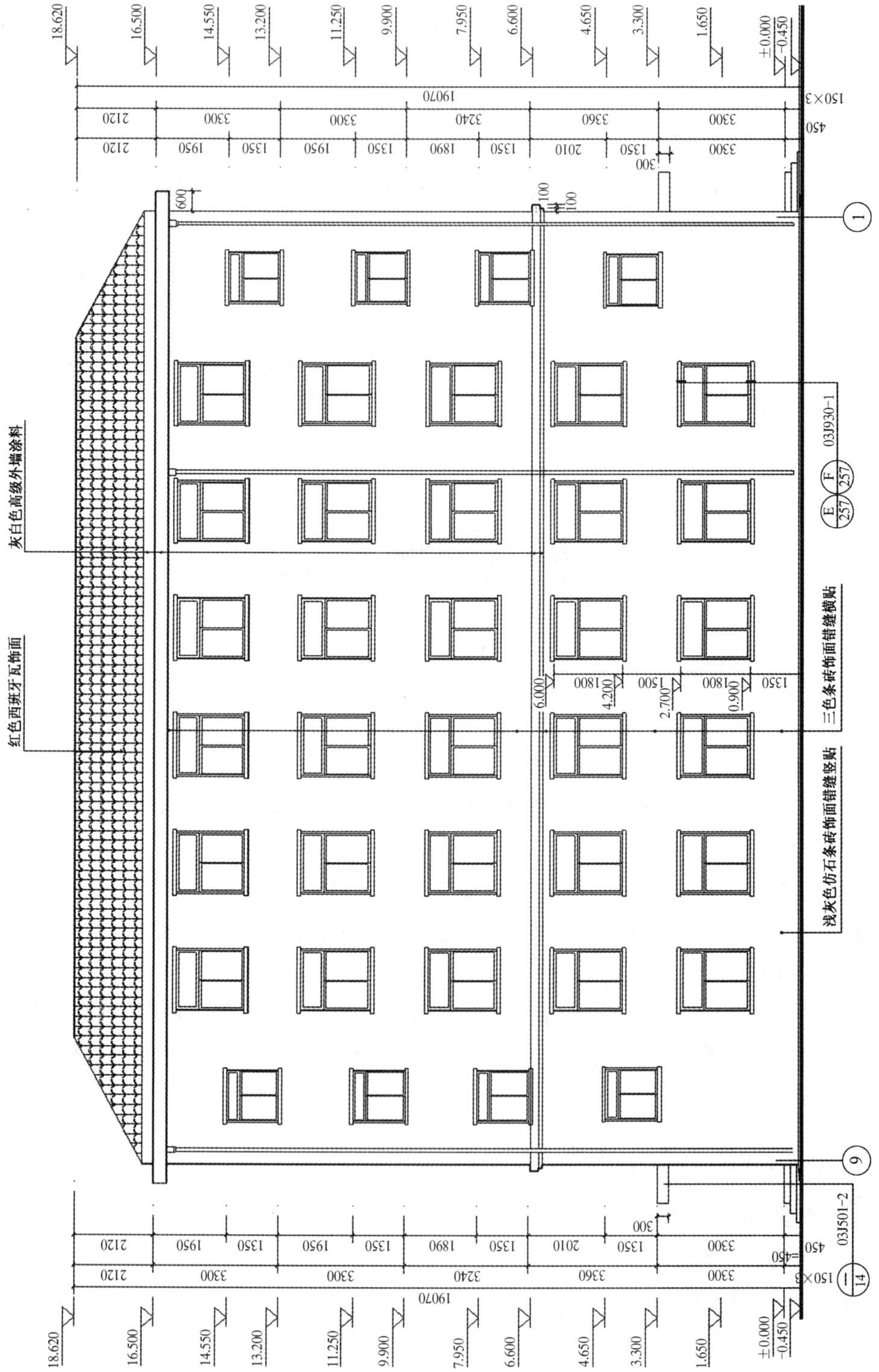

⑨～①立面图

图10-20　背立面

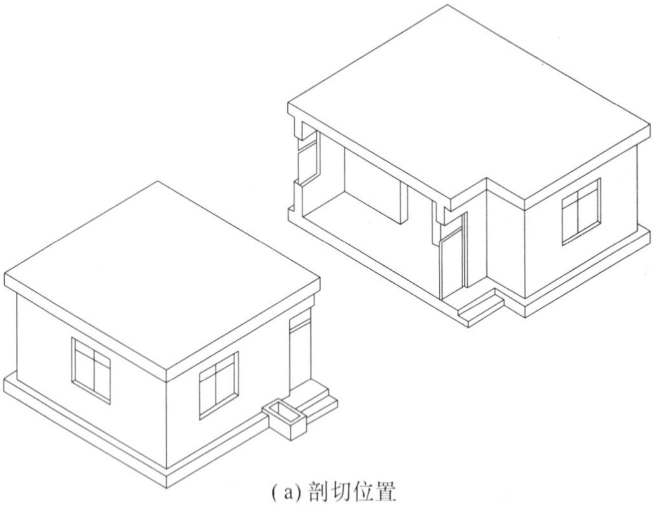

(a) 剖切位置

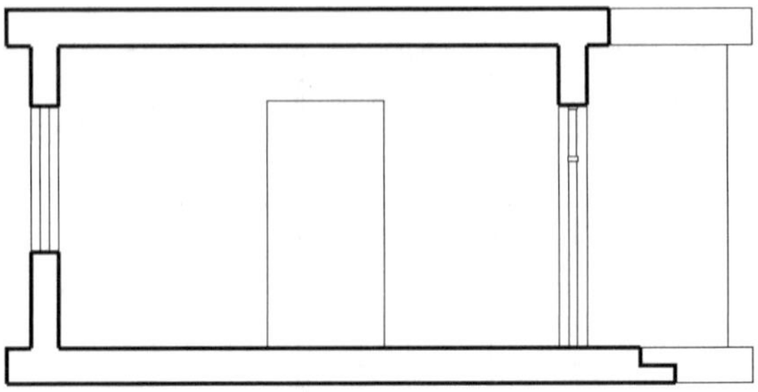

(b) 剖面位置

图 10-21　剖面图的形成

(3)剖切到的室内外地面、楼板、屋顶、内外墙及门窗、梁、楼梯、阳台、雨篷等的位置、形状及图例。地面以下的基础一般不画。

(4)未剖切到的可见部分,如墙面上的凹凸轮廓,门窗、梁、柱等的位置和形状。

(5)垂直尺寸及标高。

(6)详图索引符号。

三、剖面图的图示要求

(一)定位轴线及编号

剖面图上只标出两端的轴线及其编号,以便与平面图对照来说明剖面图的投影方向。

(二)图线

剖切到的构件(如墙身等)的轮廓用粗实线表示;未剖切到的可见部分轮廓线如门窗洞、踢脚线、楼梯、扶手等用中实线表示;图例线、引出线、标高符号、雨水管等用细实线表示;室内外地坪用加粗的粗实线表示。

(三)图例

门窗仍按规定图例绘制,材料图例与平面图的要求相同。

(四)尺寸标注

外墙的高度尺寸一般标注三层。第一层为勒脚高度、门窗洞高度、洞间墙高度、檐口厚度等细部尺寸;第二层为层高尺寸;第三层为总高尺寸。剖面图中还须标注室内外地面、楼面、楼梯平台等处的标高。

(五)图名与比例

图名和比例的标注与平面图的标注要求相同,图名的编号应与平面图中所标注的剖切位置符号相一致,如1—1剖面图(见图10-22)、2—2剖面图(见图10-23)等。

四、剖面图的识读

【工程案例10-3】 识读图10-22所示某单位职工宿舍楼1—1剖面图。

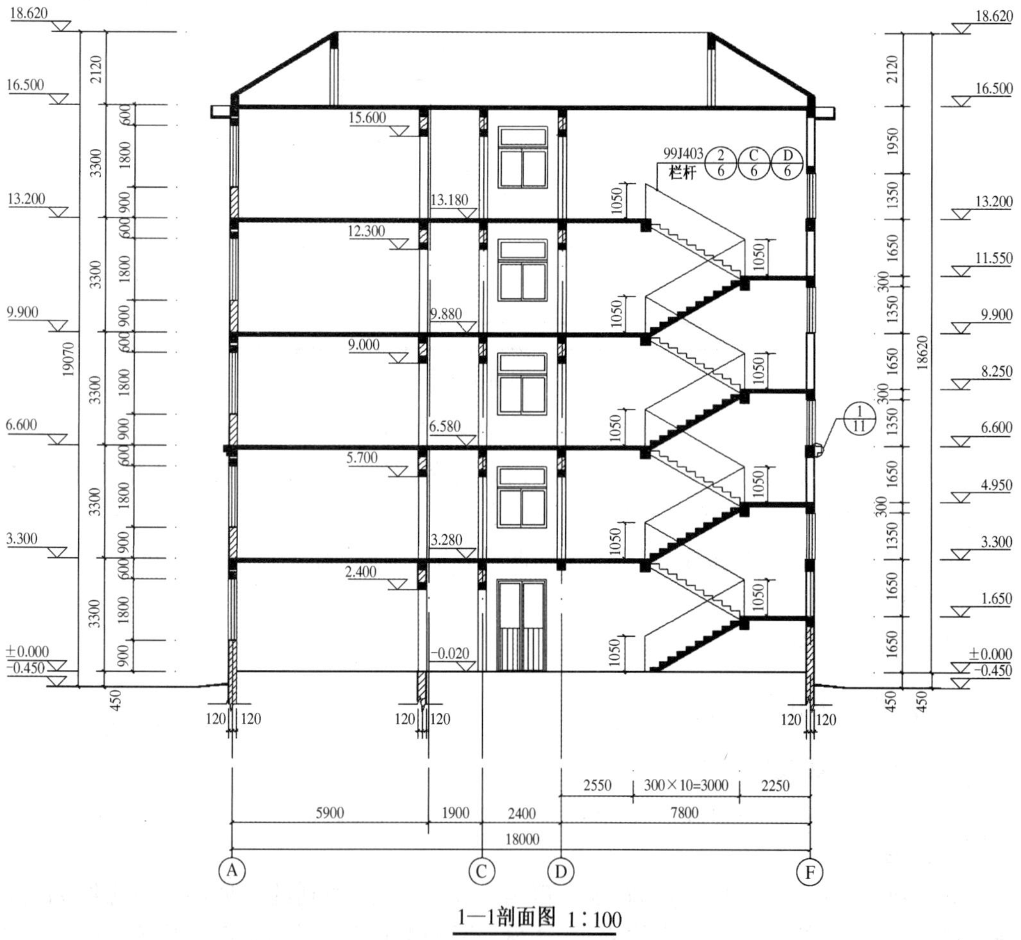

图10-22 某职工宿舍1—1剖面图

(1)阅读图名和比例,明确剖面图的剖切位置和投影方向。

由图名(1—1剖面图)可在底层平面图(见图10-13)上查找编号为1的剖切符号,剖切平面切到窗 C-1、卫生间(一)、门 M-4、门厅、楼梯的上行梯段、窗 C-2,投影方向从右向左,比例为 1:100。

(2)分析建筑物内部的空间组合与布局,了解建筑物的分层情况。

从图中可以看出该宿舍楼为坡屋顶,共五层,除底层入口处为门 M-3,2~5 层为窗 C-3 外,各层的布局均相同。

(3)阅读标高和尺寸。

从图中可知各楼层地面的标高分别为-0.020 m、3.28 m、6.58 m、9.88 m、13.18 m,建筑物的层高为 3.3 m;公共卫生间 M-4 高 2.4 m,C-1 高 1.8 m。

识读建筑剖面图时应以建筑平面图为依据,由建筑平面图到建筑剖面图,由外部到内部,由下到上,反复对照查阅,形成对房屋的整体认识。

图 10-23 是该职工宿舍楼 2—2 剖面图,读者可自行阅读。

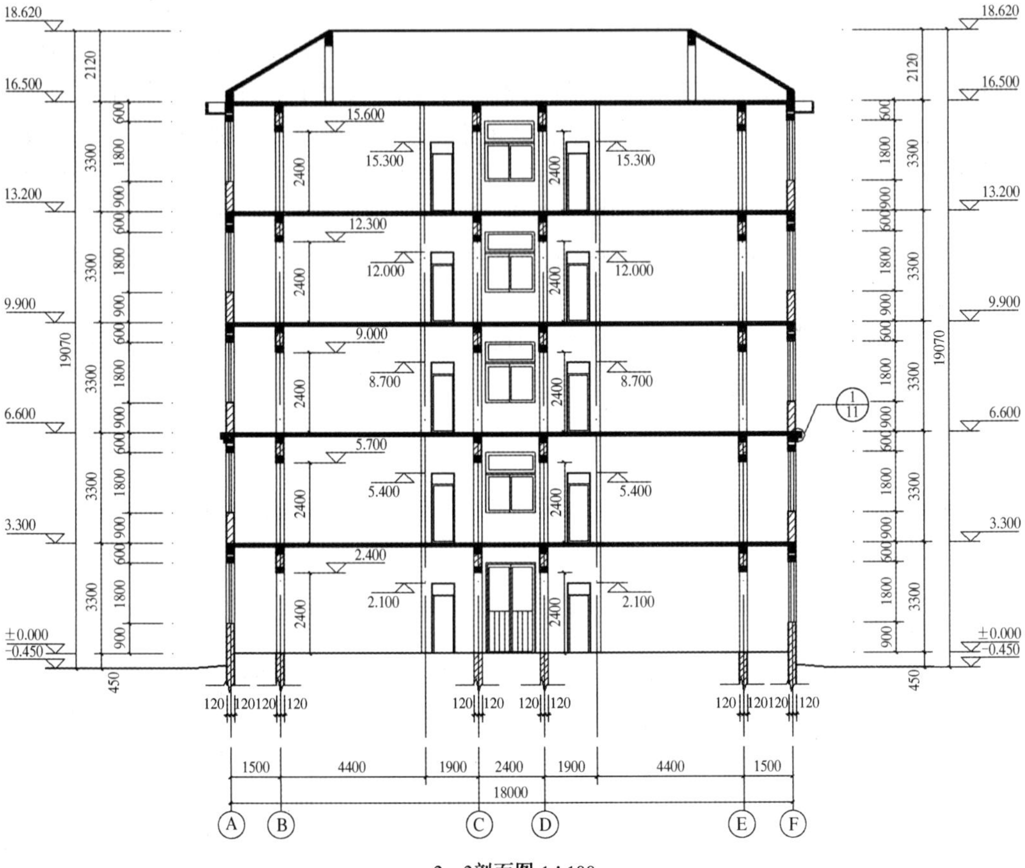

图 10-23　某单位职工宿舍 2—2 剖面图

五、剖面图的绘制

(1)考虑好图面的布置后,画定位轴线。

(2)画墙体、室内外地坪线、楼面线和屋顶。

(3)画门窗洞、楼梯、雨篷、檐口、台阶等。

(4)加深图线,画材料图例,标注尺寸、图名、比例及有关文字说明。

第六节 建筑详图

一、形成与作用

由于建筑平面图、立面图、剖面图通常采用较小的比例,在这些图上许多细部无法表达清楚。为了表示某些建筑构配件(如楼梯、阳台、雨水管等)及一些构造节点(如檐口、勒脚等)的形状、尺寸、材料、做法等,有必要采用较大的比例画出这些部分,这就是详图。由此可见,建筑详图是建筑细部的施工图,是建筑平面图、立面图、剖面图的补充。

一套完整的施工图需要多个详图才能满足施工要求。常用的构造详图,一般由设计单位编制成标准详图图集,需要时可以选用,不必重画;无标准详图可选时,则另画详图。由于详图采用较大比例,所以被剖切的构件断面上一般应绘制材料图例。

对于建筑构造节点详图,除在平面图、立面图、剖面图中标注索引符号外,还应在详图上标注详图符号,以便对照查阅。

对于建筑构配件详图,一般只在所画的详图上写明该建筑构配件的名称或型号,就不必在平面图、立面图、剖面图上绘制索引符号了。

二、楼梯详图

楼梯是多层房屋垂直交通的设施,类型多种多样。楼梯的构造比较复杂,一般需另画详图,以表示楼梯的类型、结构形式、各部分尺寸及装修做法。楼梯详图是楼梯施工放样的主要依据。

(一)楼梯平面图

三层以上的房屋,若中间各层楼梯位置、梯段数及踏步数都相同,通常只画出底层、中间层和顶层三个平面图。三个平面图画在同一张图纸上,互相对齐,以便于识读。

楼梯平面图的剖切位置在该层上行梯段(休息平台下)的任一位置处,被剖切到的梯段,在平面图中用一条45°折断线表示。在每一梯段处画有长箭头,并标注“上”或“下”和级数,表明从该层楼面往上或往下走多少步可到达上或下层楼面。楼梯平面图用轴线编号表示楼梯间在建筑平面图中的位置,一层楼梯平面图中应标注剖面图的剖切符号,以对应楼梯剖面图,如图10-24所示。

(二)楼梯剖面图

楼梯剖面图是楼梯垂直剖面图的简称,其剖切位置应通过各层的一个梯段和门窗洞口,向另一未剖到的梯段方向投影所得到的剖面图,如图10-24所示。

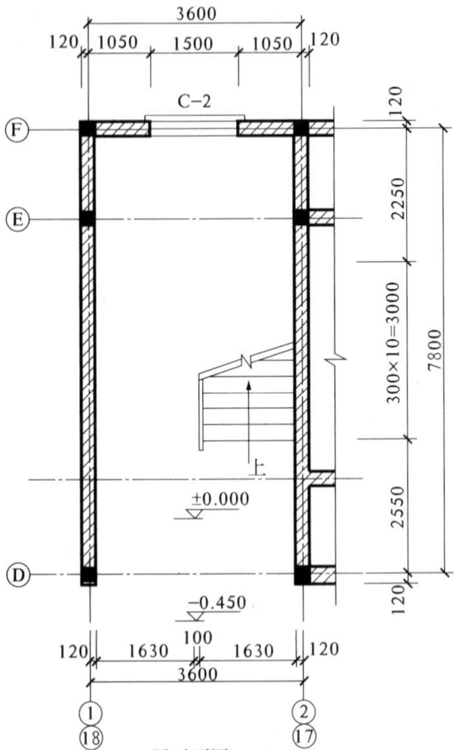

一层平面图 1:50

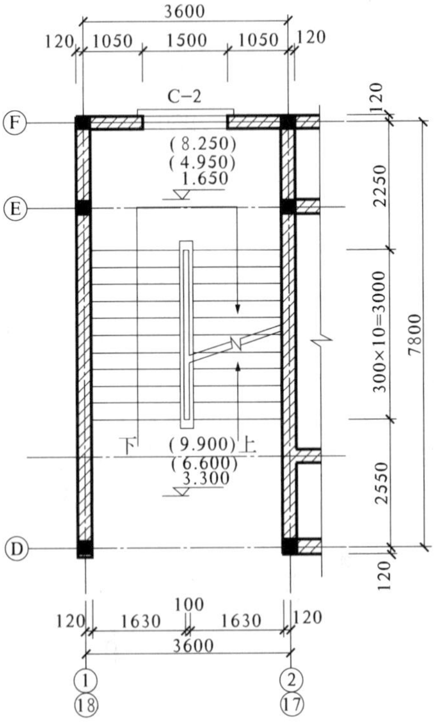

二~四层平面图1:50

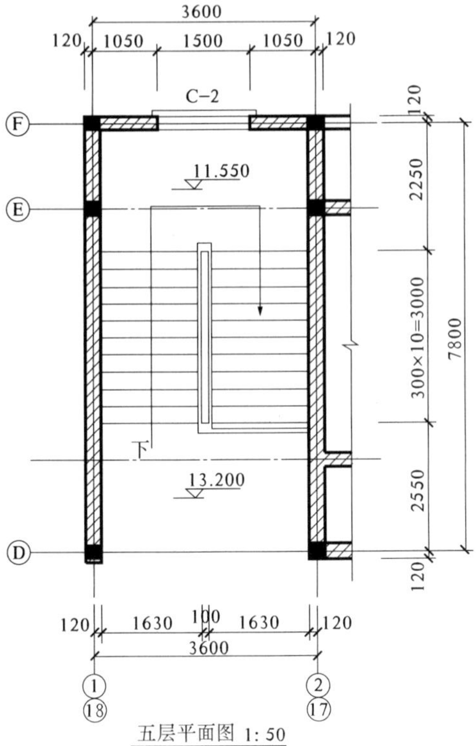

五层平面图 1:50

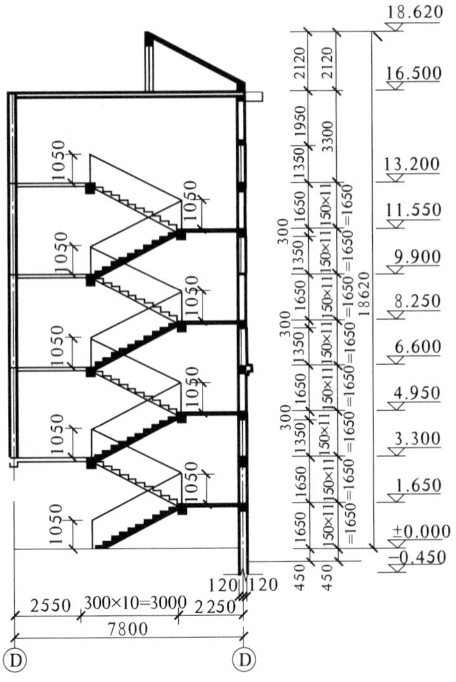

楼梯剖面图 1:100

图 10-24 楼梯平面及剖面详图

楼梯剖面图主要表达楼梯的梯段数、踏步数、类型及结构形式,表示各梯段、休息平台、栏杆等的构造及它们的相互关系。图 10-24 所示剖面图为双跑平行楼梯,由楼梯段、休息平台和栏杆组成;每一梯段有 11 个踏步,每个踏步高 150 mm;楼梯休息平台各层标高分别为 1.650 m、4.950 m、8.250 m、11.550 m。

三、墙身节点详图

墙身节点详图,实际上是墙身的局部放大图。它采用剖面图或断面图方式详尽地表达墙身底部防潮层到屋顶各主要部分的构造和做法,反映房屋的屋面、楼面、地面和檐口的构造及与墙身的关系,还反映门窗顶、窗台、勒脚、散水(或明沟)等的构造,是施工的重要依据。

详图的线型与剖面图一样,因为采用较大的比例,剖切到的断面上应画上规定的材料图例,墙身应用细实线画出粉刷层。

图 10-25 所示是女儿墙排水节点详图。

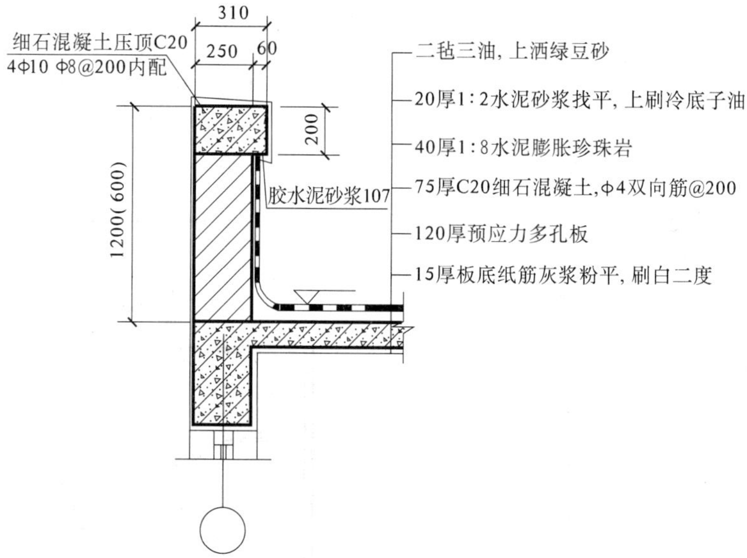

注:()内数据为楼梯间出屋面女儿墙高度。

图 10-25　女儿墙排水节点详图

本章小结

本章主要介绍了建筑施工图的有关内容和规定,通过学习要求掌握以下内容:

(1)总平面图主要用来确定新建房屋的位置和朝向,反映新建房屋与原有房屋、周围地物的关系等内容。

(2)建筑平面图反映房屋的平面形状、大小和布置,墙、柱的位置、尺寸和材料,门窗的类型和位置等。

(3)建筑立面图主要表明建筑物的体型和外貌,外墙面的材料、色彩,女儿墙的形式,线脚、腰线、勒脚等饰面做法,阳台的形式及门窗布置,雨水管的位置等。

(4)建筑剖面图用来表达建筑内部垂直方向的构件布置、上下分层情况、层高、门窗洞口尺寸以及房屋内部的结构形式。

(5)建筑详图是建筑细部的施工图,反映建筑构配件及构造节点的形状、尺寸、材料、做法等,是建筑平面图、立面图、剖面图的补充。

(6)熟悉剖切符号、索引符号和详图符号,正确识读建筑施工图。

参考文献

[1]王瑞红,李静. 建筑工程制图[M].郑州:黄河水利出版社,2013.
[2]国家质量技术监督局. 技术制图 图线:GB/T 17450—1998[S].北京:中国标准出版社,1998.
[3]国家质量技术监督局. 技术制图 图样画法 视图:GB/T 17451—1998[S].北京:中国标准出版社,1998.
[4]国家质量技术监督局. 技术制图 图样画法 剖视图和断面图:GB/T 17452—1998[S].北京:中国标准出版社,1998.
[5]中华人民共和国住房和城乡建设部. 建筑制图标准:GB/T 50104—2010[S].北京:中国建筑工业出版社,2011.
[6]中华人民共和国住房和城乡建设部. 建筑结构制图标准:GB/T 50105—2010[S].北京:中国建筑工业出版社,2011.
[7]中华人民共和国住房和城乡建设部. 房屋建筑制图统一标准:GB/T 50001—2017[S].北京:中国建筑工业出版社,2018.
[8]张会平,李文霞.建筑制图与识图[M]. 2版.郑州:郑州大学出版社,2012.
[9]武荣,沈刚. 建筑工程制图[M].3版.郑州:黄河水利出版社,2019.
[10]邬琦姝,曹雪梅.建筑工程制图[M]. 北京:中国水利水电出版社,2008.
[11]薛奕忠.土木工程制图[M].北京:北京理工大学出版社,2009.
[12]高丽荣,朱靓.建筑制图[M].4版.北京:北京大学出版社,2022.
[13]张多峰.建筑工程制图[M]. 2版.北京:中国水利水电出版社,2012.
[14]吴佩佩,樊培利. 水利工程制图技术[M].北京:中国水利水电出版社,2021.
[15]武荣,樊培利. AutoCAD 工程绘图实用技术[M].郑州:黄河水利出版社,2022.